Giovanni Vignale 著
曹则贤 译

THE BEAUTIFUL INVISIBLE
creativity, imagination, and theoretical physics

至美无相
创造、想象与理论物理

中国科学技术大学出版社

安徽省版权局著作权合同登记号:第 12131226 号

内 容 简 介

理论物理如同一部好的小说,其内容既是完全虚构的又是真实的。物理学中那些最重要的内容可能都是不可见的、不着相的。本书试图弥合理论物理高端思想与常见教程内容之间的罅隙,其目的是理解和玩味理论物理思想和方法之优雅的美。作者广泛引用著名文学作品,引导读者穿过贴满不可见的、我们永不能窥视其色彩的图画的理论物理长廊,展示了抽象的理论思想是如何在泥泞的物质世界里踟蹰前行的。阅读本书不仅能学到物理知识,而且还是一次畅快的文化历险。

图书在版编目(CIP)数据

至美无相:创造、想象与理论物理/(意)维尼亚勒著;曹则贤译.—合肥:中国科学技术大学出版社,2013.4(2023.5 重印)
ISBN 978-7-312-03203-5

Ⅰ.至…　Ⅱ.①维…②曹…　Ⅲ.理论物理学—普及读物　Ⅳ.O41-49

中国版本图书馆 CIP 数据核字(2013)第 060469 号

中国科学技术大学出版社出版发行
安徽省合肥市金寨路 96 号,230026
http://press.ustc.edu.cn
https://zgkxjsdxcbs.tmall.com
合肥市宏基印刷有限公司印刷
*
开本:710 mm×1000 mm　1/16　印张:17　字数:261 千
2013 年 4 月第 1 版　2023 年 5 月第 4 次印刷
定价:68.00 元

译者序

用眼睛看的人是瞎子。
——苏格拉底

中国科学技术大学物理系的吴明卫教授爱书，也爱结交一些写书的人。*The Beautiful Invisible — Creativity, Imagination, and Theoretical Physics* 一书的作者 Giovanni Vignale 就是他的朋友。年初，吴明卫教授向我推荐这本书，并询问我是否愿意把它译成中文从而让更多的物理学爱好者有机会品味这本书。当时的情景是，我很高兴地接受了他的赠书，并干脆地拒绝了翻译这本书的建议——无它，没有时间。再说，万不得已谁愿意读翻译的书。

然而，在阅读了第 1 章之后我就被这本书深深地吸引了。我决定接受把它翻译成中文的挑战。毕竟，翻译也不失是一种比较有效的学习方法。

正如作者是在航班上构思和撰写了本书的大部，本译稿的相当一部分也是在机场和航班上完成的。在等待不知何时才能起飞的航班的焦急中，有本有价值的书让您沉浸其中真是一种美妙的体验。这真是一本好书——相信您读完这本书以后也会有这样的印象，虽然我可能难以完美地用中文再现这本书的深刻与睿智，还有一些俏皮。

这本书要传达的中心思想是，物理学中那些最重要的内容可能都是不可见的、不着相的。考虑理想的状态、干净的体系，取合理的极限，表述不可见的定律，是我们在学习物理时就该意识到的研究物理的本领。可惜的是，似乎在译者受教育的过程中从未曾自发意识到这一点或被人提醒过。牛顿第一定律说一个不受外力作用的物体将保持静止或者匀速直线运动的状态，可是谁见过匀速直线运动呢？对这个问题反思的结果，既有马赫对经典力学用两个原理的重新表述，也有爱因斯坦的广义相对论。仅上述这一点，就足以成为我愿意翻译这本书的理由。

这本书不仅是一本深刻的书，它还是一本非常有文化的、因而非常有趣的书。作者时时提及那些影响了他的物理思考的文学作品。本书的名字可能就是受了意大利作家 Italo Calvino 的小说 *Le città invisibili*（看不见的城市）的影响，甚至还用了那本小说封面上的同一幅画作为插图。印度思想者 Krishna Dharma 的系列著作，美国作家艾略特（T. S. Eliot）与爱伦坡（Edgar Allan Poe）的诗或小说，也对作者有深刻的影响。在书的结尾处，作为总结，作者强调如下三个作品贯穿了本书的始终：俄国作家布尔加可夫（Михаил Булгаков）的 *The Master and Margarita*（《大师与玛格丽塔》，原文为*Мастер и Маргарита*）、奥地利作家 Robert Musil 的 *The Man without Qualities*（《没有特质的人》，原文为 *Der Mann ohne Eigenschaften*）和法国作家 Antoine de Saint－Exupéry 的 *The Little Prince*（《小王子》，原文为 *Le Petit Prince*）。这三本书中，最后一本虽然寓意深刻但语调轻松，因而在世界上广为流传，前两本却格外晦涩难懂。阅读本书不仅能学到物理，而且还是一次畅快的文化历险。

但是，等到真正开始了翻译才发现困难重重。先是书名就不好定。Invisible在英文里就是invisible，可是在这本书的不同语境中，对invisible贴切的翻译包括不可见的、无形的、看不见的、隐形的，等等。提及invisible light，显然它是和visible light相对的；visible light传统上是被译成“可见光”的，但invisible light可不是指波长在可见光范围之外的光，它要说的是所有的光都是无形的、不着相的。此外，书名中的invisible是当成those invisible things用的。原打算把书名译成“至美兮无相”以强调beautiful是形容词，不过后来还是决定译成“至美无相”。这样显得简洁明快，尽管若“至美”被理解为“至美的事物”可能不是原文中beautiful用法的忠实反映。不过，这样理解“至美无相”似乎也无大碍，这个短语对中国早已有之的思想，如《老子》里的“大道至简”，《庄子》里的“至精无形”，或许有续貂的功能。其它的词汇如reality，law，等等，在不同的语境中也须有不同的汉语翻译，这当然会妨碍对原文思想之整体性和关联性（integrity and coherence）的表现。译者希望对这个问题给予了足够的、恰当的技术性处理。

还有一个问题是人名的译法。我对已有的所谓人名标准中文译法一向不太看好，原因是多方面的，其一是一些人名来源的母语似乎未被正确地辨认。本书中出现人名、地名甚至文献名等内容的地方，原文会紧随译文在括号中给出。我相信这是方便读者引用或者进一步查阅资料的最恰当的方式。此外，书中引用了大量的科学上和文化上的典故，在力所能及的范围内，译者在原作者的注之外添加了适当的注解。原书中的一些印刷错误也得到了订正。

感谢吴明卫教授一直关切本书的出版过程。感谢曹逸锋小朋友在繁忙的学习中仍抽出时间通读了译稿,他指出了一些不易理解的地方并给出了修改建议。当然,译稿中疏漏错讹之处仍在所难免,恳请读者朋友不吝指正以求未来能及时修订。本书部分图片原本是彩色的,读者可向责任编辑(邮箱 edit@ustc.edu.cn、微信 15055113738 或 QQ731827650)索要彩图的电子文件。

是为序。

曹则贤

2012 年秋于北京

作者中文版序

很高兴也很荣幸地看到 *The Beautiful Invisible* 的中文版即将付印。在本书的英文版出版以来的两年里,来自世界各地的读者对本书关于理论物理的非专业的、但依然严格的表述给予了充分的肯定。

读者们的支持让我希望本书的中译本也能合乎中文读者——我知道有很多这样的读者——的口味。

本书容易被误以为是讲述从牛顿力学到相对论量子力学的物理初级读本。我想告诉读者,至少在我个人看来,它是对抽象思维的礼赞。本书中你不会看到用熟知的例子解释抽象的思想。对文学作品的广泛引用,从布尔加可夫的《大师与玛格丽塔》、穆希尔的《没有特质的人》到圣-埃格苏贝理的《小王子》,都是为了服务于严肃的、凝重的目的。所谓的目的不是为了显摆学问或者给行文"添点作料",而是为了更好地反映物理理论的特点:如同一部好的小说,物理理论既是完全虚构的又是真实的。

我感谢我的朋友吴明卫教授,一位科学家中的人文主义者,提议出版本书的中译本并督导了其全过程。感谢曹则贤教授对此一艰难文本的典范翻译。我很好奇一些我最钟爱的句子,如"the non-existence of the spin is the best guarantee of its existence" 以及 "we could be the Nazis without knowing it”,是如何被移植到那种我既不能读也不会写的、寓意丰富的文字的。

我愿把这本书献给中国的大学和中学里怀揣理想主义的年轻朋友们。我期望本书能在他们的心中培育起自由思考的热忱——自由思考是多么地不可或缺啊——从而越过旧框架的约束,奔向一个崭新的、更加公正的世界。

乔万尼·维尼亚勒

献给我带刺的花

序言

写本书看起来是件很难的活，直到你着手写序都是这样。此时你要剖白心迹，阐明促使你撰写该书的动机，为你耗费读者的宝贵时间作辩解。一句话，你应该试着说点什么而不是做什么。可正如奥斯卡·王尔德（Oscar Wilde）曾经说过的那样（我自己自由编排的）："说比做容易？那是个严重的流行性错误。"

所以经过一番挣扎和数次错误的尝试，我宣布，在我把毕生的大部分精力花在学习和研究物理学后，我觉得有必要回到起点，把我到目前为止学到的这个学科的精神作一总结，并尽我最大的努力用简单的语言向大众传达这个精神。

真是这样吗？可能是。这么说部分是真实的。当时的想法就这么简单，但是由此产生的这本书，正如你将会看到的那样，是相当不寻常的。

物理学，关于自然的基础科学，是文科的军校。一方面，它思想太丰富，带有太多的哲学色彩，同文化史有太多的纠缠，因而不可以只是当作一个技术性的科目。一个物理问题很少只涉及一个特定现象的细节，它更多的是关切一般性的范式、规则性和规律。物理学新概念的产生需要同见于大多数抽象艺术领域，比如诗歌，之可比拟的，如果不是更多的，想象力。另一方面，其表述的严格——一般是用简洁的数学公式表达——让这个学科带上了在任何人文学科中很难见到的冷峻。大多数人被这门严谨的语言吓倒了、挫败了，甚或是给拒之门外。

在物理学的最深处，是一个由有组织的概念和抽象内容——它们通常是，但并不总是，自经验得来的——组成的内核。这个物理学的内核我们名之为理论物理。理论物理是研究概念、概念之间的关系以及概念同自然界之间的关系的学问，一如物理学粗略说来就是关于自然界的学问。理论物理是本书的主题。

应该立即指出，存在一个独立的理论分支是物理学的特色。其它科学门类，特别是较为年轻的学科，几乎是纯经验的，也就是说它是建立在对自然的直接观察之上的。这不是说这些学科没有组织其内容的抽象概念，因为没有抽象就没有任何思考和认知，但这些抽象还没有成熟到其自身是科学知识之主要来源的地步。可是，理论物理却是可以仅靠纸与笔，无须求助于观察，就能对现实世界作出发现的。我们关于一些基本原理之有效性的信心（或者管它叫信仰）是如此强大，以至于我们可以仅从一些数学运算的结果预测一种新的亚原子粒子、一颗新的行星甚或一个新的星系。基本上，我们会倾向于把赌注押在经过持续仔细的找寻一种前所未见的粒子会被发现上，而不是相信我们赖以进行计算的理论会是错的。显然，不可能总是这样，但在其它任何学科中还做不到这个样子呢——这么高水平上的信心是经过长久努力才建立起来的。

理论物理的概念结构对应世界的客观实在吗？真有电子、光子和夸克吗？还是它们仅仅是一些正好让我们觉得用得顺手的、有用的抽象概念的名称，但如果历史进程和社会不同的话可能会被完全不同的概念所替代？关于这个棘手的问题有两种主要的思想学派。科学家大体说来是现实主义者。对他们来说，一个理论只是试图抓住一些存在的、曾存在过且将会永远存在的事物，而不依赖于我们试图抓住事物的努力。如果有人告诉他们所谓的自然规律只存在于想象之中，这会让他们感到深深地被伤害了。在隔阂的另一边，那些人文领域的学者倾向于持怀疑态度：对于一些极端分子来说，科学真理比一些从不同观点的拼比中冒出来的社会约定也未必多点啥。至于我本人，我认为相信我们的理论能忠实地描述世界是一种妄想。一个理论能成功地解释或预测一些事实一点也不足以证明理论的客观实在性。它只不过是验证了我们的大脑能成功地适应我们试图战胜之现实①的能力罢了。

可是，我坚决反对那种认为理论只不过是"观点"，那种可以和朋友或同事在午饭时掰扯的"观点"的想法。恰恰相反，这些理论是人类能够获得的理性知识的最高形式。一个好的科学理论象是关于实在的符号化了的传说抑或寓言。其特征是那些在现实中可能不存在的抽象，但它们依然给我们一个更加深入地思考实在的方式。如同一件精美的艺术品，理论创造了一个自己的世界：它把实在变换成了别的什么东西——也许是一种幻觉，但是那是一种比字面上的事实更有价值的幻觉。

一个物理理论的世界既不是柏拉图理想式的世界，也不是平凡事实的世界。它是一种"切"世界，和事实的世界只在很小的区域上有接触，但最终在一个无穷的平面内离开可观测的实在越飞越远。在这个无穷大的平面内，我们会遇到一些受不可见的原则控制的无形的②演员。不象一些抽象知识的低等形式，它们把思维限制在一些不容置疑的信条的牢笼中，理论知识是个开放的空

① 这句中的"现实"和上句中的"实在性"，以及后面还会出现的"实在"、"真实性"等，对应的原文都是 reality。——译者注

② 这里的"不可见的"、"无形的"以及后面还会出现的"看不见的"，对应的原文都是 invisible。——译者注

间——向个体探索开放。正因为如此，没有理论可以是终极的。只要还有善思考的个体，已被接受的学问会被颠覆既是人们乐见的，又是必然的。

理论物理在通俗文化中的地位喜忧参半。一方面，幸亏有许多优秀作者的工作，人们对诸如宇宙的起源、宇宙的命运、物质的终极结构、有序的出现以及新技术的冲击之类的问题的兴趣不断增加。另一方面，试图弥合将高端思想同初级物理教程讲授的内容分割开来的罅隙——传统课程让学生越来越感到厌烦和枯燥——依然很艰难。

这本书里我瞄准的正是这个罅隙。我不打算炫耀流行的、时髦的思想，也不打算用传统的方式教授物理。物理不用数学是无法教授的，但这本书几乎没什么数学。我的目标是理解和玩味理论物理的思想和方法之优雅的美，我相信即使没有大统一理论或者无限之技术威力这样的魅惑它自身也是能站得住脚的。特别地，我想展示一下抽象的理论思想是如何在泥泞的物质世界里前行，给物质世界赋予本质上不属于它的意义的。这些思想是理论物理的灵魂，我提议要做的旅行好象是穿过贴满不可见的、我们永不能窥见其色彩的图画的画廊。

本书是笔者在多次往返美洲和欧洲的航班上构思和部分撰写的。如果你有什么奇怪的感觉——类似那种悬在离地三万英尺不知身处何地的感觉——你没有弄错：就是那么种感觉。

乔万尼·维尼亚勒

致谢

非常感谢我的编辑，Latha Menon，给我机会出版这本不同寻常的书。她的批评是坦率的、建设性的，且总是讲究策略的。除了提醒我一些弱点和不自洽的地方以外，她还勇敢地删除了文稿中政治上不正确的地方、表达不当的情感、廉价的怀疑以及太过感性的描述。总而言之，我相信，拟或我希望是这样，她为了把我从我自身解脱出来走过了一条漫长的路。我对 Phil Henderson 怀有深深的感激，他为本书起了一个优雅的、吸引眼球的名字，远远好过我自己起的“抽象的赞歌”。我感谢牛津大学出版社团队的 Emma Marchant 和 Debbie Protheroe 在插图方面的帮助，Claire Thompson 监督了整个印制过程，Paul Beverley 仔细而挑剔地作了文本编辑。最后，我要特别感谢我的女儿 Sonia 和 Veena 在我撰写本书的前期阅读了部分书稿，感谢她们毫无矫饰的评论。我希望她们会让本书成为我年轻时之思维的写照。

目　次

是不是象一座只有前后墩柱的桥，
你坦然地从上面走过，
仿佛那些墩柱一应俱全？…
更加神奇的地方啊，
是那你敢信赖的力量，
稳稳地支撑着，送你到远端。

——穆希尔：少年图莱斯的困惑①

① 小说 *The Confusion of Young Törless* 是奥地利作家 Robert Musil（1880～1942）发表于 1906 年的处女作，原文为 *Die Verwirrungen des Zöglings Törleß*。主角是一个叫 Törless 的少年，在他的两个朋友折磨另一个少年的时候面临选边站的窘境：不管他选择哪条路，其结果都是戏剧性的。作者选择这首诗的用意，读者可在读完这本书后回头再体会。——译者注

第 1 章
实 在 不 可 见

安东尼·德·圣-埃格苏贝理（Antoine de Saint-Exupéry）生于法国的贵族之家，选择了飞机驾驶作为职业，但命运却让他一直是个作家。在早期的航空时代，坠机是家常便饭，而且存活的机会很大。圣-埃格苏贝理数次从坠机事件中死里逃生，但最难忘的是发生在1935年12月30日夜的那一次。这次坠机粉碎了他想创造从巴黎到西贡飞行速度新纪录的梦想。没有全球定位系统……实际上是连呼救的无线电也没有……他和他的机械师在撒哈拉沙漠里跋涉了五昼夜，绝望，被炎热炙烤，处在出现幻觉的边缘，直到被好心的贝都因人商队救起。因为这次痛苦的经历，这两人决定此生再也不拒绝任何能喝的东西。

因此也就不奇怪，圣-埃格苏贝理的名篇——名为《小王子》的短篇故事——是以在沙漠迫降的驾驶员开始的。这位驾驶员年方六岁，因为大人们的不理解感到灰心丧气而放弃了前途无量的艺术家生涯。他的第一幅作品在成人眼中被看成是一顶帽子，尽管它明显描绘的是一条正在消化吞下去的大象的蟒蛇。这是关于小说马上要跳出来的主旨的第一个暗示。该篇小说的主旨是，任何本质的东西都不能为眼睛所见，人们只有用心才能看清楚。在广漠荒凉的沙漠中，我们的飞行员遇到了他的自我，草草地乔装成来自其它星球的小男孩①。那个小男孩问了很多问题，却一个也不回答。跟随他，我们将认识一条能破解谜题的月亮色的蛇，一只唯一的愿望就是被驯服的聪明的狐狸，一朵在风中会咳嗽颤抖的带刺的花，一个太阳在其上每隔几分钟会升起一次的小不点儿行星，一口隐藏的水井——那种每一块沙漠都会在中心某处隐藏着的、让沙漠美丽起来的水井。由此我们明白了："不管是一座房子，还是星星、沙漠，让它们如许美丽的都是不可见的东西。"②

对一位宗教人士来说，这个讯息算不得什么惊奇。所有时代、所有文化的神秘高人都坚持高层次真理的参悟无需任何可感知的图像作为必要条件。相应地，人们也普遍认为，精神与艺术事务方面真正的智慧，得自可洞察一般视觉不可见之事物——即用心去看见——的能力。这一点也不令人奇怪。诗歌、哲学和宗教是人类思想最古老的表达，最古老在这种情况下也意味着最年轻，因为它们三者会从那些对世界所知甚少但却天然地相信不可见事物之实在性的年轻人心中强有力地同时迸发出来。另一方面，鲜有人会自发地把不可见的实在的想法同科学相联系。就科学而言，据信人类的思想是时代的产物。我们放弃孩童时代的感性的、情绪性的(认知)方法，进入理性与客观的范畴。这位严峻的女神用时钟、天平、绝对直的尺子，还有冷冰冰的数学方程和公式，去探究自然。其所到之处，只有能够清晰地定义和测量的才有存在的权利。她用冷酷的、自负的目光审视我们。怪不得大多数人无法喜爱上她。

但即使是冷心肠的科学也不仅是如目之所见那样。对自然的研究可以始于直接的观察与测量，但为了能够理解我们之所见(也为了在一定程度上"驯服"它)，我们感到被强烈地驱使着去超越可见的范畴，去触及隐藏

① 这句话的意思是，来自外星的小王子不过是地球上的这个小飞行员之自我的映像而已。这一点很容易被读者看出来，因此说前者是草草装扮成(thinly disguised)后者的。——译者注

② 恰如其分的是，圣-埃格苏贝理实现了一定的不可见性，不过很难被认定是什么体面的事：1944年7月31日他消失在地中海的波涛中。——作者注

的形式，去找寻在幕后起作用的基本原理。弗兰西斯·培根（Francis Bacon），近代经验科学的奠基者之一，曾写到："欲降服自然，必先遵从之。"我想补充一下，"欲理解自然，必先超越之。"（这一点）没有比在被称为理论物理的这个科学另类中更明显的了。我强调"理论"一词，是因为，我们将会看到，它是一类有点不同于"物理"的科学。当物理学家们鼓捣一个理论时，他们不是直接同自然打交道，而是同抽象的模型打交道——在模型中他们早已经决定了关于实在的哪些方面是绝对要保留的，哪些是要摒弃的。经常地，为了构造模型，他们要作大胆的、相当无理的假设，这些假设只能通过结果的自洽性获得有效性。但是，要迈出如此大胆的一步你不能单指望计算，它还依靠热情、想象力、对美的感觉等所有那些用我们的人性，当然也用心，能够把握的东西。

本书邀请您从这个特别的角度走进理论物理：即把它当作一门不可见事物的科学，一如神学的现代形式。没有什么特别新的或者革命性的思想要介绍，但却是一趟值得的旅程。我们将穿越一片由奇异角色居住的土地，那些角色包括点粒子、光线、最小原理、守恒律以及能到达宇宙最遥远地方的不可见的各种场，所有这些都强烈地暗示它们是真实的存在，但却又无处寻迹。它们来自一些抽象的过程，把一些我们早就熟知的事物延伸到极限。我们将结识一些规范这些角色之行为的普适性定律——只是为了认识到哪怕普适性的定律也有极限，也可以超越。我们将会看到，这块超现实土地上的每个单一元素都可以是一当多的——多样的，却又是固定的。最后，在其深处，我们会明白小王子的热情与悲伤，他微笑着用一长串永远难以全面回答的问题恭候我们。

第2章
抽象的方式

科学中的科学

我们大多数人都会同意这样的说法,物理学是关于自然的基础科学,其目的是发现自然世界的定律。那么,存在这样的定律吗?嗯,物理学曾成功地辨识出了一些定律,回过头来看,证明了是存在自然定律的。或者,至少可以说,它证明了存在一些可以放心地当作自然定律的物理定律。

当然,若一个人在导论课上听到的都只是飞行的抛射物、晃动的摆、绷紧的弦和平衡的梁,那么他可能是难以分辨出此一高尚目标的。但在此项事业的初期,确实是有真正基本问题的,如物质的属性、将物质结合在一起的力的特性、有序的起源、宇宙的命运。多少世纪以来,人类为这些问题所困扰,达成了一些形而上学的、幻想型的答案。它磕磕绊绊,磕磕绊绊地前行,直到有一天——我还是引用奥地利讽刺作家穆希尔(Musil)的话吧:

它象每个太急着学步的刚懂事的孩子那样;它坐在地上,用解剖学意义上最可靠的——如果不是最珍贵的——部位,这么说吧,就是大家用来坐的部位,接触地面。令人惊讶的是,大地的接纳格外大方,自从那一刻的接触开始,大地允许人们从它那里收获发明、便利和发现,数量之多,近于奇迹。①

这是物理学的开始，实际上是所有科学的开始：一场数个世纪的神学之后（直面）事实的狂欢。对实在的仔细而系统的观察，同数据的定量分析以及对不能为实验证实之理论的极度无动于衷相结合，成了各类关于事物本性的严肃研究的标志。

但即便是在忙着观察和实验的时候，物理学的先驱者们也不会错过他们学科的一个特点，即他们认识到自然的定律极好地为抽象的数学语言所表示。数学语言是一门关于三角、圆以及极限的语言，乍看起来，同实验科学探查到的事实真相并不相契合。随着时间的推移，人们清楚地认识到数学远不止是一个计算工具：它自身具有生命。数学可以用于发现。亚当斯（John Adams）和勒维尔（Urbain le Verrier）各自独立地利用牛顿的引力理论计算了天王星轨道，发现同天文观测有偏差。他们不是放弃自己的计算，相反地，他们作了另一项计算，表明若假设存在另一个行星按照牛顿引力牵拉着天王星，则天王星的轨道就能得到解释。这颗行星从来没人见到过，亚当斯和勒维尔告诉天文学家们到哪里去寻找。喏，你看，行星——海王星——就在那里，等着被发现呢。这事儿发生在1846年。

即使是这项伟大的成就同之后发生的事情相比也显得苍白无力。在十九世纪六十年代，麦克斯韦（James Clerk Maxwell）笃信数学——不是计算的结果，而是一组方程的抽象结构——从而预言了电磁波的存在。电磁波（例如其中的可见光）其后不久在实验室里就能以可控的方式产生。

在十九世纪七十年代玻尔兹曼（Ludwig Boltzmann）肩负起了通过数学分析来找出由原子组成的虚拟世界之行为的使命。此前没人见过原子，也没什么人当真相信这个当时看起来是人工拼凑的概念。在一个革命性的数学方法——概率论是其中的主角——的帮助下，玻尔兹曼能够表明它的虚拟世界很象真实世界。至少，（这两个世界中）气体的行为是相同的！

这三个例子阐述了如何实践如今被称为理论物理的这门奇异科学的三种不同方式。它们有点象三种不同的文学体裁，比如散文、诗歌与小说。

① 穆希尔，*The Man without Qualities*（《没有特质的人》），第72章。——作者注

在第一例中，是把一个总结进了一组方程的普遍理论应用到一个具体问题的解决上去。第二例中，人们通过玩数学发现了从智识、美学和实用的观点上都更加令人满意的新方程。最后，按照第三种方式——玻尔兹曼的方式，人们用遵循此前建立起的理论之建筑原料构建了一个虚拟的世界，然后再努力弄清楚此虚拟世界的行为同真实世界是否吻合。

到了二十世纪初叶，理论物理已经成为了科学中比较成熟的学科。那个时期的两个伟大的胜利——相对论和量子论——产生了大量的革命性概念，如"反物质"和"黑洞"，这些后来都被实验所发现，变成了通俗科学文献的重要内容。就我所知，还没有任何别的学科敢夸口可以达成可与之相比拟的成功预言。尽管如此，在二十一世纪伊始，理论物理依然孤零零地站在一个深度怀疑抽象思想的文化之中。确实，对许多人来说理论简直就是科学的反面。"理论"那个字本身就意味着同现实接触的缺失，这又造成了生命力、情感、宽容——一句话，所有那些一个人类引以为傲的品质——的缺乏。

我必须承认，针对抽象的偏见并非完全没有道理。环顾四周，我们看到抽象的概念、定律和分类凌驾于基本的人文考虑。人所共知的是，政府和个人以抽象理想的名义遂行各种无所不用其极的罪恶。尽管如此，我还是相信在这些事例中主要问题不是出在对抽象的信仰上，而是抽象的一个特别的退化，我建议称之为形式(formality)①。关于这一点我在下文中会讨论。

本书中我将表明，与偏见正相反，理论是我们可追求的知识的最高形式。构造一个理论基本上如同再造一个在各种层次上都对我们有意义(而不只是合理的)的世界。这是试图创造同宇宙之间联系的一种尝试，没有此联系，宇宙就只能是神秘的、冷漠的。当我想到理论物理的时候，我看到的不是地面上立于一个方形基座上的一座大厦，而是一个如同马格丽特画作中的城堡(图1)那样的封闭于其自身的结构。在其底部是沉重的、粗糙大坨样的待解释的事实，顶上是飞檐和角楼的优雅组合，也就是理论。事

① 中文的拘泥形式、形式主义等词都不能传达 formality 在本书中的意思。请读者体会。——译者注

实与理论互相需要，如同一体的两部分。岩石支撑着城堡，城堡抓着岩石把它提升到更高的层次。看起来好象它会重重地摔下去，但它不会。一股神秘的力量把它悬浮在大海的波涛上：那是内在自洽性的力量。

图 1 René Magritte,《比利牛斯山上的城堡》(*The Castle in the Pyrenees*)。

伟大艺术来自观察、想象和技巧的机缘巧会。用穆希尔的话说，“一首诗，带着神秘，直指一点——那里是世界的意义同成千个常用词汇相联系的地方，斩断所有的绳索，将之变成悬在空中的气球。”①理论物理同诗歌相比，除了后者不受约束以外，几无二致。它是被事实束缚了的小说。不同于穆希尔比喻中的气球，它必须提升起自身的基座，即经验事实。因此，理论沿着可见的（事物）与仅可想象的（事物）之间的模糊前沿存在于真实世界和小说的边界上。

织毯

从工程师转行当了作家，穆希尔梦想把理性的方法应用到他称之为“非理性氛围”，即不可度量的、不可再现的精神现象的王国。有一次，在接受采访时，他说：“我对真实事件的真实解释不感兴趣。我记忆力不好。再者，事实总是可以互换的。我感兴趣的是精神领域典型的事件，我甚至可以说，我的兴趣在事情的谱维度②上。”③

这段话可以当作理论物理学家世界观的导言。如果我说，跟穆希尔一样，我们的记忆力不好，强烈讨厌要携带大量的信息，我不信我的同事们会感到被冒犯。我们宁愿在大脑中保留几条关键的思想，其它的一切都可以从它们推导出来。这些思想的威力在于其普适性，即事实上它们综合了大量不同类别的看起来毫无关联的现象。一个经典的比喻是把这些思想描

① 穆希尔，《没有特质的人》，第84章。——作者注

② 谱维度(spectral dimension)对数学、物理领域以外的人可能不太好理解。打个不太恰当的比喻，一个城市的居民的空间分布是大家可以看到的，但也可以按照收入情况、性别或者年龄等来描述居民的分布情况，后一种描述就是一个谱维度上的分布。关于一个群体的分布，在一个维度上的分布看起来可能是杂乱无章的，在另一个维度上可能只分布在少数几个值上。比如一个城市的居民，从空间上看到处都是，但按照性别分布可能只有男性的51%和女性的49%两个值。——译者注

③ 穆希尔1926年4月26日接受Oskar Fontana采访时的谈话。——作者注

述成织毯的长长的丝线。“大自然只用最长的丝线编织她的花样，因此她的织物上的每一小片都揭示整个织物的组织”，二十世纪最富传奇色彩的理论物理学家费曼曾经这样写道。

无疑地，这个世界观同一些我们最强烈的直觉相违背。直觉敦促我们关注最近的、当下的事情，喜欢细节甚于普遍性，对很小的改变迅速而有力地反应，只当黔驴技穷的时候才求助于抽象思考。事实在你的生存指望它们的时候肯定不是可以互换的。另一方面，理论的头脑象块玻璃，把入射光分剖成各种单元色。这些单元色构成了“事物的谱维度”。

请允许我给你讲一个我肯定每个人都耳熟能详的例子：彩虹，一个自然与人类之间祥和的普适性符号。我们怎么理解它？一开始，人们可能会被诱导去认为它是一种光学幻觉。但这不对，因为此一“幻觉”是同对一些可触摸的事物——一簇反射阳光的真实的水滴——的观察相一致的。此一事实是由波斯学者什拉吉①率先认识到的。图 2 显示的是来自太阳的光线经水滴反射的光路。一条典型的光线要改变三次方向：第一次是它进入水滴的时候（这次的方向改变称为折射）；第二次是受水滴的内表面的反射，跟镜面反射一样；第三次，也是最后一次，发生在光线重新进入空气的时候。仔细审视图 2，你会发现出射光汇聚在同入射方向成 42°角（精确的数值依赖于光的颜色）的方向上。公平地说，有少数光线以远小于 42°的角出射，比如正好打在水滴中心的光线会沿原路返回，但这些是很少的例外。绝大多数的光线是以略小于 42°的角被反射的，没有光线的反射角会大于 42°。

反射光线汇聚在最大角附近是一个抽象数学原理的结果，其在我们对自然的理解中扮演着难以置信的重要角色。我将称之为“静态最大值原理”，当然最小值也成立，我同样也可以称之为“静态最小值原理”。该原理是说任何变量当其趋近最大值或者最小值时，其变化率为零。好好想一想。如果你垂直向上抛出一个球，在最高点上开始回落之前它会停顿一会

---

① Qutb al-Din al-Shirazi，《伊尔汗数表》编纂队伍的核心人物，有些文献中只译其名“库图阿丁”。——译者注

儿。就一瞬间的工夫，它是静态的：其高度的变化率为零。当太阳在其每年的转动到达其在天空上的路径最北端时（发生在 6 月 21 日），它逗留在那里几天，几乎是静态的，这就是 solstice（夏至）一词的由来①，其本意是"止住了太阳"。在当前（关于彩虹）的案例中，光线的反射角，当其入射点从外缘上逐渐移到最边上时，缓慢改变，但越是接近对应最大的反射角为 42°的临界值时，变化越慢。这就是我们观察到大量的光线汇聚在反射角为 42°方向上的原因：基本上，不管光线进入水滴时是在临界点（角）靠上一点还是靠下一点，反射角几乎是不变的。

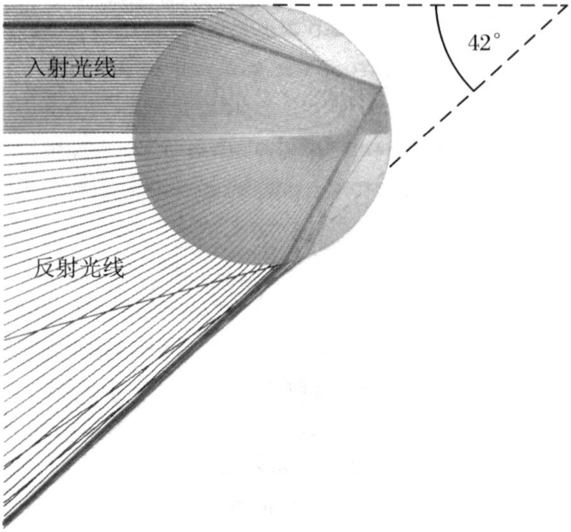

图 2　水滴里的光路。最大的反射角，由粗线表示，差不多为 42°角。遵循静态（光程）最大原理，所有光线都以接近这个值（的偏角）自水滴出射。

想象一下从远处考察大量的水滴，太阳在你的后方，从你的位置上能看到的水滴是恰巧能把阳光反射到你的眼睛的那些。很容易看到（我意思是，在你的意识中！）这些水滴的位置处于一个自你的眼睛处向太阳反方向张开的一个锥面上，见图 3。实际上，因为阳光有不同颜色的分量，且不同

① Solstice 来自拉丁语 sol + sistere，即"太阳站住不动了"。——译者注

颜色的光的反射角略有不同(随着颜色从红色经过绿色到达蓝色,反射角逐渐减小),锥面展宽为具有不同颜色的带,顶部的水滴呈现红色,中间的为绿色,下部的为蓝色(图3)。

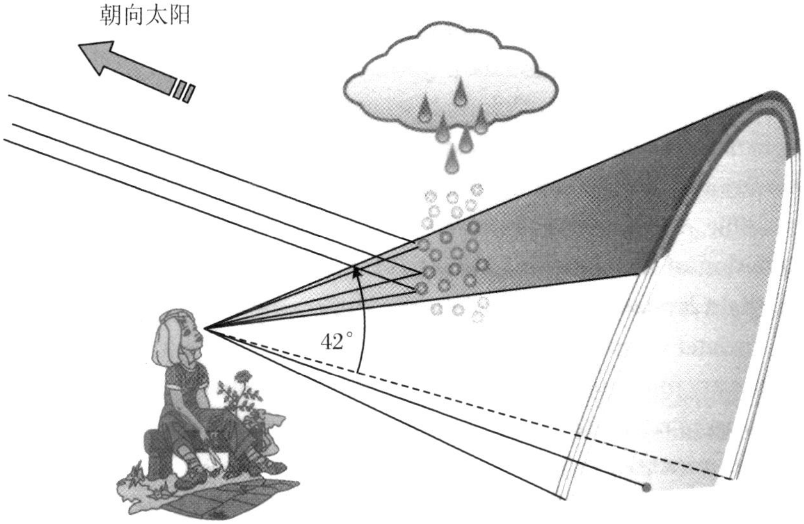

图3 彩虹的几何光路。三色光带,自上而下,分别为红、绿、蓝。

我之所以深入"彩虹理论"的细节是为了引出现象的"谱分量"。有些概念,类似"光线"的概念,完全是抽象的,我把它们悄悄地送到你的鼻子底下,好象它们是天然之物似的。但是大自然里根本没有"光线",每一个严肃地处理光的画家都知道。当然有光,我们将之理解为一个我们称之为电磁场的抽象存在——其本身是不可见的——的振动,而且有颜色,那是电磁场的振动作用在视网膜细胞上引起的频率效应,一个令人好奇的附带效应。但光线百分之百是个抽象,接下来的章节里我们会看到它来自电磁波的静态最小原理的一个微妙的应用。别的组成部分,象光线的反射、折射定律,也是那个原理的应用结果。

根据柏拉图的洞中谜团①,我们在这个世界上感知的任何事物都只是一个完美地形成了的思想之不完美投影——思想在星际之外的理想世界

① 参见柏拉图的 Republic (理想国)7.514a。——译者注

里光芒四射。之所以说是“洞中谜团”是因为影子出现在囚禁了我们人类的洞穴的内壁上。彩虹启发了另一个不同的比喻。我们关于世界的认知不是更高层次实在的影子,而是象我们在一团海量的微观液滴上能够得出的花样,水滴实际上是更低层次上而非高层次上的实在。微观的液滴对应“物质的基本构成”,在那个背景上我们认知的彩虹在放光,在认知的背景上我们的理论彩虹在放光,它们象所有的彩虹一样,只是必须以合适的角度在适当的位置上才能看到。

难以置信的精确

构建理论并没有听起来那么容易。你必须骑着一条细线行走,一边是要放弃巨量的信息细节(真正的事实),一边是要强化“事情的谱维度”(穆希尔语)。抛弃信息和收集信息一样重要。抛弃得太多,你就剩下了无生气的抽象;抛弃得太少,你就陷入了复杂性的迷宫。若是抛弃得恰到好处,你就能创造出比现实还真实的东西——一个隐喻式的精确世界。“难以置信的精确”就是这个游戏的名称。梦想一些可能性,将之可视化,秉着诚实和勇气以及你拥有的能力,理性的和非理性的,去分析它们。理论在幻想和真实的合流处生长。

大发明家、电气工程师特斯拉(Nikola Tesla)是一个具有高度空想能力的人,他在头脑中先于在实验室中看到了电机。他是这样描述他的方法的:

……当我想起一个主意,我立马在我的想象中构造它。我在头脑中变化构造,不断改进并运行那设备。对我来说是在想象中运行我的涡轮机还是在店中测试它,一点也不重要。我甚至能注意到它是否失衡……我的设备总是如我设想的那样工作……它怎么会是别样的呢?

这段引文之了无表情的幽默不应该掩盖其主要论点:视觉可能是错误的,或者失衡的,如同电机;而幻想中有精度。

在特斯拉梦中构造涡轮机的同时，美国艺术家奈特（Charles R. Knight。顺便说一句，他几乎是完全失明的）差不多是同样地依靠想象和对化石的科学研究创造了恐龙。图 4 表现的是他的众多幻想之一：史前海上世界的一幕情景。这幕情景不能说是“真实的”，因为它包括一些人们从没见过的元素，比如生物的颜色和其它细节，但它也不应该被当作是“虚构的”，因为生物的形状是基于对解剖学线索的艰苦研究创造的。它既是真实的，又是虚构的。

图 4　奈特创造的既真实又虚构的史前动物世界。

事实与虚构之间以及幻想与真实之间的关系，是布尔加可夫（Mikhail Bulgakov）的伟大小说《大师与玛格丽塔》的主线。故事是在二十世纪二十年代苏联的无神论的、求实的文化背景上展开的。大师是一位伟大的作家，是一部关于耶稣和他的迫害者比拉多（Pontius Pilate）的幻想小说的作者。在这两本小说——一本是我们在阅读的小说，一本是我们在阅读的小说中提及的小说——之间有随意的混淆。如同布尔加可夫的小说，大师的小说也被批评家无情地鞭笞；如同布尔加可夫，大师也烧毁自己的小说稿并且遭受精神崩溃的苦痛。现在，躲入了一个精神避难所，他从一位病友那里得悉有一位沃兰德教授——一位外国的巫术专家——来到了莫斯科，在开设关于耶稣生平的讲座。沃兰德教授宣称比拉多审判耶稣的时候他在场，他的叙述逐字逐句印证了大师的小说稿。大师是什么反应？生气？惊讶？失望？他会控告沃兰德教授剽窃？完全不是这么回事。他合掌如同祷告般絮叨着：噢，我猜对了！我都猜对了！

人们应该对小说《大师与玛格丽塔》中讲述耶稣与比拉多的故事的观

点报以赞赏的态度。那不是报道者的观点，那也不是一位普通目击者的观点：那百分之百是一个幻想作家的观点——碰巧和超自然的目击者，沃兰德教授，又名魔鬼，相同的观点。正是这百分之百幻想的观点才使得故事，不同于报纸的报道，百分之百地真实和准确。

大师是怎样努力把握被政治家谋害了的、被不靠谱的证人混淆了的真理的？表面上看是梦到，或者用他自己的话说是猜到的。但是这梦是具有折磨人的精确性的梦，是艺术家的悲伤之路①，那里每个细节都把握真实的本质，那么精确，那么忠实，象"它真的发生过吗"、"它真的存在过吗"之类的问题是那些早已错失目的的人才操心的问题。大师是一位伟大的艺术家，也是一位理论物理学家的原型。

难以置信的精确是一门艰难的艺术。提出一个好的科学理论不只是困难，而是几乎是不可能的。不错，我们不断地被天使和妖魔、看不见的力与场等奇怪想法所轰击，但这些古怪想法大多缺少精确的本质特征。它们是廉价的推测，曾经存活过的古代理论的再造。实际上，几乎我们的每一个想象的产物都注定最终会被现实给击得粉碎。关于理论，不妨看看《布兰诗歌》②的佚名作者关于财富是怎么说的："伊有满头秀发，若论起把握机会，佳人却是尼姑"。

这就是为什么每当有真正的洞见出现，其就我们所见是免于矛盾的，能归拢起许多事实，因而是美的，我们就把它当作重大事件欢呼雀跃。进一步地，如果这理论还有预言的功能——就科学而言应该总是这样——就不可避免地会得出结论说必存在一个关于世界的真实特征，即客观实在性，为此理论所正确地描述。如同对许多人来说如果没有造物主生命的起源就不好理解一样，对大多数科学家来说，一个理论的成功如果没有支撑

① 原文为拉丁语 Via Dolorosa，英文为"Way of Grief"或者"Way of Suffering"，是一条两段的大街，在耶路撒冷的旧城内。据说耶稣从上面走过。——译者注

② 《布兰诗歌》(*Carmina Burana*)是一部十三世纪的神秘诗稿，它深藏在巴伐利亚修道院内多少世纪不为人知。它是目前所知的保存最为完整的也最具艺术价值的中世纪诗歌，仿佛来自天国。二十世纪德国作曲家 Carl Orff(1895～1982)长期生活在巴伐利亚，他从这部诗稿中选取 25 首诗歌，谱成这部《布兰诗歌》，分"春天"、"酒"、"爱"三个主题。——译者注

它的客观实在也是不好理解的。理论在教科书中被正则化，它产生教堂和权威，指定关于事实的正确诠释。随着时光流逝，我们看到一个大胆想象的女儿失去了内火，忘却了本来她还可以是别样的，枯萎而为教条。但是没有理论好到可以免遭随时可能被更深刻的洞见和推广所超越的危险。

形式的与抽象的

在结束本章以开始我们在抽象领域里的旅行之前，我想阐明清楚一个时常出现在表面看来是相似的但实际上却昼夜般分明的两种态度之间的混淆。我是在谈论形式和抽象之间的混淆。后者是人性的，它具有情感的内容。形式是抽象中的情感内容被蒸干了以后剩下的部分，是约化为常规的抽象。

往好里说，形式是组织我们思想的方式，以免我们为了重新发现某些推理的基本步骤再浪费时间，而把我们的智能集中到真正新的挑战性的问题上。这正如手指头的不由自主从而让钢琴家能够专注于乐曲的精神内涵。一个切题的好例子是拿未知量当成好象是已知似的加以摆弄的代数。精确的运算规则让我们很有效地运算，而无须付出太多的智力努力。实际的数值只在解题的最后一步才被代入。举例来说，这是你的银行经理一眼就能算出要偿还利率为 I 的 D 镑借款在 M 个月内要付多少钱的原因，给你留出足够的时间去想你能否还得起。

形式的另一个益处是它保护我们免于犯错、诡辩，或者彻底的滥用，这些因素会不可避免污染一个在其中真理和正义是非形式化地被接近的体系。想一想，即便是有最美好的愿望，当我们为了一个新思想激情燃烧的时候也是很容易把真理和我们希望它是真理的东西混为一谈的。现在，想想若是会有故意欺骗的意图的话，那会怎样。这些正是形式——它提供不受个人情感影响的不偏不倚地检查论据与过程正确性的方法——能对其提供防御的那些危险。

二十世纪初期,数学家们欣喜地注意到数学中每一个为真的表述都可以从一组小数目的假设为真的命题,即公理,出发通过运用严格的推导规则而逻辑地、不容回避地推导出来。假设的真命题被表示为符号串,就象这本书是英文字母组成的字符串一样。演绎的规则告诉我们如何从已知为正确的句子构造语法正确的句子。真理跟语法的正确性相比不多也不少,且可以在不涉及意义的前提下被建立。随后人们可以一个接一个地继续去系统地发现公理里包含的所有的真理。这样的研究可以借助比任何人类数学家更高效的机器快速、完美地执行。它是帕斯卡的苍蝇①或者迪金森(Emily Dickinson)的蜜蜂②——那些横亘于思维和真理之间的致命干扰——的最终对抗物。那是些让二十世纪的数学家恨不得自杀的想法。

感谢上帝这样的愿望只是短命的。1931 年,逻辑学家哥德尔(Kurt Gödel)宣告发现了一个具有戏剧性的定理,根据这个定理每一个形式系统当遭遇了一个特别的、不能在体系里得到证明的真理时就认输了。这个定理是戏剧性的,因为它用形式对抗自身:它用形式分析暴露了形式系统的局限性。简单地说,这个定理表明存在一些事物,当我们跳出界外(形式系统给出的界定)思考时其为真,而当我们局限于界内思考,即遵守形式系统的规则时,它却不是。换句话说,有比形式系统能证明的更多事物可为真③。我强调这个结论,因为一般来说真理(尽管我们由已建立的工具去证明它的能力很有限)是理论的恰当的对象。形式,另一方面,只接受可证

① 这位世界之超级法官(人类)的头脑并未独立到对身边的喧嚣无动于衷的地步……如果他的论证在某时刻不是那么正确也无须惊讶,那是因为有一只苍蝇在他的耳边嗡嗡作响;这足以让他不能够给出好的建议(Pascal,*Pensées*《沉思录》),48(366))。——作者注

② 我听到了一只苍蝇的嗡嗡声——在我要死的时候——/……我遗赠我的纪念品——签发任何我的可转让的部分/这时,一只苍蝇插了进来/带着犹豫的、不确定的跌跌绊绊的嗡嗡声/在光与我之间/窗户落下,然后/眼前漆黑一片(Emily Dickinson)。——作者注

③ 我承认这一点猛一下听起来不令人信服。如果我们不能证明,我们如何能自信地说某事为真?为了找一点论证的感觉,我们假设有一个定理 G,当它被证明为真时立马就变为假了。例如,考虑如下内容的定理 G:不可能证明 G 为真。这个定理 G 不能被证明为真,因为如果我们这样证明了它,这恰恰是实际上证明了"不可能证明 G 为真",正和我们所要做的是相矛盾的!但正因为我们不能证明它为真,我们看到定理 G 实际上为真(再读一遍)——但不是我们能证明的那种。——作者注

明的真理，比如哥德尔的定理本身。这个区别意味着在形式意义上不是一个理论的全部都是可证明的：实际上，常常是它们互相支撑，依靠一个说不定比证明还强的全局内在自洽性拢合在一起。

到目前为止，我一直在谈论形式的光明的一面，但现在必须说一说它黑暗的一面。往坏里说，形式是横亘在我们和现实之间的一道屏障，它是自愿包裹起来的盲目。

我必须立马说，没有比用一般的语汇非难盲目性更远离我的本来意图的了。实际上，盲目、抽象、诗意和精神智慧之间有深切的联系。荷马（Homer），所有诗人的前辈，只是在他不受视力拖累的时候才发现自己的文字才能。德谟克利特（Democritus），原子（概念）的发明人，摘掉自己的眼睛以便更明白地思考。九方皋，皇家最有经验的驯马师，分不清他发现的马是黄色母马还是黑色公马："关注内在气质，而无视其外观……见其所必见，忽略其所不必见"①。

但是这些伟大的观察者的共同之处是他们的盲目是对琐碎、无关本质的内容的视而不见——一种只有在长期的学习和仔细观察之后而非在此之前（记住：摒弃信息和获得信息一样重要）才能获得（如果确实获得了的话）的状态。与此相反，我这里现在描述的盲目出现在观察甚至知道是否有值得观察的事物之前。一个关于选择盲目的经典例子是甘陀丽皇后，提多罗吒王②的妻子，她的懵懂判断和偏颇统治伴随着整个的迦梨时代——人类堕落的时代③。皇后并不瞎，如果她不是因为错把共享丈夫的阴暗当成美德而选择愚弄她自己的话，她说不定能够拯救她的丈夫与王国免于多次灾难性的打击。

---

① 出自《庄子》，摘引自 J. D. Sailinger 的 *Raise High the Roof Beam*，Carpenters 出版社。——作者注。伯乐推荐九方皋为秦穆公相马的故事，见《淮南子·道应训》。这里英文对应的原文分别为"色物、牝牡尚弗能知"和"得其精而忘其粗，在其内而忘其外。见其所见，不见其所不见；视其所视，而遗其所不视。"——译者注

② 佛教中的东方持国天王，四大天王之一，形象为手挥琵琶。——译者注

③ 故事见于印度大史诗《摩呵婆罗多》——作者注。Yuga 是印度教的时代。印度教的四个时代分别为 Krita Yuga，Treta Yuga，Davpara Yuga 和 Kali Yuga，分别对应人类的黄金时代、白银时代、青铜时代和铁器时代。——译者注

形式的滥用典型地始于强行将现实纳入预先认定的方案或者与现实没有任何共通之处的疯狂思想中去。官僚主义是这种态度的极品。想象一下填一份各个选项都文不对题的表格的难度。有困难是因为那个问卷不是给具体的、鲜活的人而是为一个抽象的、平均的人设计的，后者只存在于官僚们的头脑中。

司法部门是另一个人们经常遭遇极端形式主义带来的灾难性后果的领域。穆希尔小说《没有特质的人》中一个令人印象深刻的人物是摩斯布鲁格——一个有点傻的人。摩斯布鲁格一直生活在平静中，直到有一天，一时丧失理性，他杀害了一位妇女。他是有罪的呢还是无辜的？在法庭上，心理分析学家言之凿凿：摩斯布鲁格所犯的病不能精确地对应目前已观察到的任何一种综合症，进一步的结论就留给陪审团了。关于这一点，公诉人是这样评论的：

摩斯布鲁格的特殊精神状态同一个两千年行之有效的司法概念体系间的匹配，其精度可比拟于一个疯子的学究气地坚持用大头针射中一只飞鸟……法庭……向一群吟唱关于生活之毒酒杯和利剑的两千年老调调的人……提供了生活本身的一个图像—其中所有那些活跃的新式人物…放弃了美、正义、爱和忠诚①。

死守形式的人，也称为腓力斯人②，是指那些尊重律法的字面而非其精神的人。腓力斯人态度的本质有点象只认那些从一组给定假设可证实的才为真的态度。真的理论对那种态度没有任何用处。耶稣激烈地同那种态度作斗争。在福音书中他最激烈的言辞是冲着法利赛人——(犹太)律法的高级牧师们——说的，对他们来说宗教不过就是形式。他谴责他们是“盲目的向导……看不见律法的最重要部分——正义(马修书 23:23)，他痛斥他们“当着人们的面关上了天国的大门(马修书 23:13)”，“收走了知识的钥匙(路加福音 11:52)”。用了一些不朽的比喻(冲刷了的坟，无标识的墓，蛇，成窝的毒蛇)，耶稣把他们弄得声名狼藉。但即便是耶稣也不能打

① 穆希尔，*The Man without Qualities*(《没有特质的人》)，第 62 章。——作者注
② 腓力斯，中东古国，在古巴勒斯坦西南。——译者注

败他们。今天，这些人更大胆了，他们数以千计高居法院、教堂、政府部门——一切权力举刀加于人们头上的地方。

抽象礼赞

如同三月的雨水和太阳，形式的和抽象的在伊克拉维亚和德罗那——所有时代最好的学生和最坏的老师——的故事中交替出现[1]。小男孩伊克拉维亚想学射箭，但是德罗那，般遮罗国的太子少保，拒绝教他，因为小男孩出生的种姓低，没资格成为卫士(形式)。顽强的伊克拉维亚做了一个德罗那的黏土像(抽象)，热切地当着这个塑像练射箭，努力要变成世界上最伟大的射手。当德罗那发现这一点的时候，他大怒，他用了我们的私立大学与之相比都象慈善机构的冷漠，要求收取 gurudakshina——不错，你猜对了，是学费。伊克拉维亚一直当自己是德罗那的学生，因他愿意收自己为徒(又是形式)而欣喜若狂，感激万分。然后，在德罗那的要求下，伊克拉维亚自愿切下自己的右手拇指(当学费)——当然也就终结了他的伟大射手的梦。

这个故事的教训不止一条。伊克拉维亚当他信仰抽象的、自己想象中的德罗那时升起，当他成为真实的德罗那的学生时则坠落。在抽象中他找到了打破形式禁锢的灵感，追求最高的理想。同样地，在抽象中，我们学会认识在同类——不是近邻(这比较容易)，而是不分地位、角色、种族、性别、民族、国籍的所有人——眼中的我们自己。不是我们对这些标签盲目，而是我们清楚地把它们看作是人类个体的不同侧面。因此，我们才对加之于别人身上的不公正如同是加临我们自身一样，心怀悲悯。

对于传统的把正义当成一个手持利剑和天平但对自己考虑的问题格外无知的蒙眼女神的形象，我对以荷兰画家费梅尔(Johannes Vermeer)的

---

① 印度有部电影 *Eklavya — The Royal Guard* 讲了这个故事。——译者注

精美的《持天平的女人》。图 5 复制了这幅画。那位妇女用三根手指捏着天平，轻轻地捏着很适合于精密测量的天平，实际上是试金天平——用于称量少量贵重金属的精密科学仪器。是“精致的、公道的”天平给了所有时代里最著名的一篇散文以题目：伽利略写的《试金者》①。厚重的木桌上散放着珍贵的物品：珍珠、项链、天鹅绒，但没有一样放在天平上。天平的盘子是空的，妇人宁静的目光停留在空中。画中后面墙上的一幅画是末日审判的可怕情景。妇人的头部遮住了圣-米歇尔用天平称量灵魂的部分。我觉得，这是对我们努力通过仔细的研究和观察要达到的内在的真实——它是永远不可见的——之完美譬喻。

图 5　费梅尔的《持天平的女人》(*Woman Holding a Balance*)。

---

① 上句中的试金天平是 Assay balance，这里的试金者原文为 Assayer。后者是伽利略 1623 年出版的一本书的名字，意大利原文为 Il Saggiatore。——译者注

现在我们已经清楚地表明了抽象的重要性，让我们从极限的概念——一个古希腊人没注意到但却是理论科学赖以成为可能的深刻洞见——开始进入理论物理的旅程。

第 3 章
极　　限

也许有人会反驳，没有
趋于零的量之终极比值这么回事，
因为在变为零之前，比不是终极的；
变为零之后，比并不存在。
但是，答案很简单……
趋于零的量之最终比值
不可以理解为量变为零之前或变为零之后的比值，
而是它们借以趋于零的比值。

——牛顿，《自然哲学之数学原理》卷一，p.442

来自连续的不连续

除非你受过一些严肃的数学训练，不然“极限”一词对你来说不会是一个数学词汇。它是个日常语言中的词汇,实际上是相当诗意的一个词①。承认极限的存在,你也就接受了一个超越了极限的无限可能性的世界。阿根廷诗人博尔赫斯(Jorge Luis Borges)在其全集中收录了至少两首以此为题的诗作——都是讨论人类经验的局限。在其中一首中,他感慨"一行我不再能记起的 Verlaine② 的诗","一道我上一次跨过的门槛","一本我再也不会读的书"以及"一面无望地等着我的镜子"。

尽管我那时没读过博尔赫斯的作品,然而当我看到极限作为一本数学分析书某章的题目时我却感到困惑。它同我以为的作为那门学科本质的计算有什么关系?我贪婪地读了那一章,结果却很失望。其思想非常明显,是以学究式的精准用两个希腊字母 ε 和 δ 代表的小量表示的,其中第二小量是这样选取的——它使得加于第一个小量之任意值的一个了无灵性的要求都能得到满足。多么枯燥的定义!我记得有学生在考试前懒散地躺在比萨奇迹广场的绿草坪上,努力想记住阴险的公式。对我来说,那是形式主义的极致——是关于如下内容的极端复杂的说法:一个无穷数列,就象分数数列 1/2,2/3,3/4,4/5,…越来越接近于 1 那样,接近一个有限的值。

但是,我错了。远不是一个完结可预测的数列的工具,"接近极限"或者"取极限"是科学家和艺术家之流自我们熟悉的领地着手创造新概念和新空间的技巧。实际上,这一点是我在理论物理领域工作多年以后才清楚地认识到的。其要点是,在趋于极限的过程中你会发现置身于与出发地完全不同的世界。此(新)世界的景观强烈地依赖于极限的本性,或者如果涉及多个极限的话,依赖于取极限的顺序。尽管接近极限的过程有连续性的所有表现,其最终的结果却可能是指向它的序列里根本不存在的某物。例如,分数序列 1/1,3/2,7/5,17/12,…③接近 2 的平方根,此乃正方形的对角线与边长之比。这个量是不能够表示为一个分数的——这个发现让毕

① 极限的英文词为 limit,意思有局限、界限、限额等意思,故作者有此一说。——译者注

② Paul-Marie Verlaine (1844.3.30～1896.1.8),法国诗人。——译者注

③ 这个序列的规则是,每个分数的分母是前一个分数的分子、分母之和,分子为此分母与前一个分数的分母之和。——作者注

达哥拉斯和他的追随者陷入绝望的深渊,因为他们坚信任何有意义的量都应能表示为整数之比。这有点象你跨过一条浅溪,小心地把脚落在冒出水面的石头上,结果却发现自己站在水里了,或者站到了你到那时才意识到其存在的一块新型的石头上了。这就是我说"极限从连续中产生了不连续"所要表达的意思。

取极限的结果在物理中要比在数学领域更具戏剧性。因为,在数学中,新型石头是作为纯粹抽象出现的;而在物理中,它们是关于自然界的行为的表述。物理定理从来都不是关于世界——如其所是的那个世界——的定理,而是关于某种极限下或者经过一定理想化了的世界的定理。因为这个原因,当我们在不同的理想化下考虑世界的时候,相关的定律会改变。本章中,我将用从物理学之最古老的分支,力学——关于运动的科学——中选取的简单例子阐述这些思想。

芝诺悖论

在其物理学讲义的一个名段中,费曼(Feynman)讲述了一个女司机和警官的故事①。警官拦下了一位超速的妇女,"抱歉,女士,我得给你开票了:你刚才超过一小时 60 迈了。""你啥意思?"——那位妇女说——"我根本就没开到一个小时!"

对这个问题该怎么回答?你可能会说:"你如果一直这么开一小时,你会驶出 60 多英里去。"对此那个妇女可能会回答:"我才不会干这种事呢!前面有过马路的孩子。不,我发誓我才不会那么干呢!"

那位妇女的反驳还真不乏值得肯定的地方,因为我们的辩解有点循环论证的意思。我们说,法律禁止这样开车,即如果这般连续行驶一小时,我

① 这则故事中的性别偏见为费曼从女权主义者那里赢得了"大男子主义猪"的称号。后来,实际上是很后来的事情了,费曼狡黠地指出故事中的警官也是女的。——作者注

们将驶过 60 英里。我们也可以说，即如果这般连续行驶一秒钟，我们将驶过 1/60 英里。这第二种表述可能会让那位女士很难再宣称自己的好心，不过仍然不能解释“这般”是怎么回事，就是一秒钟的无穷大分之一法律也不允许（“这般”驾驶）。“这般”当然是指“每小时 60 迈的速度”——那正是我们首先要定义的。

这个困难每当我们试图用平常的空间间隔和时间间隔解释速度的时候就会出现——因为不能这么做。速度不存在于平常的空间中，它并非只不过是一段距离和一段时间的比值。它存在于一个抽象的空间，一个与平常空间相切的由极限过程产生的空间。确实，速度为我们提供了自连续产生不连续——从此前存在概念的极限产生新概念——的基本案例。

我相信速度的超越特性最先为古希腊哲学家芝诺（Zeno）注意到，并被他用来挑战运动的实在性。在用芝诺命名的飞矢悖论中，芝诺将一支箭的飞行看作是一系列在静止的坐标系中标示的箭的位置（图 6）。照相术那时还未被发明，但这正是许多个世纪后摄影师 Eadweard Muybridge 为了将马的奔跑“冻结”所做的事情。在每一幅图像中，箭是静止的，平静地填充它自己的空间；没有一点运动的意思。因此，芝诺就问，我们是怎么知道箭是在运动的？如果运动是实在的，那肯定就有个方式能看到它，在每一帧图像中都能看到它。但事情并不是这样。恰恰相反，我们的照片质量越高（用现代术语来说，就是每一帧的曝光时间越短），我们看到的运动就越不明显。如果每一帧中都没有运动，那整体上又怎么会有运动呢？

为了评价芝诺思考的深度，想一想你看电影时看到的是什么。你知道在任何给定的时刻，屏幕上只有一幅画面，然后再一幅，然后再一幅：什么也没运动，但所有这一些一起导致了运动的幻觉。我不知道芝诺在指责运动只是幻觉的时候其脑海里是否确切地就是这样想的，但我向你保证如今还有一些人相信宇宙就是一个其像素按照预先指定的规则改变颜色和亮度的电子屏，在只有计算的地方产生了运动的印象。

虽然是那样，芝诺悖论可以有一个自然的化解，如果我们愿意把关于实在的观点稍作扩展的话。一般的空间可以用另一个（不为眼睛所见的）空间拓展，后一个空间中的点是“瞬时速度”。这个空间是通过极限的过程创造的，这一点我马上会讲到。箭既在平常空间又在“速度空间”中占有一个位置，在平常空间中位置的改变由速度空间中的“位置”所控制①。

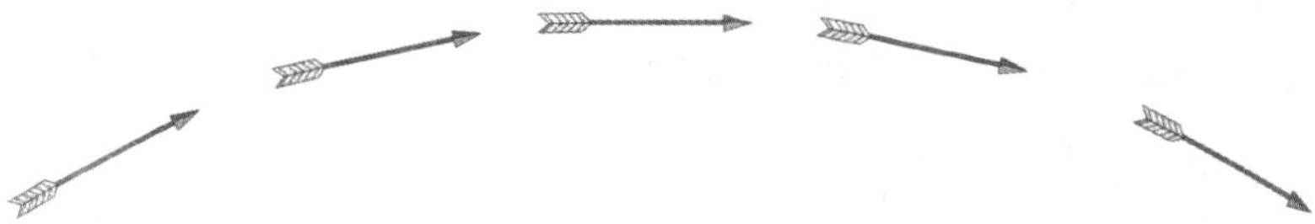

图 6　芝诺的飞矢悖论：当我们谈论速度的时候我们到底是在说什么？

你可以这样进入“速度空间”：你先在不断缩短的时间间隔内计算一个平均速度（请不要和真实速度混淆）。平均速度可由一定时间间隔内通过的距离除以时间间隔的长度。两个量都是有限的，它们的比值可由普通的除法法则计算。但是，只在时间间隔趋于零时速度作为一个明晰的概念才会出现。它是平均速度（普通的距离与时间的比值）在时间间隔趋于零时的极限。正如牛顿在本章开始时引用的那段中所解释的那样，这个极限不是距离和时间间隔在趋于零之前或等于零之后的比值，而是它们借以趋近于零的比值。它是位置随时间的变化率。

图 7 可以帮助我们用几何的词汇理解这个概念。运动用一条标明了一辆车、一个高尔夫球还是别的什么东西的位置 x 作为时间函数的连续曲线来描述。为了计算时间间隔 t_1 和 t_2 之间的平均速度，我们在曲线上标出对应 t_1 和 t_2 的位置，并用一条直线连接起来。平均速度和这条直线的坡度成正比：这坡度越陡，平均速度越大。随着时间间隔的缩小，我们看到线的坡度随着变化，但变化的幅度越来越小。在时间间隔为零的极限情况下，直线只和曲线切于一点。这样的直线称为曲线的切线，就是这条切线的坡度定义了那一点上的瞬时速度：切线的坡度越大，瞬时速度越大。

回头再看图 7，我们求极限过程将车辆的实际运动——由一条光滑曲线描述的——用一条直线，即同代表实际运动的曲线只搭上一点的切线，所代替。直线本身也描述了一种运动，即理论上能发生的运动：车子在过

① 其实是说，和某位置对应的速度由“速度空间”中的坐标值给出，而速度空间的坐标值决定位置变化的趋势。——译者注

去一直是用一个恒定速度运动且在未来还保持同一速度。我们由此创造了一个切现实，在其中车辆中了邪，永远地保持当前的运动状态。不消说，这个切现实纯粹是假想的——在真实世界里它没有发生也不会发生，但它的价值并不在于发生还是没发生，而在于给出了一个概念，即瞬时速度的概念，一个清晰的定义。

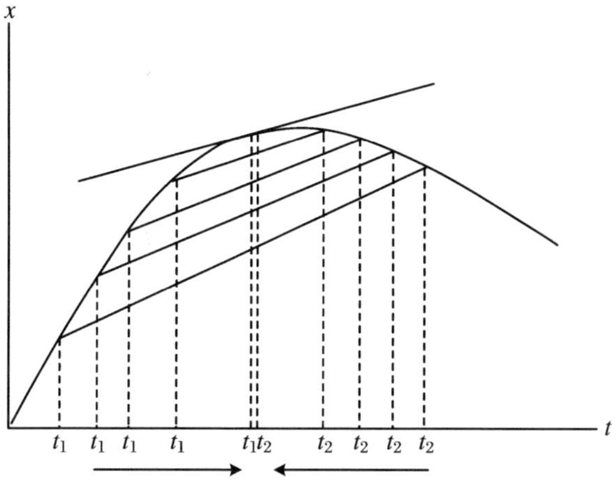

图 7　作为极限的速度。随着时间间隔 t_2-t_1 的长度趋于零，在位置-时间图上两点的连线之斜率趋向一个有限的值。在 t_2 与 t_1 重合的极限条件下，连线变成了该曲线在那点上的切线。

当我们考虑限制在三维空间中一条线或者一个面上的运动时，速度的抽象性质变得就更明显了。例如，图 8 显示的是被束缚在一条弯曲金属线上运动的珠子。在每个点上，珠子的速度可以取任何值，但其方向却必须始终和金属线的切线共线，指向朝前或者朝后的方向。注意金属线上的每一点都有自己的切线，其同邻近点上的切线完全不同，不管它们有多么接近。所有切线参差不齐的集合构成了架在金属线上的“切丛①”（图 9）。这么说吧，如果说珠子活在金属线上，它的速度存在于一个完全不同的、抽象的空间：金属线的切丛。

① 切丛，tangent bundle，在微分几何里引入的概念。——译者注

我刚才描述的情形一点也不异乎寻常。科学理论，如同艺术品，活在由极限过程变戏法变出来的切现实中。从熟悉的概念开始，我们扎进了一个神奇的空间，依据某些规则在其中徜徉，在现实的层面上又重新冒出头来，但有了一个新概念，一个新的想象中的角色——在这种情况下就是速度。

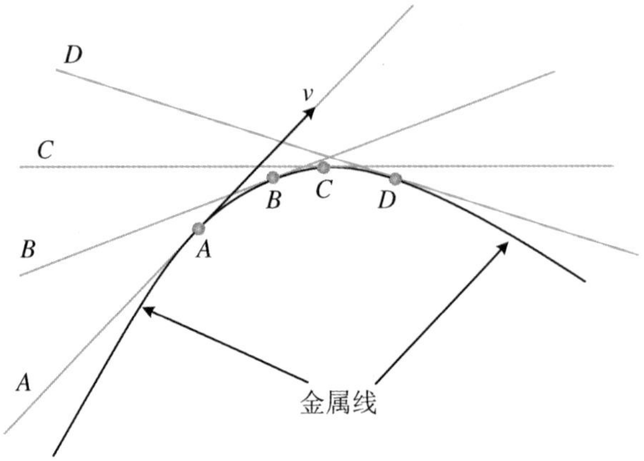

图 8　沿着一条金属线滑动的珠子，其速度总是指向金属线的切线方向。金属线上的每一点都有自己的切线。

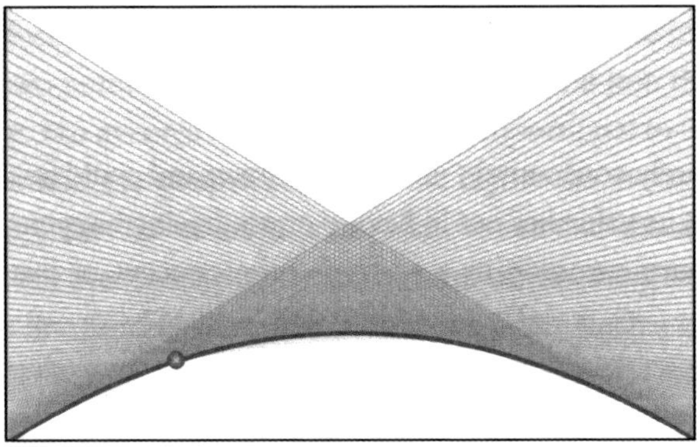

图 9　珠子被约束沿着曲线运动，但其速度活在一个更复杂的空间，即切丛中。切丛是曲线的所有切线的集合。

两度分离

关于抽象概念最美妙的事情之一是它们互相长在别者的身上，就象盐矿中的盐晶体长在树枝上。你把一根光秃秃的树枝扔进盐水坑。过了两三个月，你会发现那上面覆盖了一层亮晶晶的沉积晶体。末端的细枝上被无数细小的晶粒包裹着。原来的桠杈都看不出来了。①

刚刚完成了速度的定义，我们马上就忍不住地被引诱到更高的抽象层次上。象位置一样，速度也随时间改变，在我们称之为"速度空间"的空间中产生了一个运动。对这个高阶运动，我们可以运用很好地服务于平常空间分析的同样的概念。我们可以用速度变化量除以发生这些变化所需的时间定义一个速度变化的平均率。取时间间隔趋于零的极限，这样我们就创造了一个新的概念，名为"加速度"。加速度是速度随时间变化的速率，如同速度是位置随时间变化的速率。它就是速度空间的速度。

加速度（和它的形影不离的伙伴——力一道）是牛顿力学舞台上的主角。牛顿力学是由伽利略（Galileo）在十七世纪创立的关于运动的定量科学。加速度概念的非直观特性，我指的是将之同可见的现实分开的两个抽象层次，可能是力学为什么要花那么多时间、那么多工夫才建立起来的原因。因为我们的感官自然地调适了去追踪运动物体的轨迹，速度很容易被图画为指向运动方向的一个矢量。人们对速度抱有的怀疑是那样的有哲学味道，只有一个如同芝诺那样的异乎寻常地持批判态度的或者过度活跃的大脑才会体会到。传说当芝诺挑战运动现实性的时候，锡诺普的第欧根尼（Diogenes）以反对者的面貌出来了——他一言不发地走了几个来回，由此当作他已经充分反驳了他（芝诺）。另一方面，加速度即便对物理学家来说

---

① Stendhal, *On Love — The Salzburg Bough*（《谈爱情——萨尔茨堡的树枝》）。原文为 De l'amour，创作于 1822 年。——作者注

也很难可视化,如同速度,它是个矢量,即具有确定方向的量。加速度的麻烦是,一个物体可以沿一个方向运动而其加速度却在另一个方向。所以,不同于日常用语,“加速度”一词在物理学上并不必然指向一个增加的速率,而是描述任何同匀速直线运动的偏离,即任何速度的变化,不管其是带来了速率的增减还是只带来了运动方向的改变。

认识到速度和加速度是独立的量,是牛顿力学的核心内容。我拟将此一关键特征称为加速度——速度的分裂。例如,绕日的行星其速度同轨道相切,但其加速度则始终指向太阳(图 10)。此图首先描绘了实空间中的(a),然后是在速度空间中的(b),行星运动详见图解。至于图 11 中单摆的摆锤,观察加速度是怎样在水平和垂直方向上来回变动的——这是一个完全非直观的行为,就是一群铁石心肠的物理学家也会一声惊呼。理解这些图的困难之处是我们没有在速度空间中感知运动的器官,除了那个较真的、脆弱的家什——我们的头脑。

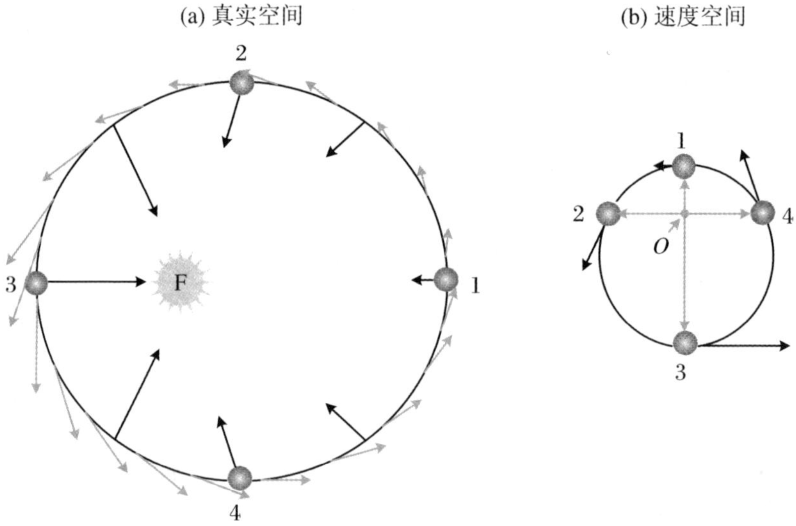

图 10 (a) 行星在绕日轨道上的速度与加速度,分别用浅色和黑色箭头表示。注意,速度总是同轨道相切,而加速度总是指向太阳的。(b) 同一行星在速度空间里的轨道是一个圆。这里同样是用浅色和黑色箭头分别表示速度和加速度。正如在真实空间中速度同轨道相切一样,在速度空间里加速度同(速度的)轨道相切。在这幅图中是看不到太阳的。‘O’代表速度等于零的点。

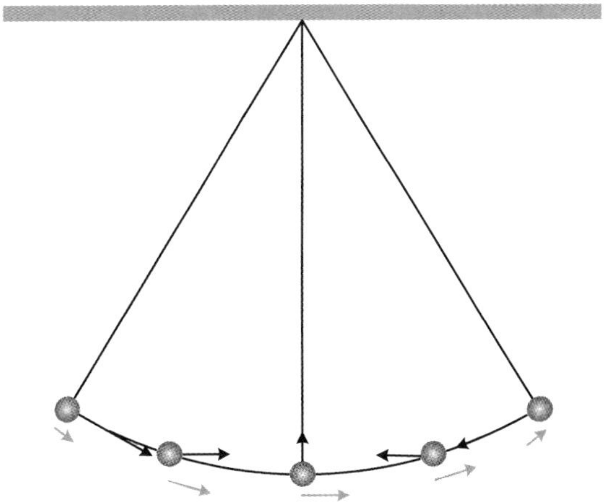

图 11 摆锤在摆动过程中不同位置上的速度(浅色箭头)和加速度(黑色箭头)。

伽利略与亚里士多德

十六世纪后期,伽利略也许是第一个意识到现代运动科学赖以建立的正确理想化的。他明白,在完全没有力作用的空间中自由运动的物体会永远保持同一方向和相同的速率,不会有任何加速度。但他没有用定律的形式表述这个思想。在伽利略去世的那一年(1642 年),另一个天才诞生了,他把这个听起来很简单的思想提高到了惯性原理或者动力学第一定律的地位,并在其上建立起了经典动力学的大厦。用牛顿自己的话说:

任何物体,除非受外力强迫改变其运动状态,将保持静止或者匀速直线运动的状态①。

对于那些把科学想象成建立在坚实证据之上的人来说,惯性原理是一个相当模糊的表述,几乎是形而上的。一个物体保持匀速直线向前的运

① 把这句中的"外力"改为"除引力以外的力",就是广义相对论修正了的惯性概念。——译者注

动:谁见过这样的事情?如何能让其发生?如何能够活得足够长,跟踪足够长距离去确认确实是这样的?① 这个论述看起来较容易验证的情形是关于初始时处于静止状态的表述。惯性原理说它将永远保持静止状态,除非受力改变了其行为。亚里士多德会同意这一点,因为他相信没有推动者,运动就不会发生。但是,惯性原理要往前走得更远,它认为静止和匀速运动没有本质的区别,静止是运动的极限,运动是静止的另一种表示。

亚里士多德的运动需要"力"的观点是受常识和观测支持的。这一点没有比在生命世界里更明显的了,生命就是为了保持运动以抗拒死亡之不动的持续努力。以杰克·伦敦(Jack London)的小说《白色獠牙》——一本多处涉及自然法则的书——中的一章为例:

喜欢运动不是荒野的习惯。生命是对运动的冒犯,因为生命就是运动;荒野总是努力摧毁运动。它将水冻结,防止其流向大海,它将汁液②从树中逐出,让其直到全能的内心都冷凝;最残忍最可怕的是荒野侵扰并降服人——人是最不肯停歇的生命,一直反抗着所有的运动最终必将停歇的信条。

与亚里士多德相比,伽利略的运动观显得意义深远且非常出色。如果那个观点是正确的话,直线运动是事物的自然状态,不需要人或神灵的干预去维持它。问题不是要解释匀速直线运动,而是要解释对匀速直线运动的偏离。

伽利略提供了许多论证支持惯性原理。下面是一个特别优雅的论证举例,非常漂亮地说明了极限的威力。考虑如图12中的实验装置,其中两个斜坡和斜坡之间的连接部分都是经过仔细打磨非常光滑的。一个非常光滑的物体(比如一个冰块)从左侧的斜坡上放下,它将一直滑下去并在右侧的斜坡上爬升到与其释放点等高的地方。这是可以实验验证的事实。(实验设备的)表面越光滑,你会发现物体越接近到达其初始的高度。自然,冰块的速度取决于它离平面的高度,它下降时速度增加,爬升时速度减

① 光是无限长直线的概念就非常麻烦。把一条有限长线段延长成无穷长的线可能是几何学的假设,不是那种可证明的东西。如果你手边没有一条直的线(比如尺子),画一条绝对直的线可是高度非平庸的事情。——作者注

② Sap,双关语,还有"元气"、"生命力"的意思。——译者注

小，到达最高点时速度为零。

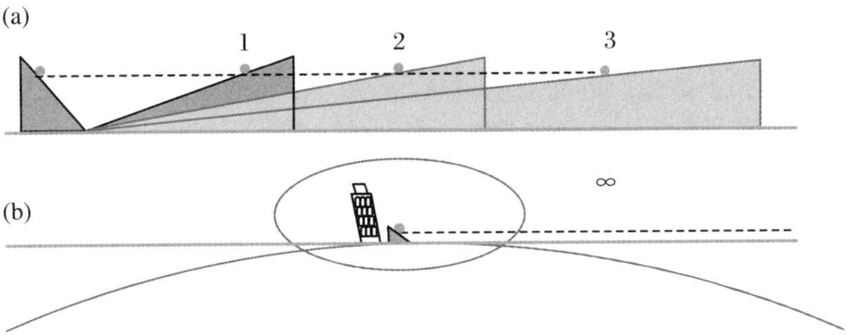

图 12　导致惯性原理的思想性[①]实验。(a) 一个物体从左侧的斜坡上滑下，速度增加；在右侧的斜坡上以逐渐减小的速度爬升直到达到初始时的高度。把标记为 1 的斜坡用标记为 2，3 的斜坡取代，则这个实验过程中物体运动的距离会增加。(b) 取极限，右边的斜坡变为平的。现在，物体再也不能回复到原来的高度了，它唯一的选择是沿水平线继续运动，没有加速也没有减速。卵形线圈住的部分是个理想的实验装置(包括比萨斜塔和大地的表面)，从实践的角度来看是可以用来作观察研究的。

现在想象一下减小右侧斜坡的坡度。为了回复原来的高度，物体必须走过更远的距离。此时，斜坡表面的光滑程度就更重要了，你可能需要经过两轮、三轮打磨才能达到要求的精度。但你能做到这一点，因而能够证明，随着斜坡的降低，物体还是继续运动直至升到初始时的高度，尽管在水平方向上它可能要走过更远的距离。

现在魔术般的跳跃到来了，我们超越经验观察，理解了定律。我们走进极限情况，右侧斜坡的坡度趋近于零，即右侧的斜坡变成了水平的。物体努力想回复到初始时的高度，但它不再能够，因为没有上升的斜坡坡面了。这物体能怎么样呢？唯一的选择是永远运动下去，而且因为没有高度的变化，它的速度也不变。这正是惯性定律要表达的。

非常奇特，不是吗？除了最后一步是抽象的跳跃，从而进入了一个切世界，在其中地球的曲率、不可避免的摩擦、外力、实验室的有限大小或者

① 思想性实验，英文为 thought experiment，来自德文的 Gedankenexperiment。注意，thought，或者 gedanken，都是形容词。——译者注

其它琐碎的因素都不再重要。所有导致这最后一步的步骤都属于真实世界,都必须小心地、有条理地实施。当你减小右侧斜坡的坡度时,你必须确保提高表面的光滑程度,使得冰块仍能到达同样的高度。如果你减小斜坡的坡度却不去提高表面的光滑度,实验会因为表面的粗糙而失败。适度地同步减小斜坡的坡度和其表面的粗糙度非常重要。但实验只能将你带到此处为止,却不能更远。最后的一步跳跃,即取极限,是个思维过程——很神奇的。

在《关于两个世界体系的对话》之最重要的一章中①,智者(为伽利略代言)引导幼稚者承认惯性原理的有效性,把这一点阐述得很清楚。首先,智者借助实验证据支持他的观点。讨论的问题是,从船的桅杆顶部下落的石头,是砸在桅杆基部的甲板上还是砸在离桅杆一定距离的地方,这段距离就是石头下落期间船前行的距离。幼稚者,根据亚里士多德的理论,相信第二种情景是对的。这种观点会给关于运动着的地球的理论带来麻烦,因为从塔(对应于桅杆)顶落下的石头应该砸在远离塔底的某个地方(石头下落的过程中地球移动了),这显然同经验相矛盾。

现在,智者,伟大的聪明人,这个只用缜密的猜测滋养自己的人,问幼稚者是否在船上做过这样的实验。幼稚者坦诚他没有,然后问了一个很自然的问题:你做过吗?此刻人们也许会期待智者用一堆实验事实把他的对手劈头盖脑地给掩埋起来,但他没有。他自己也没做过实验。但是,他仍然知道实验的结果会是什么样,并进一步用漂亮的纯理论的论证说服幼稚者:

不用实验——智者说到——我确信结果会是我告诉你的那样,因为它必须是那样;我还必须补充一句,你自己也知道它不可能是别的样子,不管你怎样假装并不知道这一点②。

论证甚至比我在上面概括的还要简单。在一个斜坡上向上运动的物体最终会静止下来。类似地,在一个斜坡上向下运动的物体会加速。但

① 伽利略,《关于两个世界体系的对话》之第二天,第 171 页。——作者注。对话的主角为 Salviati——智者,和 Simplicio——头脑简单的人,幼稚者。——译者注

② 伽利略,《关于两个世界体系的对话》之第二天,第 171 页。——作者注

是,若一个物体既不是向上也不是向下运动,也即是说它是在平面上运动,则它就应该在这两种可能性之间的看不见的边界上,而且必须同两者都自洽。这样的一个物体既不可加速也不能减速,因此它的速度只能保持不变。现在,当一块石头从桅杆上落下,它仍然以和船同样的水平速度运动,仿佛是在一个水平面内,因此总是落在桅杆的底部,不管那船是运动的还是静止的。

择优坐标系

尽管很有说服力,智者的论证还是有一点麻烦要应付。物体在其上永远匀速直线运动的平面本身在某种意义下应该是没有加速度的。否则,惯性原理就不成立。普适性原理的讨论就到这儿了。

设想例如图 12 中的平面是在北极点上固定于地球表面上的,在 24 小时内转一圈。你无需是个物理学家就能看出来,相对于这个转动的平面,物体的运动是曲线而非直线。根据惯性原理,物体是相对于一个“绝对空间”——不管是什么意思,也许是遥远的恒星——做匀速直线运动的。也正是因为这个原因,物体相对于我们的转动平面不是以直线运动的。

亚里士多德的支持者认为旋转的地球对地球上所有有生命、无生命之物的运动有某种影响,这并不完全是错的。其错误是更加微妙的。他们认为地球的速度自己会直接表现出来,而伽利略和牛顿认识到地球的速度是不可见的,任何可观测到的地球的运动源于其加速度——一个更弱的效应。确实,仔细的观察会揭示,落体的轨迹并不严格是垂直的,而是会由于地球的转动向东有点偏差,这证明在较狭隘的就事论事的意义上幼稚者不完全是错的而智者不完全是对的。这是一个见识太多会给物理学的进步带来致命阻碍的经典案例。智者忽略细节是聪明之举。

惯性原理具有比一个物理定律更多的内容:它是信仰存在一个绝对的、无限的、均匀的空间——一个在其中自由物体保持匀速运动状态的理想舞台——的宣言。事实上，我们如今知道，惯性原理是物理学家称为守恒律者的原型。所谓的守恒律，即关于某量保持不随时间变化的表述。在（惯性原理）这个案例中，守恒量称为“动量”。在第 8 章中我们会看到守恒律反映的是世界的基本对称性。惯性原理，又名自由粒子的动量守恒，将被表明是来自空间的均匀性，即空间中所有的点都是绝对等价的、没有任何一点是特殊的这样一个事实。

在其中惯性原理被违背的参照系是有的（如我们所见，旋转的地球就是一例），但它们不应该被当回事，因为它们本身相对于绝对空间是加速的。物体的运动只有当它是参照一个相对于绝对空间不是加速的抽象参照系时，才是显见的。只有在这样的一个择优的参照系中惯性原理才成立。在物理学中，这样的参照系被称为惯性参照系（多么辉煌的循环论证）。惯性原理只是强调这样的惯性系是存在的①。

你可能觉得惯性系的限制是令人不满意的、不公平的。为什么我们要限制自己去使用惯性系，而绝大多数的参照系，包括我们生于斯殁于斯的这个最重要的参照系，却都是非惯性的？实际上，这个限制是没必要的。在第 6 章的结尾我们会看到物理学定律可以在任何参照系中表述，只要我们仔细地做了必要的调整。但是所有这些花哨的发展都不能真正地驱除绝对空间的思想，而是教会我们如何从不同的观点审视绝对空间，如何将从不同观点下获得的观测联系起来。

动力学定律

如同每一件艺术品那样，牛顿的力学为自己创造了角色。我们已经遇到了速度、加速度和绝对空间。下一个角色是力。力依据惯性原理可简单

---

① 注意，若你接受存在一个惯性参照系，你就必须接受存在无穷多的惯性参照系，因为所有相对于某惯性参照系匀速运动的参照系都是惯性的。——作者注

地定义为加速度的动因。如果你观测到某行星，比如火星，沿绕太阳的弯曲路径行进，你可以肯定有力作用在其上，尽管你可能不知道力从哪里来，又是为了什么。这是牛顿推测存在引力的立足点，尽管他不能理解引力的来源。

一旦人们接受了力是加速度的原因，接下来自然的问题是，力和加速度的关系是怎样的？最简单的假设是，产生某加速度的合力①同加速度成正比关系，即若力加倍则加速度加倍，力三倍之则加速度三倍之，等等。但是，这还不是故事的全部，一个力所能产生的加速度还取决于被加速物体的量。物体的质量越大，产生某一加速度所需的力也越大。我们将一个物体所包含的“物质的量”称为质量，用 m 表示。则我们可以说产生某个加速度所需的力不仅正比于加速度，还正比于质量，即质量加倍它也加倍云云。这正是牛顿的动力学第二定律所表达的内容：

$$\vec{F} = m\vec{a}$$

这里在力和加速度符号上面的箭头提醒我们这些量是矢量，即是说，是带有方向的量。

当然，我一直在用一种好象我们已经熟悉了什么是质量的口气在谈论质量，其实远不是这么回事。质量，如将表明的那样，是牛顿力学的最后一个主角，它是自运动方程 $\vec{F} = m\vec{a}$ 产生的一个角色。但是，等一下：如果首先需要质量来告诉我们什么是力，那方程 $\vec{F} = m\vec{a}$ 怎么能告诉我们什么是质量？显然，需要其它额外的输入才能逃出这个逻辑的怪圈。

这个输入是牛顿的动力学第三定律。当两个物体 A 和 B 相互作用时，比如发生碰撞，它们互相施加了力。根据牛顿第三定律，碰撞期间 A 作用于 B 上的力同 B 作用于 A 上的力，大小相等，方向相反。

本质上，这等于说力是两个物体之间交换的某种东西：每个物体都推动又同时被推动。这是不可避免的。当你踢足球的时候，某种称为“动量”的抽象事物从你的脚流向足球。接受动量的球被推动了，提供动量的脚也

---

① 合力(net force)指的是所有作用在某个物体上的力之和，不考虑其来源。——作者注

被推动了，但是是在相反的方向上。一个孤立的物体不能对自身施加力。

借助于第三定律，我们可以精确地定义质量。我们相对着射出两个物体，观察它们的加速度。因为，根据牛顿第三定律，作用在每个物体上的力的大小是一样的，我们可以马上得出结论说两个物体将以与其质量成反比的程度被加速。如果，举例来说，一个物体的质量是另一个物体质量的两倍，则其加速度是另一个物体加速度的一半。质量比决定了加速度之比，反过来说，加速度之比又决定了质量比。

在这一点上我们需要的只是一个标准物体，按约定赋予其为 1 kg 的质量，则另一个物体的质量可以原则上通过将它射向 1 kg 标准的物体，观察其加速度同标准物体加速度的比较就能确定。这样做无需知道关于力的任何特别的地方，除了它们总是成对出现的这个一般性事实。

一些说明

牛顿力学不是一个直觉性的理论。直到你试图使用它解决某个具体问题时你才会认识到这一点。你可能会感觉你已经完全领会了该定律的内涵，且你会成为惯性原理坚定的信仰者——可是，解决问题会是对你的信仰的严酷考验。在面对第一个挑战的时候你可能就在内心深处发现一个随时要背叛耶稣的彼得。渐渐地你发现自己滑向了更加自然的非惯性的（亚里士多德式的）思考方式，或者不再欣赏加速度-速度劈裂的结果，或者兼而有之。在接下来的两幅图中，我要说明牛顿力学的两个细微之处。

图 13 表示的是一个置于交替力，即在一秒钟内向右，下一秒钟以同样的强度往左；然后又是向右，这样周而往复的力之下的物体的运动。根据亚里士多德，或者幼稚的常识，物体会简单地来回运动，每过两秒钟回到原点一次。但这是完全错误的。根据牛顿定律，物体会一直沿着第一次推动的方向向前运动。发生的事情是这样的：第一次推动将物体向右加速，接下来的推动将物体的速度带回到零，但不会回复到原来的位置。实际上，

速度总是指向右方，所以在第一个推-拉循环结束后物体向右移动了一定的距离。第二、第三……第六个循环只是重复第一个循环（中发生的事情），物体一直向右运动。这是一个粗糙的但本质上正确的行走模型：你用后脚推动你前行①，然后用前脚让你慢下来，然后不断重复前述步骤。或者，如果你想要一个更花哨的类比，想一想政府在权力制衡机制下②的运作方式。为了推行一个议案执政者违反了法律（推），过后，此事被高等法院的一道指令给叫停了（拉），但是在这一推一拉的过程中，政府已经完成了它的非法勾当（比方说，犯人被折磨了）。

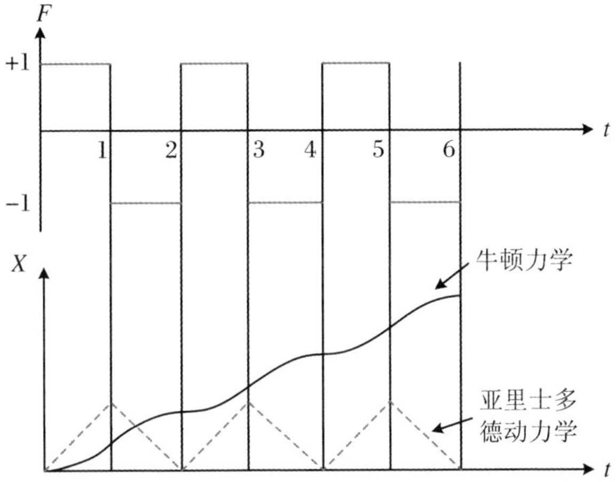

图 13　根据“亚里士多德动力学”（速度正比于力），置于交替变换的力 F（画在图的顶部）下物体的运动会前后运动，周期性地回到原点，如虚线所示。而牛顿力学（加速度正比于力）所预期的正确行为如图中实线所示。物体以变化的速度沿首次推动的方向一直向前。

图 14 演示的是一个经典圆周运动的例子，可以在任何一本普通物理教科书中找到。我们大部分人都认可两个受到相同的力作用但初始条件不同的物体，会以完全不同的方式展开其运动。但本例中，是不同的初始条

① 更精确地，我要说你用脚推动大地，导致大地反过来推动你的脚，从而推动你向前。——作者注

② Check-and-balance，会计业务中的意思是检查与结算以使得收支平衡。在司法领域实际上指的是权力间的制衡。——译者注

件产生了不同的力，从而造成了完全不同的运动。

图 14(a)中的小球初始时是静止的，滚下一个同水平面成一定夹角的环形轨道。在这种情况下，重力垂直于轨道面的分量被轨道作用于小球的反作用力抵消，剩下的同轨道面平行的分量造成了小球的向下滚动。图 14(b)中同样的小球被赋予了一个初始速度，这使得它稍微猛烈点地挤压轨道。现在，轨道施加之力的垂直于轨道面的分量完全抵消了重力，所以小球不能向下滚动。同时，轨道施加之力剩余下来的平行于轨道面的分量将小球推向轨道的中心。这个力同太阳牵引在轨道上的行星的力是类似的，尽管其来源完全不同。如同行星绕着太阳运动，这个小球沿一个水平的环形路径绕轨道转动。

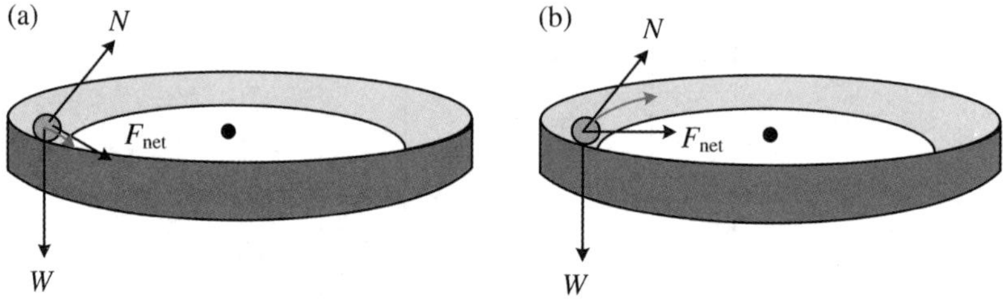

图 14　关于牛顿力学的两点说明。观察(a)小球沿(倾斜的)轨道滑下和(b)小球绕轨道转动之间的细微差别。细微的差别在于轨道对小球施加的力，记为 N。在(b)情形中的 N 要比在(a)情形中的略大。在(a)情形中，力 N 只需要抵消重力在垂直于轨道面方向上的分量，平行于轨道面的重力分量拉着小球滑下轨道；在(b)情形中，力 N 要完全抵消重力，同时带来了在水平方向上的、指向轨道中心的力，使得小球沿圆形轨道滚动。

牛顿与开普勒

在牛顿力学的许多辉煌的应用中，比如对潮汐的理解、海王星存在的预言、空间探测器轨道的精确计算——所有这些来自三定律的协同的、精巧地平衡了的作用——没有一项象引力定律的导出那么予人以深刻印象。

万有引力①就是把太阳系拢在一起、为恒星提供动力、让海洋卷过狂潮，但也会屈尊把小苹果拉向地球的那个力。根据理论，宇宙中处于任何地方的任何两个物体之间都以一个同其距离之平方成反比、同其质量成正比的力相互吸引。这个定律，尤其是力同距离平方间的反比关系，是牛顿发现的。导致这一发现的引子，来自开普勒。

开普勒注意到行星绕太阳的轨道并不是如哥白尼和伽利略相信的那样是圆，而是椭圆②。开普勒第一定律的精确表述为：行星的轨道为一椭圆，太阳在该椭圆的一个焦点上（图 15）③。在运动的过程中，行星离太阳的距离不断变化。但行星离太阳较近时，运动速度比在离太阳较远的距离上略快一些。开普勒发现尽管有这样的变化，太阳和行星之间的连线却在相同的时间内扫过相同的面积。此一事实如今以开普勒第二定律而闻名。看起来好象是速度和距离的改变是精密地调节了的，使得这个连线在给定时间里（比如一小时）扫过的面积是一样的，而不管我们处于轨道的哪个位置上（图 15）。容易表明，此一规则性意味着作用于行星上的力指向太阳（证明在图 15 的图解中有简略说明）。请注意，根据亚里士多德力学，这样的力不可避免地把行星拉向太阳，那里行星将会毁灭。所幸的是，力决定的是加速度的方向而不是速度的方向，后者因此可以持续地指向沿轨道的方向。这是牛顿力学特有的速度-加速度间的分裂，这一点早已在图 14(b) 中指明了。

开普勒还发现，行星绕太阳一周所需时间的平方同行星绕太阳运行的平均距离的立方成正比（开普勒第三定律）。因此，一个假想的离太阳距离为日-地距离四倍的行星，需要 8 年的时间绕太阳一周，因为 $8^2 = 4^3$。简单的观察足以确立两个物体之间的万有引力必须同两者之间距离的平方成

① Gravity，本意是重力，因为对这个现象的注意源自地面上各种存在具有重量的事实。中文翻译成引力容易同 attractive force 混淆。"万有引力"中的"万有"应是翻译时额外加上的。其实，很多时候这个词，包括 gravitation，的翻译不可以带着"力"字。——译者注

② 西语椭圆，ellipsis，本意是比完美差一点。圆象征着完美。——译者注

③ 把椭圆想象成圆沿一个方向的拉伸，或者是平面中到两点，即焦点，的距离之和为常数的点的集合。——作者注

反比。我们来看看是为什么。

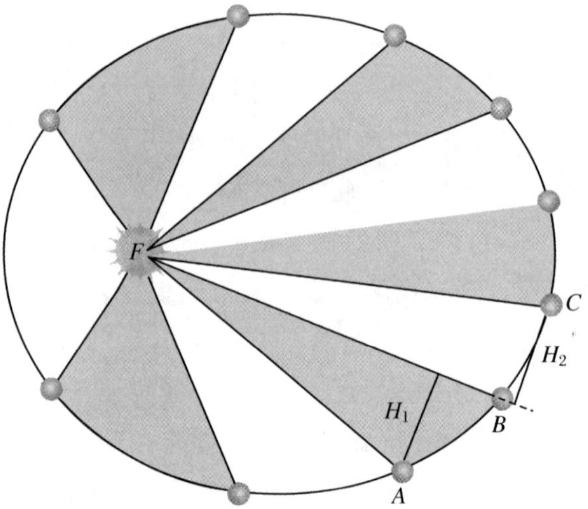

图 15　根据开普勒行星运动第二定律，太阳与行星间的连线在相同的时间内扫过相同的面积。本图中，椭圆轨道围成的面积被分成十个扇面，每个扇面在一个转动周期的十分之一时间内被扫过。最后，我们会考虑极限情况，扇面的数目趋于无穷大，每个扇面的幅度趋于零。相邻的两个三角形 FAB 和 FBC 由乘积 $FB \times H_1/2$ 和 $FB \times H_2/2$ 分别给出，其中 H_1，H_2是相对公共底边为 FB 的两个三角形的高（回想一下，三角形的面积等于底边乘高除以 2）。把三角形的弯曲的一边用直边代替所带来的误差，在此边的长度趋于零的极限情况下，可以忽略不计。这两个三角形的面积相等意味着高 $H_1 = H_2$。注意，H_1和 H_2是位移在垂直于半径 FB 方向上的分量。这些位移分量是在相同时间内发生的这一事实，在垂直于半径的方向上的速度分量在相邻的扇区内是相同的。这当然又进一步意味着在垂直于半径的方向上没有加速度分量，在那个方向上也就没有力的分量。我们由此得出结论，万有引力是完全沿着 FB 方向，即指向太阳的。

让我们比较两个绕太阳做圆周运动的行星的加速度，其中一个行星的轨道半径是另一个的四倍。你可能马上提出异议，说太阳系或者别的什么地方没有这样的行星①——我们不是刚说过行星的轨道是椭圆的吗？是的，但是我们的着眼点在于这样的行星可能存在，因为圆毕竟是一种特别

---

①　地球的轨道就非常接近圆形，这是地球上能够出现生命的一个重要前提。否则，因同太阳距离的改变造成的地表温度落差会大得难以忍受。——译者注

的椭圆，为椭圆的两个焦点在一个中心上重合的极限情况。如果开普勒定律和力学定律是如同引力定律那样普适的，它们也必须在圆轨道这样不太可能出现的情形中给出正确答案。所以，我们来看看两套定律①在这种情况下会预言什么。根据开普勒第三定律，外面的这个行星的周期是内圈那个行星的8倍，那么加速度呢？记住，加速度是距离/时间^2，因为从内圈轨道到外圈轨道距离放大了4倍，时间放大了8倍，我们看到外圈行星的加速度必须减小为$4/8^2=1/16=1/4^2$。现在回到力学定律。我们知道加速度正比于力。这意味着在外圈行星上的万有引力是内圈行星上的$1/4^2$。在外圈行星上的引力是4^2倍而不是4倍弱于内圈行星上的引力，证明了万有引力是同距离平方成反比的：这正是我们要证明的。

如果开普勒、伽利略、牛顿这些人没有放弃由常识和权威支持的观点的智力勇气，去取极限，拥抱一个更抽象的，也许某种程度上更怪诞的世界观，此一结果，以及其它结果，也许还会继续隐藏在我们的视线以外。在牛顿引力理论的案例中，这甚至需要构思关于越过没有物质中介的、空旷的空间的②那么一个力的神秘观念。我们知道牛顿自己也发现这些想法无法想象（好象他自己没想到似的！），但他却没从它退却，也没试着去提出更受欢迎的替代方案。也许，如同费曼一样，他的想法是“保持不知道的状态活着，比拥有一个可能错误的答案”要好一些。

亚里士多德与牛顿

人们不应该被牛顿力学的成功弄得眼花缭乱而忘记亚里士多德力

① 指开普勒的行星运动定律和牛顿的动力学定律。——译者注

② 出现空旷的空间（empty space）这样奇怪的中文表达是因为我们错误地把space译成了空间，且已经约定成俗了。考虑到spacer是“垫片”、“填充层”等意思，大家可以品味一下space，比如在the space between two trees along the road一句中，的应有之意。Space不空。——译者注

学——即认定速度而非加速度正比于力的力学——部分成功的原因。一个前提如此错误的理论怎么会给出关于自然一个合理的、具有说服力的描述从而让几个世纪的最优秀头脑都满意的呢？理论物理学家波利亚科夫(Alexander Polyakov)曾写到："任何非平凡的思想在某种意义上都是正确的"①，这里我们看到了此一论断的正确性。

毫无疑问地，正是牛顿力学给了我们理解为什么亚里士多德力学在许多情况下有效的工具。这是为什么我们认为牛顿力学是比亚里士多德力学更深刻的理论，且因为更深刻它也就更接近真理。细节很复杂，但基本思想很容易理解。波利亚科夫的"某种意义"在这种情形就是极限的问题。

基于惯性原理的牛顿力学，首先是关于空旷空间中点粒子运动的力学。但什么是"点粒子"？在我还是大学生那会儿，当我的一个女朋友问我这个问题时，我呆住了。点粒子的概念在我的脑海中是如此牢靠地存在，在那时刻之前我认为它绝对是不言而喻的。实际上，"点粒子"这个抽象概念涵盖多到难以置信的大量事物。或许德谟克利特的原子图像首先展示了质点的形象，但我们知道就是如行星、恒星这样的大块头物体如果满足某些条件也可以当作点粒子。就是说，物体的尺寸同其在其中运动的空间范围相比必须是小的(例如，行星的尺寸同其轨道相比是非常小的)。再者，任何其组成部分的内部运动必须要么不存在，要么无关紧要。每一个物体，不管大小、形状、构成，在适当的极限条件下，即当我们在如此之远的距离上看它以至于它看起来象一个点，它就变成了点粒子。

现在，我们假设我们的"粒子"实际上是一个降落伞，正从空中缓慢下降把跳伞者安全地送到地面(图 16)。我们看到除了投放时的一段短暂的骚乱时期，它差不多都是匀速下降的，加速度为零。此行为同亚里士多德的运动规律(速度正比于力)吻合得很好而同据说是正确的牛顿力学(加速度正比于力)显然不吻合。

但是，等一下，牛顿力学说加速度正比于合力，即是说所有作用于物体上的力之和。万有引力只是这些力中的一个，但还有其它的力。出现这些

---

① A. M. Polyakov, *Gauge Fields and Strings*(《规范场与弦》)，第 1 页。——作者注

力是因为我们的“粒子”——降落伞及其负载——不是孤独地处于真空中而是在空气中穿行，这意味着一些我们目力所及以外的一些角色的出现。这些看不见的角色是空气的分子，不停地从上面、下面撞击着降落伞的表面，但平均来说，从下面来的撞击要更频繁一些，因为降落伞是向下运动的。每一次碰撞过程中，分子都会向降落伞上施加一个力——当分子从下

图 16

方撞击降落伞时力是向上的。这个力的实际时间结构是完全混乱的，超过我们的计算能力（打个不太恰当的类比，想想随机打到棚顶上的雨点，不过（空气撞击降落伞）更频繁，约为 10^{22} 个分子每平方厘米每秒）。但恰恰是问题的复杂性允许简单的解。作为第一步，我们必须放弃任何跟踪单个分子碰撞的希望：我们将满足于一个在同典型的两次碰撞时间间隔相比长得多——但又很短以至于在此期间降落伞没有实质的移动——的时间内发生事件的平均描述。我们接着会表明所有这些碰撞的总效果是产生一个平均来说指向朝上且随降落伞速度增加而增加的拖曳力。在此情形中，取极限意

味着在一个时间窗口内观察系统,时间窗口同分子碰撞之间的典型间隔相比非常大,但比物体能实质性地改变其位置所需的时间要短。在这个时间窗口内我们就拥有了一个牛顿系统看起来好象遵循亚里士多德力学的奇迹。

这怎么可能呢?事情是这样的。在初始一段时间后,在此期间降落伞将跳伞者的下落之势给缓和了下来,就进入了稳态范围,此时引力被拖曳力(平均意义上)抵消:合力为零,降落伞匀速下降。亚里士多德和牛顿预言了同样的行为,但确实因为不同的原因。亚里士多德会说引力的牵引造成了降落伞匀速下降,牛顿会回应说事实是速度均匀意味着没有合力(平均意义上)作用到物体上。为了真正看到两种理论的区别,你应该把你的观察精细到能够注意到由于分子碰撞率的涨落(类似击打棚顶的雨点,空气分子撞击降落伞同平均相比时而急迫,时而不那么急迫)造成的微小的加速度。只是在极端精确的层面上你才能证明牛顿是对的——降落伞的速度不是真正均匀的,而是关于一个常数值快速涨落的,且加速度在任何时刻是同瞬时的合力值成正比的。但是在这样精细的尺度上,拖曳力的概念解体了,被更精确的分子碰撞所替代。所以,"拖曳力"只是在微观的细节可以略过,或者如穆希尔所说的当"无关紧要的事实"的尘埃被扫除的时候才冒出来的一个有用概念。

加上一拧[①]的亚里士多德力学

在前一节中我们没有将亚里士多德力学当作牛顿力学的特例来推导,高度评价这一点非常重要。此两个理论基于互不相容的原理,妨碍了前者轻松地融入后者。我们所做的在某种意义上非常激动人心,因为我们已表明在某些观察窗口中,一个遵循牛顿力学系统的行为可以完美地用亚里士多德力学此一完全不同的理论加以描述。我们看到亚里士多德力学在牛顿力学是基本理论的世界里提供了一个有效的理论。你可能会想是否通

① with a twist,双关语,还有"曲解"的意思。——译者注

过选择合适的现象和观察窗口，正象我们在降落伞问题上所做的那样，我们能够使得牛顿力学采取一种在常规意义上既非亚里士多德力学也非牛顿力学的行为方式。或许我们还能从遵循牛顿运动定律的粒子着手产生第三种有效的动力学？

绝对行！这里就有一个例子。考虑大家熟悉的玩具，陀螺，如图 17 所示那样绕中心轴快速旋转。注意到陀螺旋转的速度同其轴的取向的改变

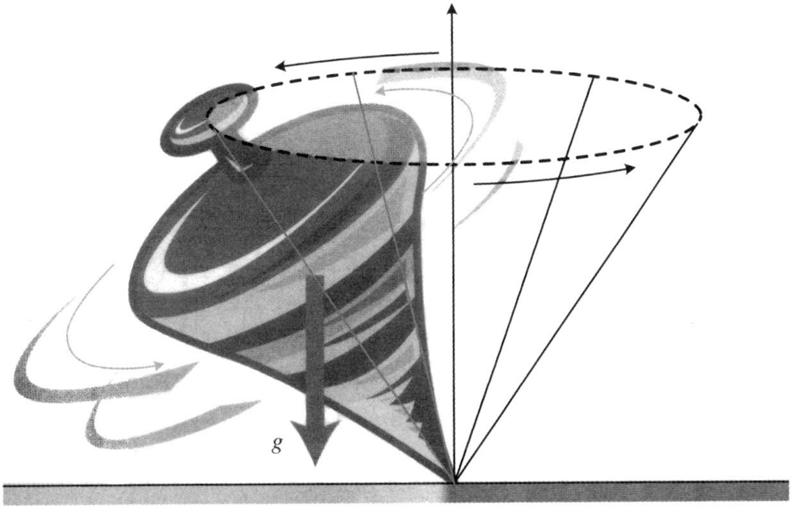

图 17　快速旋转的陀螺在重力作用下不会倒。引力，图中用垂直的箭头表示，驱动陀螺的轴绕垂直方向缓慢转动。

相比要快得多，这对我们的论证非常重要。你可能已经猜到我们将考虑极限情况——转动频率趋于无穷大。在这种情况下，一个特别简单而又格外反直觉的动力学从牛顿力学中冒了出来。你可以自己证明：旋转的陀螺，一旦在近似垂直的取向上开始旋转，就不会倒到地上，而是开始绕着垂直轴转动绕圈子，其轴的顶部在水平平面内绕圆运动。此运动因为天文学的原因被称为“进动”：就地球之轴的运动来说，它使得昼夜平分时每年都比前一年来得早一点，即比预定时刻早到①。我们这里看到的是加上一拧的

① Procession，汉译成“进动”、“岁差”等，其动词形式 precede，就是“早到”的意思。——译者注

亚里士多德力学。进动的速度,即陀螺轴绕垂直方向的转动,如同亚里士多德力学会得到的结果,同引力成正比,但其方向在水平面内,与引力成90°。可以说,陀螺侧向倒下了。

要解释这种奇怪的整体行为是如何从关于构成陀螺的点粒子的牛顿动力学产生的,绝对是个挑战。关键特征是陀螺的刚性,即其组成粒子被锁定在固定的相对位置上。考虑到每个粒子不仅受重力的作用,还受到来自其它粒子的作用力,我们看到问题非常复杂,由此而来的整体运动可能和直觉的行为非常不同。确实是这样。

图 18 中,陀螺的侧向倾倒被从牛顿力学的观点加以分析。为清晰起

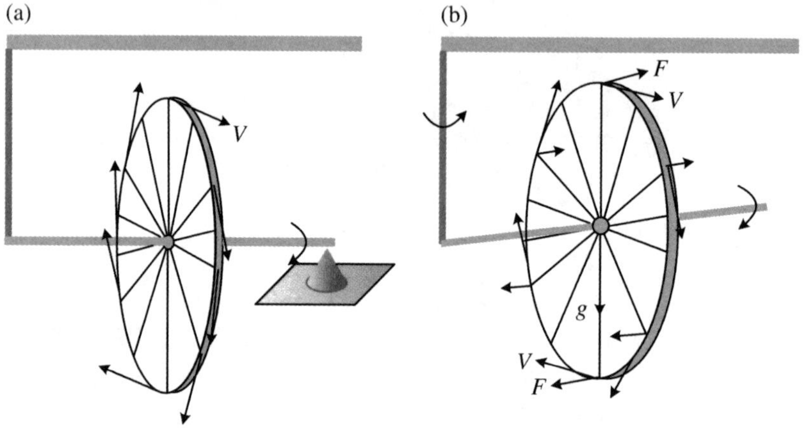

图 18 "侧向倾倒"①。在(b)中我们看到,在一个快速转动的轮毂上指向下的重力(g)是如何被辐条转化为作用在轮缘上(深色箭头)的侧向力(F)的。这些力改变边缘上粒子的速度方向(浅色箭头)。结果是轮子在水平面内转动。

见,我把陀螺换成了自行车轮子,轮轴的一端连到天花板上,另一端是自由的。自由端开始时安置在一个支撑上,轮子可以全范围转动。这样的初始条件如图 18(a)所示。现在我们去掉支撑,放开自由端,结果会怎样?重力不再能由支撑平衡,它向下拉车轴,通过辐条向构成轮缘的粒子施加作用力。这本质上是刚性的效果:把向下的力,即轮子的重力,转化成辐条作用

① 侧向倾倒,falling sideways,是个不严谨的比方,所以作者加了引号。——译者注

在轮缘上的水平的力。这个水平的力，根据牛顿第二定律，产生一个加速度。在图 18(b)中，你会看到作用在轮缘顶部粒子的力指向右方，作用在轮子底部粒子的力指向左方。因为轮子在旋转，轮子顶部和底部的粒子早已经沿图 18 中矢量 V 的方向快速运动。因此相对较弱的、辐条施加的在垂直方向 a 上的力只能改变此一运动的方向，把轮子顶部的粒子向右偏转，底部的粒子向左(图 18)。这些加速度的总效果就是改变轮子的取向：轴在平面内转动而不是垂直下降。这里关键的加速度不是同轮子快速转动相联系的大的加速度，而是同轮子取向整体改变相联系的小的加速度，即进动的速度。

现在我们看清了看起来非牛顿行为的进动的起源。其关键是重力加速粒子，但此加速度表现为进动的速度，所以最终我们有理由说进动的速度同产生的力成正比。

涡旋

陀螺的运动并非只是引起一时的好奇。关于物理，如同诗歌，你不可能谈论一事物而不同时涉及其它事物。旋转陀螺是关于出现在许多而且看起来毫无关联的语境中之行为的模型，例如，(它就出现)在流体的运动中。流体力学(关于流体运动的科学)确实有自己的旋转陀螺，它们自古就为人们所熟知，其激发人们的想象力不比“点粒子”少。它们就是“涡旋”。

如果观察一盆水从出水口放空，不会不注意到小涡旋的形成。离出水口远的地方，水缓慢转圈，慢到很难注意到它的运动。但在接近涡旋中心的地方，在出水口的正上方，转动加快，水的表面向下弯曲形成差不多垂直的边缘，把附近所有的漂浮物吸走。

17 世纪时，笛卡尔(René Descartes)认为绕太阳运行的行星为威力巨大的涡旋所拖曳。牛顿很认真地对待这个观点，计算了其结果，发现不是那么回事。问题是涡旋中流体的速度同其离开中心的距离成反比：如果笛卡尔是对的话，我们应该看到行星公转的周期同其离太阳的距离之平方成反比。这同开普勒的观察，即周期的平方同距离的立方成反比，相矛盾。你看空想只是故事的一半：你还需要精确！

幻想文学中到处都是船只不幸被涡旋吞没的故事。我小时候最喜欢的是爱伦坡的《大漩涡底余生记》①，讲述人被卷入可怕的潮水涡旋，通过下述步骤努力逃脱死亡：(1) 放弃希望；(2) 充分利用生命最后的慌乱时刻研究卷入涡旋中的物体的运动；(3) 发现圆柱形物体被吸入的速度比球形物体慢；(4) 藏身柱形桶中得救。

尽管格外复杂，一个涡旋在一个远大于其内核范围（又是取极限的情形）尺寸的尺度上看来，可以看成一个自旋的点粒子。该"粒子"的位置和涡旋的中心重叠，自旋对应流体绕中心的转圈。这个漂亮的图像在内核的中心处破灭了，正如我们接近到辨别粒子的有限尺寸时点粒子的概念破灭一样。这样的涡旋粒子同转动的陀螺之间的共通之处是，若施加一个力，比如引入冲向它的水流，涡旋会在垂直于力的方向上运动，速度和力的大小成正比——又是加上一拧的亚里士多德力学。

你可能会想，这么奇怪、反直觉的动力学只会出现在复杂系统中，比如涡旋和陀螺，因为它们包含大量的粒子。但是，不，在适当的极限条件下它也会发生在单粒子身上。当然，粒子必须带电荷——电子就带电荷——且必须有强磁场作用于其上。

根据牛顿力学，置于磁场之下的带电粒子被强迫在与磁场垂直的平面内沿圆周运动。这是 $\vec{F}=m\vec{a}$ 以及磁力与速度和磁场相垂直且与两者都成正比的事实共同决定的、非常明确的结果，所以一个可能性是电子会待在一个地方不动——速度为零，则力为零。但如果它运动，它就沿圆周运动，每秒钟转过的圈数（即熟知的频率）与磁场强度成正比。所以，如果磁场很强，电子会呼啸着转圈。你看到了同陀螺的类比开始了吗？不管电子运动多快，其轨道的中心，这个抽象的数学的点我们称为轨道的中心，保持在固

① 美国著名作家Edgar Allan Poe的短篇小说 *A Descent into the Maelstrom*，译名很多。——译者注

定点上。差不多同理，如果不是有重力向下拉，陀螺的旋转轴永不会改变其取向。

现在，我们看看若向电子施加一个力，比如向右的一个拉力(图 19)① 会发生什么。纯直觉会认为轨道的中心会在牵引的方向上加速。但是，纯直觉错了，因为轨道的中心不是物质的点而是轨道的抽象几何性质。真正发生的是轨道的中心开始以垂直于力的方向上的一个恒定速度运动，电子继续绕其快速转动。此外，这个运动的速度，一方面与拉力成正比，另一方面还与粒子的质量完全无关：一个质子，质量约是电子的 2 000 倍，其轨道中心也是以同样的速度漂移。这些是如何从运动的牛顿方程中得到的呢？

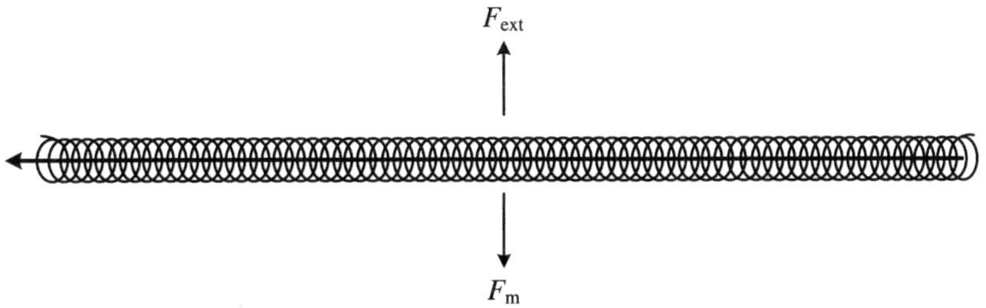

图 19 置于一个方向垂直于纸面的强磁场所产生的力之下的电子的稳恒漂移。灰色的线绘出电子的轨道，不大的圆圈以恒速向左方漂移。在足够长的时间尺度上，快速的转动平均为零，可以移出视线；只剩下与外力 F 垂直的沿直线的匀速运动。磁场作用于电子上的力的平均和外力抵消了，所以平均来讲合力为零。

这再一次是极限问题。还记得在强磁场下电子的转动是非常快的吧。相比之下，轨道的中心运动很慢：电子往前移动很小的距离时可能转过了百万圈。这样，我们可以在如下的极限下看待我们的系统：转动同漂移相比是无限的快以至于转动可以忽略，它被从我们的观察窗口中平均出去了。在这个极限下，电子的位置可以看作是轨道中心的位置，不是因为电子确实是在那里(实际上它从未在那里)，而是因为它的位置平均在那里 在这个极限开启的时间平均的世界里，我们忽略了电子的快速转动和引起它

① 原文如此。从图 19 和接下来的内容看，应该是“向上的一个拉力”。——译者注

的力(细枝末节事实的尘埃),集中关注更有意义的运动——轨道中心(如今被当作粒子)的缓慢漂移。这个漂移运动的速度和方向是这样的:磁场在粒子上的平均力和外力严格抵消。漂移运动的没有加速度与合力的平均值为零相自洽:牛顿没理由抱怨。

如今我们已经理解了强磁场下的电子运动,我们可以回到转动陀螺,基于如下的对应为其运动的规律提供一个解释:陀螺轴方向⇔电子的轨道中心,引力⇔外力,进动⇔漂移,等等。我们有了一个文学中称为比喻的例子,没有任何理由它不可以被称为物理学中的比喻。我们可以谈此论彼,而不分彼此:对我们的直觉来说它们是一回事。

请让我重述这冗长而复杂的一章的主要内容。笔者努力描述一些过程,取极限通过它们开启了概念和规律可被应用的理想的空间。取极限意味着,除了别的事情外,对大量现实细节的放弃,从而使得本质浮现出来。极限过程创立的理想世界的悖论在于:它既是有限的又是无限的。有限的是其同真实世界的重叠,无限的是其提供给思想的可能性。这样的世界象一个向各个方向扩展的平面,但仍然在一点上和模糊的现实体相接触。不同的极限定义不同的平面,而这些平面的全体就构成了一个置身它们之下之谜团的多侧面的、参差不齐的、不连续的近似。

第4章
定律是用来打破的

定律与秩序[1]

定律的想法是同关于秩序的想法不可分割的，而秩序明显地是作为对称性出现的。看看中国清朝的开国者、一位天子、绝对的统治者清太祖的画像（图20）。博尔赫斯诗歌中孤独的图书管理人带着怀恋的口吻记载他为“一位皇帝，他的平和为这个世界，（那是）他的镜子，所映照，由此大地收获谷物，激流温顺地贴着河岸”。看着这张画像，很难想象他曾是沙场上的勇士，脸上被汗水和血水浸淫过，他大声颁布傲慢的命令，骑在黑色坐骑上督促着他的战士去赢取胜利或战死，他的灵魂被贪婪和仇恨所扭曲，他的每一个想法和动作都是瞄准推翻那块土地上的律条。但这是每一个领导者走上权力、创立一个朝代、建立新秩序必须要做的。秩序不是来自对称性，而是来自打破对称性。无常是它的原罪。因为它生于无常，它就该死于无常。

有序来自对称性破缺的念头初看起来令人惊讶，但你思考这个问题后会发现它绝对在理。对称意味着一个图或者花样作了某种变换——转动

① 此处原文为law and order，其中的law被交替地翻译成规律、律条、规则、定律、法律等，order被交替地翻译成秩序、有序等以符合汉语表达习惯。——译者注

图 20　清太祖(在位时间 1616～1626)的画像。

或映射——后保持不变。比如,清太祖的像关于中心垂线的映射是不变的,而图 21 中的雪花关于垂直纸面的、过中心的轴转动 60°是不变的。雪花粗看起来就是对称的,但却不如它由其结晶而来的液滴那么对称。液滴在所有方向上看来都是对称的,在所有转动而不只是 60°转动下都是对称的。在这种意义上,水滴远比一片雪花对称性高。与此同时,对雪花比水滴有序鲜有怀疑。液滴中的水分子可以在可到达的空间中自由游荡。在一片雪花中,一个水分子钉扎了所有其它分子的位置,你不可能相对地移动一个分子而不打破整个结构。无疑地,雪花比水滴更有序,但有序增加的代价是对称性的减少。

图 21

你可能反驳说，水滴在分子水平上那么无序，根本没有任何对称性：没有任何的变换——转动、映射或者别的什么——来保证分子随机的、瞬时的安排上的不变。这当然是对的，同样可以这样说任何物质的有序状态，如我们的雪花，更别提清太祖了。就算是在雪花中，水分子也不是精确地固定其位置的：实际上它们一直在运动、扭动着，我前一节提及的相对位置固定的花样只在我们对足够长时间取平均才会出现。在任何给定的时刻在微观层面上都没有对称性，但在我们在非常粗糙的时间尺度上观察体系，忽视小的、快速的涨落的时候会呈现。对称性要求时间上的持续。

有序的奇异之处在于它好象在没有外部提示或者设计的情况下出现于看起来有序度较低的，而且，如果继续往前推，经常是根本无序的体系。组织原则在哪里？考虑自水中结冰的例子。我们可以假设水分子遵循经典的牛顿力学。但是，我们曾看到惯性原理——牛顿力学就是基于这个原理的——就是关于对称性的表述：对空间均匀性的肯定。还有什么比每点都是等价的空间对称性还高的吗？由此我们预期从牛顿运动定律，在没有外部提示的情况下，得到的每一个稳定态和支撑它的牛顿空间具有相同的对称性，即均匀的（处处相同）、各向同性的（在所有方向上相同）。换句话说，它应该是液体。我们如何解释晶体？晶体是如何在没有预先存在模板的情况下生成的？它是如何打破统治均匀性的定律的？

取极限有助于我们自看起来不可能的情景获得一些感知。我们早已经见识了，物理定律，比如牛顿的 $\vec{F}=m\vec{a}$，的不同极限可以产生完全不同的行为——亚里士多德动力学或曰快速转动陀螺的动力学。现在我们要遇到另一类的极限，让我们理解打破物理规律对称性的一些对象的存在。打破一个定律的对称性和违反定律不是一回事，而是一个超越性事件，将我们引入定律的中心，那里定律的理想有效性可以更清晰地被感知。

破缺的对称性

马尔克斯(Gabriel García Márquez)在其小说《百年孤独》①的第一页就介绍了关于破缺对称性的两个特殊例子:冰和磁体。磁体,被当作"马其顿的博学炼金术士之第八大奇迹"介绍给马孔多的村民们,被挨门挨户地拽过,引起轰动:锅盆从原来的地方坠落,木梁因为钉子和螺丝拼命要脱开而吱吱作响。所有这些慌乱,按照我们现在的理解,是由大量的我们称之为电子的基本粒子的自旋②造成的。磁铁中有成群的电子。

电子之抽象与你从未见过的任何事情相比都不逊色。前一章结尾处我们就遇到了电子,它们是作为电荷载体的点粒子的传统角色。但是整个故事要复杂得多,因为它们还是"转动的陀螺"。一个点粒子——零尺寸的粒子——怎么可能是转动的陀螺,它又没有能够自转的身躯?显然,"自旋"的表述,应用于电子或者任何别的零尺寸粒子,必须理解为比喻。其想法是电子的行为好象是在自转(下一章我们将看到这是怎么回事),又因为它带电所以产生一个磁场③,进而产生强的吸引或者排斥作用。我们小时候为磁铁的奇特性质着迷,也许以为它们同爱恨什么的相关联。

可是,一个磁体要想表现得象个磁体,一个重要的事情需要发生:即大多数的电子愿意在大部分时间里沿同一个方向自旋。理想的情形如图22的下部(B)或(C)所示。自旋电子的轴(请允许我们从现在起就管它们叫自旋)沿同一个方向取向,与磁铁的表面平行。与此相对,图的(A)部分中,

---

① *One Hundred Years of Solitude*,是哥伦比亚作家Gabriel García Márquez用西班牙语创作的魔幻现实主义小说,原名为*Cien Años de Soledad*,为世界名著。——译者注

② 电子的自旋,英文用词是spin。Spin作为动词,就是指"陀螺那样转动",还有用"纺锤纺纱"等意思。下文的转动的陀螺,原文就是spinning top。电子的自旋是电子的内禀性质,和转动的陀螺扯上关系是先前对电子的不正确认识造成的。——译者注

③ 这个原始的关于电子磁矩起源的想法之所以不正确,可从如下事实看出:中子没有电荷,但也有磁矩。——译者注

自旋随机地取向，为方便起见我只画了向上和向下的两种选择。实际上，自旋不可能完美地取向。就算是在(B)或(C)中，一些自旋也会指向旁边或甚至与大多数相反，而且它们的取向还随时间不停变化：但整体上来看，在任何时刻，朝向共同方向的要比反向的多得多。

这样的有序状态是如何在没有外部提示下形成的呢？如果你把空间看成是各个点上、方向上都是同样无趣的背景的话(牛顿的伟大抽象)，好像没有特别的原因这些自旋会愿意都指向上或下，或者别的什么方向①。如同布里坦的驴子(Buridan's ass)，传说中因为无法在两堆草料中选择而饿死的驴子，我们的磁体将在两种取向中永远犹豫不决，永远茫然失措(图22)。但是，事实是磁体产生了，而事实是固执的。电子是如何决定在同一

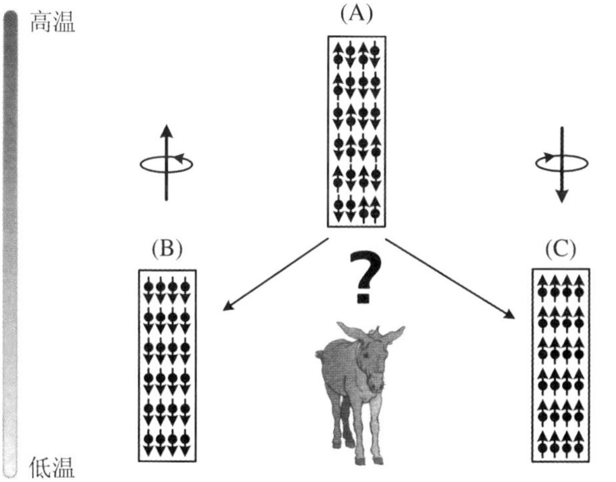

图 22 (A)处于高温的磁体中，自旋取向是随机的(为简单起见只标示了两个取向)。(B)－(C)当温度降低到一个临界值之下时，电子自旋沿同一方向取向。磁体是如何在等价的有序状态(B)和(C)中作出选择的呢？

方向上自旋的？你也许会说：它们追随一个头领，或者它们也搞选举，也许

① 有人也许会说磁体的表面产生了一个择优的取向，使得自旋更愿意选择与其平行而非垂直。但是这个精明的观察依然不能帮助我们的磁体在图22中的(B)和(C)两种情形中作出选择。——作者注

它们听从上帝的旨意。这些很玄乎，但不够精确。你也可以认输，说你才不想知道它们是怎么做到的呢。更好的办法是做最少的假设，即继续认定电子是非能动的，是由中性的物理定律驱动的粒子。这些定律既不偏左，也不偏右，但却为我们提供了做事的场景。下面是故事如何展开的过程：

相邻的自旋有采取相同取向的趋势，有点象来自同一家庭或者工作地点的人们以相同的方式思考①。但是此一趋势不足以建立全局的有序。不同族群的人们(自旋)选择遵从不同的规范(不同的自旋方向)，在(不同方向)相互陪伴下怡然自得，虽然看到来自其它集团的成员会开始撕打。但让事情变得复杂的是，每一个成员都有不可逆转的追求自由的灵感，与生俱来的与众不同地思考、探索所有可能性的趋势。在自旋的语言中，这以热激发的概念为人所熟知。热激发致力于将自旋随机化，把它们从舒适的队列中击出。

控制热激发强度的量被称为温度。高温时热激发非常强烈，均匀磁化的区域(自旋取同一个方向的集团，见图23)很小且是短寿命的。当温度降低的时候，这些自旋指向同一方向的集团变大，同时寿命增加，因为竞争的热激发越来越弱。在有序的集团抱团的同时，外面的自旋也试图“加入俱乐部”，开始在相同的方向上自旋。集团越大，其界面面积越大，则其吸引的能力越强。但是，在体系中仍然有许多集团在不同地方同时形成，因此全局的取向依然未定。温度再降低一点，特别壮观的景象发生了：某个有序的集团突然非常具有攻击性地长大，征服了整个体系。小区域的抵抗，那些初始时在其它方向上自旋的集团，被大胃口的征服者所吞噬，单个的自旋匆忙加入择优的取向，就象普通民众在他们周围的人支持战争的时候选择支持战争。现在剩下的是自旋的海洋，都指向同一个方向。嗯，不完全是这么回事，在这个均匀的海洋里还有一些意见不同的小岛(图24)。如果你想一想，会发现它们和高温下当混沌主导的时候曾存在过的有序小岛一

---

① (自旋的)此一趋势的原因深深根植于量子力学。两个自旋方向相同的电子友好地互相规避，因此极大地减少了它们自然排斥的效应。——作者注

样。但那是很久以前的事情了。反抗者很少，也缺少全局的计划。它们少见的、短命的出现对已经建立起的疆域已经不构成严重的威胁了。①

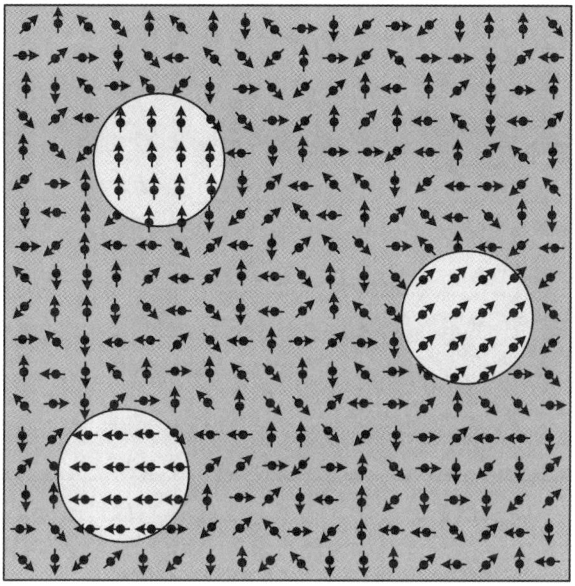

图 23　磁有序始于其中自旋取向相同的凉爽地块的形成。温度降低时，那些地块的尺寸和存留(时间)增加①。

比喻就是这样的。非常可信，但却没回答最重要的问题，即这个壮观的有序是怎么主导了同样可能的、且先验地有同样愿望的其它集团的？是什么赋予了它决定性的优势？空间的基本对称性——各个方向的等价性——是怎样被一小片无生命的物质无情地打破的？要处理这些问题，我们必须大胆地向抽象迈出一步。

① 专业术语将这样的区域称为磁畴（domain）。一般来说，磁畴越大，其存活下来的可能性或坚持的时间，即 persistence，就越大。——译者注

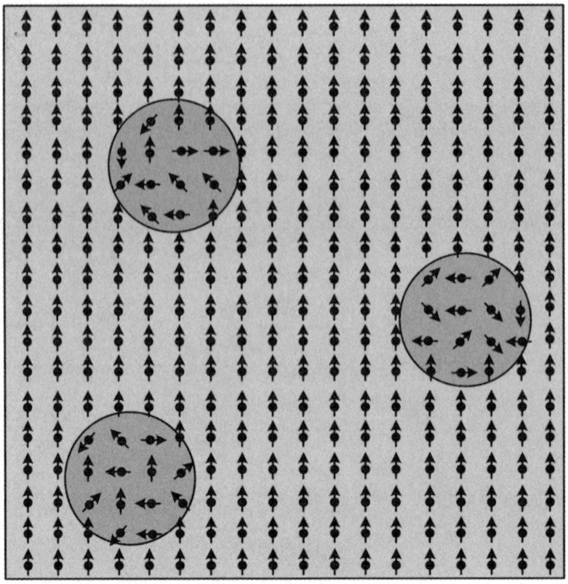

图 24　即使是最有序的状态也包含小面积的“持不同政见者”。这些在高度有序的磁体中无序的“地块”同图 23 中无序磁体中的有序的“地块”互为映像。

永久是个有程度的词

一条历时弥久的格言说:任何能发生的事情都会发生。很难设想一个实验来检验这样非常模糊的断言,但公正地说我们所知和它不矛盾。一个系统,开始被制备时处于非对称状态(所有的自旋都指向某个方向)会随着时间探寻所有向其开放的可能性,而不违反自然的定律。在磁体这种事例中,这意味着在上节结尾处获得的有序状态并不是故事的结束。不错,自旋被永久地锁定在一个方向上,但是全局的取向一样可以改变。给定足够的时间,它会改变,长久来看物理定律的整个对称性会被恢复。根据此一观点,世界上唯一真正永久的事物是球对称的,因为只有球是在所有方向上的分布都是相等的。任何非球形的事实上都是非永久的。再者,这个球还必须是无穷大的,因为有限的球意味着一个特殊的点,即球心的存在,我们知道在牛顿力学中没有特殊的点。这个可怕的球,球心在任何一点而没有一点是它的边缘①,是唯一永恒的东西:其它的一切都是短暂的。

这一清醒的结论可能同样是真的。爱默生(Emerson)曾在其优美的散文《圆》中写到:永久不过是个有程度的词。我们的世界在上帝看来是透明的规律,而不是纷乱的事实。规律溶解了事实,使之流动。这些话非常贴切地抓住了一边是高度对称的物理学规律,一边是世界之刚性的、透明的表现这两者之间的张力。问题的中心是时间尺度的问题,或者确切地说,如我们将要看到的那样,是取两个极限的顺序问题。

意识到如下事实是重要的:所有破坏了对称性的物体(雪花、磁体)都是大块的——在它们都包含宇观数量的基本粒子,比如原子,的意义上。如果将粒子数表示为 N,则物体在 N 非常大,或者我们所习惯说的趋于无穷大时,是完好定义的。另一方面,如果我们愿意评估一给定有序的稳定性,我们必须观察足够长的时间 T:理想状况下 T 也必须趋于无穷大。现在的问题是取这两个极限,即 N 趋于无穷大和 T 趋于无穷大的顺序。在无穷大的时间尺度上——只有上帝才能体验到的永恒的尺度——T 在 N 之前趋于无穷大。物理的规律左右摇摆,一切都是严格对称的。与之相反,在我们有历史记录的(T 有限)格外短暂但极为重要的时间尺度上,大块物体表现为冻结于永久的低对称结构中,物理规律某种意义上被搁置了。因此我们可以说,当我们让系统的粒子数 N 趋于无穷大而保持 T 固定在某个大的值(T 允许在取 N 无穷大建立了对称破缺态之后也取无穷大)时,对称破缺涌现了。但是,如果允许 T 先趋于无穷大,而 N 仍然是有限的——这大概是上帝的观点——则规律使得破缺对称性消解了。"不管是啥样的骰子都不会等概率混合",诗人唐尼(John Donne)在其诗作《欢乐黎明》中写到的这句,无疑地是暗指对称破缺状态的暂态本性。

让我们试着理解这些思想在磁体问题上是如何起作用的。首先要记

---

① B. Pascal, *Pensées*(《沉思录》),199(72)。

住的是，为了进入有序状态，在自旋一方无须任何长程的计划。每个自旋只感知其最近邻的存在：它无法获知远处发生了什么。在临界温度处，我们短视的、随机取向的自旋发展出了很奇怪的特性，可以表述为对微小外来影响的极大敏感性。走向这边或那边的微小暗示——暗示如此之小，一般情况下不会有任何效果——被放大至戏剧性的结果。此微小暗示可以是杂散磁场（比如地磁场），这给了碰巧与磁场方向平行的一组自旋微小的优势。马上，那些自旋的集团开始不成比例地长大，消耗其它的集团，在很短的时间内所有的自旋都沿磁场取向①。关键是朝向有序的倾向——对外部暗示的无穷大敏感性——只是在非常大体系的极限，即 N 趋于无穷大的极限下浮现出来。有限 N 的体系会有有限的（或许非常大，但有限）敏感性，这意味着只有磁场强度超过某个阈值时才能钉扎住磁体。只是在 N 无穷大的极限下，全局有序才能被任意小的外部场诱导，也只有当这发生时人们才能说对称性自发破缺了。

一旦有序建立，你可以关掉那个促成它的无穷小原因。恰是在这里真正奇迹出现了。人们也许以为去掉外场会导致磁场回复到原先的、不确定的状态。但这没发生——只要温度保持低于某个临界值之下就不会发生。自旋被锁定在共同的方向，要走出这个状态需要协调一致的努力——这当然要有长程规划，可是没有。当然了，如果等足够长的时间，则早晚会发生这样的事情，所有的自旋会指向不同的方向，“因为任何能够发生的都会发生”。但是等待这个重大事件的时间过于长了。当粒子数达到亿亿个时（在很小一块物质中就能这样），等待时间就让宇宙的寿命相形见绌：所以再取向决不会发生，就你我和我们可预见的后代来说，规律（转动对称性）可以说被打破了——如果不是在形式上那也是在物质中。

为什么从一种取向变到另一种取向要花那么长的时间？我认为，这是一个非常重要的问题。因为有序对生命大体来说是有益的，我们将关注获得有序的困难，但事实是走出有序也许更困难。最困难的要数用一种有序

---

① 你可能提出如下异议：引入这样的外场等价于空间对称性的破缺。这是对的，但你可以想象外场完成这个目的——使磁体取向——以后马上关掉。这样你就得到了真正在完美对称空间中的对称破缺态。——作者注

取代另一种有序。假设所有的自旋都指向北，而你，一个个体，突然有了灵感觉得指向东可能更好些。你当然还逢人就展示一下如何转向东方，但很可能你唯一能做到的是让你自己不自在，并且惹恼了你的邻居。最乐观的景象是，你会被当作傻蛋或者疯子——更可能的是，你可能被当作必欲除之而后快的危险分子。一些自远处看你的同类可能会选择以你为榜样，他们也将会遭遇同样的命运。但是，如果所有的都同时转向，如果所有的自旋都选择作为一场有组织之运动的一部分而同时行动，则会非常容易。没有一个会遭难，革命的最终结局可能会令人失望地和出发点非常相似。但是，个体的自旋意志的同流是如此的不可能，以至于在有限的宇宙生命中它就不会发生。改变有序被如下事实所禁止：对于少数的发起人来说这是极端危险的，尽管对众多的追随者来说最终是有利的。革命在人类社会中要比在无生命体系中发生得更频繁，显示了意识在其中扮演的决定性角色，涉及与之相联系的所有美、真、正义等抽象概念。

破缺对称性无处不在以至于我们以为它是理所当然的。冰晶的规则结构没人会感到惊讶。原子就该被安置在相对固定了位置的花样中，尽管这些花样的对称性比其置身其中的空间要低得多。类似地，水滴有表面也没能引来一声惊叫，尽管那个表面的存在也是对称破缺的结果。某些情形中，对称破缺是非常抽象的。一个特别微妙的例子是由物质中的超导和超流现象提供的。超导体是在某一临界温度之下会完全失去电阻的金属①，也就是说，没有电池的帮助它们也能永远保持其中的电流。类似地，液氦在极端低温下变得完全不可阻止，它会通过最小的孔隙爬出来，在适当条件下它会自己爬出容器。这些神奇的行为变化不伴随任何可见的对称性破缺，但确实有些有序建立了，而一些对称性破缺了。是什么对称性？物理学家称之为规范对称性，由此而来的有序被称为非对角长程序。关于这些概念的困难是，它们只有在物质的量子理论的语境中才有意义，不能通过同可见世界里物体的行为的类比加以解释。这不是说它们不可以用简单的、直观的语汇解释，而是说必要的直观只有经过相当的努力后才能获得。

① 原文如此。此定义不确切。——译者注

第 11 章会尝试着解释超导电性。

时间的均匀性——如我们将在第 18 章所见，这是一个导致能量守恒定律的基本对称性——是在日常生活中引人注目地破缺了的另一对称性。确实，生命是一个过程，其间一个稳定的来自光和食物的能量输入通过亿万个低调的过程转化成复杂的生死循环，从而打破了时间的单调。“我”在这个特殊时刻——自我说不定已经存在了的百万年中的某一个时刻——的出现是一种对称性破缺的奇迹。帕斯卡①可能在写作如下文字时有过这种想法：我看到可怕的宇宙空间包卷着我，我发现我系于广袤的空旷之一角而不知道为什么我被置于此地而非彼地，或者为什么分配于我的短暂生命要被放置于那个既存在于我之前又继我于之后的永恒之中的此时刻而非彼时刻。

如同每一个破缺对称性，个体的意识有永恒的幻觉。但那不是球对称的；基本定律要求它寿终正寝。

圆圈

现在我们开始讨论定律在何种意义上既被打破又得到了遵守。其思想如下：假设你为自己设定了非常不谦逊的目标，要用一组基本物质如粒子、涡旋、场、弦或者别的你能想象得到的东西来解释所有的现实。你把你拥有的基本物体抛入时空中，当作舞台上的演员，并且宣称它们遵循某一套定律，即剧本。如果定律是很好地设计的且严格地被遵守，你会看到它们形成一大圈的复合物体。这些复合物体在下列意义上打破了原来的定律：它们具有比构成它们所依据的定律更低的对称性。它们也获得了原剧本里没有的新的性质。比如，原子和分子有质量——牛顿力学的关键概念——它们自其中发生的基本场据信是无质量的或者差不多无质量的。

① Blaise Pascal，*Pensées*（《沉思录》），42(194)。

尽管原子和分子,不象场或者基本粒子,是非恒久的(它们随着时间会最终解体),但它们是长寿命的,甚至是极端长寿命的。因此,如果你小心地用正确的顺序取正确的极限,即用合适的时空分辨率去观察你的"暂态的物体",你完全可以正当地把它们当作更上一层次世界——原子和分子的世界——的基本单元。

你现在需要发现掌控原子和分子在它们各自尺度上的定律。这些定律无需和那些低层次上的定律相似,甚至和它们可能还有些抵触。这就是为什么凝聚态物理学家和化学家——他们的工作就是要构想出原子和分子世界的定律——常常和基本粒子物理学家之间没话可说的原因,后者从更原始的单元构造原子和分子。

我刚才描述的过程可以无限地重复。每一个层次的基本物体可以用上一个层次的定律为基础构造。从化学的原子人们组装了生物学的活细胞,从生物学的活细胞形成了植物、动物和人类;从人类形成了(人类)社会——社会学家和经济学家研究其规律——等等,一圈套一圈,不断地扩展至更复杂的层次。明显地,我们有一个递归的规律结构。难以看到不断推广之螺旋的终点。因为即便大自然厌倦了提供新的材料,我们自己的思想还会为新思想提供养料。这正是发生在文艺领域的事情,特别是文学,新世界被用不可想象的精确度所创造,文学本身变成了更多文学的主题。

自然科学领域中规律的层次结构组织的思想是由一个凝聚态理论家安德森(Philip Anderson)于1972年在一篇以一个非常吸引眼球的题目"多者异也"为题发表的文章中所阐释的①。在那些日子里,基本粒子物理被认为是科学的最尖端,其从业者以为他们才是真正从事基础研究的科学家(他们依然这么认为)。感到自尊心受到伤害,安德森——他后来获得了诺贝尔物理学奖——决定反驳这种观点。他辩解道,不仅是凝聚态物理,而是每个科学分支都有自己的基本定律。这些定律不可以同下一层次的定律相违背(化学定律不能违背物理定律,生物定律不能违背化学定律),但实践上也不可能从下一层次的定律推导出来。高层次定律的发现需要

① P. W. Anderson, *Science* 177,393(1972)。——作者注

与发现更基本定律同样的创造性、原创性以及天分。安德森举他作为一个超导和磁学领域顶尖理论家所非常熟悉的对称性破缺作为一个贴切的例子。对称性破缺，如我们所见，只在你把越来越多的粒子放到一起，即只在你走向粒子数趋于无限的极限时，才作为现实的一个明锐的特性冒出来。这就是为什么"多者异也"的原因。

这题目让我们想起一段美国作家海明威（Ernest Hemingway）和菲茨杰拉德（Francis Scott Fitzgerald）之间的对话。据说，菲茨杰拉德，此人对富人、名人的生活有孩子般的羡慕，问海明威："您觉得富人和我们大家有什么不同吗？"更有男人味的海明威回答道："是的，他们的钱多。"

显然海明威是对的，但他的机智一点也不削弱菲茨杰拉德观察的事实，其直击问题的核心。比如，考虑多克特罗（E. L. Doctorow）的小说 *Billy Bathgate* 中 Drew Preston 的生活。二十岁时，Drew 已经结婚，和其丈夫分居，到一个曾谋杀其前男友还差点杀了她本人的黑帮头目家中当帮佣。可是：

她还知道航海和海洋，以及在没有拥挤人群的沙滩向远处游泳，以及……喔，差不多这个星球上所有的享乐，所有这个星球上的恣意行为……这就是财富，关于这些事情的实用知识，你可以为了自己高度欣赏它们。

新世界需要新的规则，定义新的事物，创造新的可能性。没有比在伟大魔幻现实主义小说的创作中更能明显地体现这一点的了。所以，在《百年孤独》的一个片段中，鲜花从天而降荣耀一个伟人的辞世。另一个片段中，警察看不见他们追捕的人——因为他已经变成了不可见的了。这些事件，在小说的"切"但也精确的现实里变成了可能。一位处女诞生了婴儿，一个男人从其死亡中重生。

第 5 章
关于原初和终极之物

控制问题

来自死者的启示：是实在之什么恼人的特性让这件事变得极端地不可能的？我当然是在谈论不可逆性。

设想你骑着电动自行车前往一个欢乐的终点——一场聚会或者约会。你充满自信，情绪高昂，脑海中划过过去或者未来的一些事情，你感觉你掌控着你的实在。突然，你听到一声撞击，肌肉紧张起来，头开始发晕——过会儿你感觉自己是平躺在路上的，人们奔向你，关切地问你感觉怎样。伤了而且还有些迷糊，你试图把事故最小化，甚至否定它的发生：你没事，只有一点擦伤，你因还活着而感到高兴。但是，你自行车的残骸、警察还有救护车提醒你不是在做梦，有些不可逆转的事情已经发生了。

如果你在路上遭遇过事故，你可能理解这种面临不可逆事件时攫取我们思维的不真实的感觉。一般情况下，我们不走不能回溯的路，当门在我们身后关上时我们会紧张。在思想的世界里，可逆性是常规。我们可以逆转奇怪的联系或者逻辑关联而无需付出代价。数年前我曾经写过一个推理故事，其中一个人发誓要报复对手，通过真切地梦见他的死亡使之真地发生。这个夸张的任务花去了他一生中的大好时光(本可以更好地加以利用的),当他最终成功的时候,他知道他成功是因为一直以来可控的梦那时突然自己获得了独立的生命。新生的现实匆忙地走到了结局,留下其创造者的大脑立马变得空虚和悲哀。

可逆的动作与不可逆的动作有两方面的根本区别。第一,前者在自然界中不存在,它只存在于我们的思维中,它们是真实过程的理想化;其二是这些理想化的过程是严格可控的而现实却不是。可逆过程,除了是严格地故意那么做的以外,不会在世界上留下痕迹。它们常常只涉及简单的事情,如在停电的时候将开关从"开"扳动到"关"的位置。因为这个动作没有后果(停电了),我们可以逆转回去而不会让任何人注意到。不可逆事件正相反,可控性很差,会造成很多意想不到的后果,会在环境中留下永恒的印痕。试设想有一颗通过一个电路由这个开关控制的炸弹的爆炸。

因为它们的乱糟糟的后果,不可逆过程不能逆转,至少是不能完全逆转。比如,我待在房间里思考一个重大决定:我要不要表白我对伊薇特的爱恋?我从各个方面考虑了这个问题,我多次彩排要说的话,想象着她可能的反应。这是一个有不可思议的精确性的联系。在每个实验中,我这样或者那样展开现实,检查可能的结局,回到起点:变形是弹性的,象拉开的弓弦。这个思维模式的特征是我保持自由,没有任何行动。直到最后一刻,我爬楼梯到了她的公寓,敲门,甚至希望门敲不开,我都还有退回去的自由。如果我选择退回,她或者别人都不会注意到我曾多么接近向她表白。但是,门开了,我进去了,说了。箭已离弦,带着可怕的"嗖嗖"声在空中飞行。再也没有回头路了。我爱她、想和她结婚的事实会根植于她的脑海。这消息会被传播、被重述,会影响别人的生活,说不定还会在教堂或者法院当着官方、证人和宾客的面将结果固化。一个事件链开始了,只开始于我头脑中的一个思想性实验会放大成系列的社会事件。我对这个事件链几乎没有控制。释放的信息越多,我越无法控制。这是不可逆性的本质。

第二定律

我在前几节中写的同故事在物理教科书被讲述的方式不尽相同。为了达成数学精确，物理学家只考虑非常简单的情形，这样才能一定程度上全面地加以分析：比如，盒子里的气体。假设我们有一个分成两个室的盒子，如图 25 所示[①]：左侧充有气体，右侧是空的。我强调一下在画这幅图时我已经接受了气体是遵循力学定律的粒子——分子或原子——之集合的图像。这个图像对一百年前的物理学家和化学家来说可不是显而易见的。确实，我们将会见到，不可逆性的事实对许多科学家来说是“物质的力学描述可能错了”的不可辩驳的证据。让我们按着顺序继续。

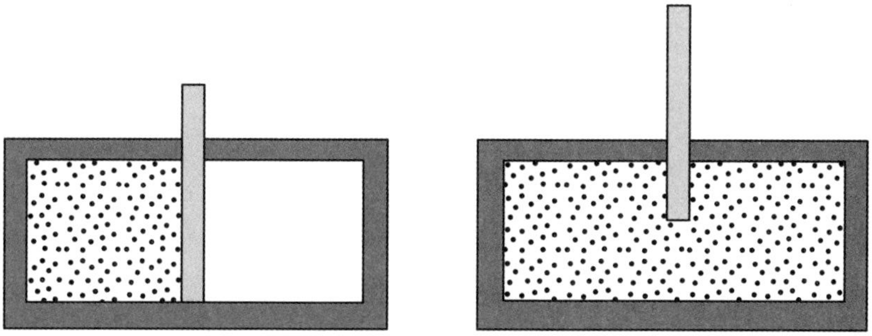

图 25　不可逆性的教科书案例。当挡板[①]提起时，气体马上充满整个盒子，但却永远不会再自发地集中到左半侧。

我们将分割两室的挡板提起：无需任何想象力就可以预见分子会跳出这部分，均匀地充满整个盒子。确实，这发生得很快，这并不是因为分子跟人似的不喜欢挤在一起，而是因为跟被约束在半边相比，存在更多的随机充满整个盒子的方式。能够以很多随机的方式发生的事情比只能以一种

① 原文为 partition，其本意为“分割”、“分开”，中文统计物理教科书会译为“配分”，如配分函数（partition function）。严格说来，partition 是个数学的概念。——译者注

或少数几种方式发生的事情具有极大的优越性。选择几乎每一个数字你都不会赢得彩票,只有一组数字让你赢。错误总比真理具有极大的优势,罪恶相比美德也如是。类似地,气体充满盒子的概率比只留在左半侧的概率大得不是一般的多。此外,一旦膨胀发生了,就没有回头路:气体将永远——以后我们再谈论永远的意义——不会全凭自己回到左室。简单地说,气体不可能自发地在左室聚集。

关于这个不可能性有些令人迷惑。注意到气体膨胀服从力学定律,是严格时间可逆的。换句话说,如果某个运动是允许的,其逆运动也是允许的。那为什么气体能够自发地膨胀而不可能自发地收缩呢?这个不可能性应该根植于比力学规则更高的更有威力的定律。存在这样一个定律的另一个线索是观察到从来没有热流自发地从低温物体流到高温物体。另一个线索是不可能从一个热平衡的源提取能量而把它全部地、系统地①转化为功。

当十九世纪的物理学家和工程师们思考正驱动工业革命的热机的效率问题时,这些不可能性逐渐启发了他们。在那些日子里,热被成功地解释为某种能量形式,能量是根植于牛顿力学的概念。人们一致认为,能量既不会被创造也不会被消灭,但象市场上的钱币一样可以自由交换:这是热力学第一定律的内容。然而任何人都明白,单凭能量守恒不足以阻止热量自发地从低温物体流向高温物体。肯定有比能量守恒更多的东西。必须有热力学第二定律来解释那么看似合理的变换②却不可能的原因。

决定性的一步是认识到第二定律可以表述为熵增加定律。什么意思?熵这个词来自希腊语能量(energia)和转化(tropy)③的组合,它暗示能量

---

① 副词"自发地"和"系统地"对这个表述的正确性是至关重要的。当然能够强迫热量从冷的物体流向热的物体(冰箱就是干这事的):关键是热流不会自发地发生。也可以从平衡态体系抽取能量,就象可能靠点运气从赌场赢钱一样。问题是不能系统地做到。——作者注

② 变换 transformation 是英文物理文献中常见的词。牛顿力学中的运动就可以看作是关于时间的变换。——译者注

③ 实际是希腊语的拉丁化形式。Entropy 是 1856 年由 Calusius 引入物理学的,1925 年由 Rudolf Plank 带入中国。参见《物理》38 卷 9 期,675 - 680(2009)。——译者注

的品质发生变化的可能。换句话说，能量可不象钱——一个全球可兑换的量——但更多地是象商品(比如，面包)，从其被表达的特殊形式获得价值。同样的能量若被储存在有序的结构中(例如，磨坊转动的轮子或者碳原子的化学键中)要比分布在许多混沌的不可控的运动(比如，内燃机的废气)中要有用得多。熵是能量品质、或曰可用性的逆度量：一定量的能量在高熵时要比同样的能量在低熵时可用性要小。火苗里的能量要比储存在室温下的一罐水中的同样能量要更有用，它携带的熵要少。当热流自发地从热物体流向冷物体时，能量从更有用的(低熵)形式变成较无用的(高熵)形式。因此，当能量品质恶化时，熵增加。其逆过程，热流自发地从冷物体流向热物体，意味着熵减少，因此在自然中从不会被观察到。

对平衡态的理想气体，其熵是完全由容器的体积和温度决定的，且随这两个量的增加而增加①。所以，图 25 中的自由膨胀，温度不变而体积加倍，则伴随熵的增加。逆过程会减低熵，在自然中不会发生。此一以及其他的观察可在第二定律中找到优雅的解释。第二定律断言：一个闭合的体系(同外界没有热交换的体系)的熵永不减少。

第二定律的即刻结论是宇宙，可看作一个巨大的闭合体系，其熵永不减少。事实上，除非是在总熵不变的可逆过程，它总是增加。后者是因为若一个可逆过程造成熵增加，逆过程会造成熵减少，会违反第二定律。另一个结论是热机的效率有上限：你不可以从一个平衡态的源(比如一壶开水)抽取热，把它完全转化成有用的功，因为如果那样的话，你会减少世界的熵。其结果是，没有热机的效率会超过理想热机的效率，即产熵为零的热机。因此，所有的理想热机都有相同的效率。否则，你会发现一个比其它效率更高的理想热机，从而出现我已经宣称是不可能的情形。

从正面看，第二定律不排除我们可以减少非闭合的体系，比如我们可以从中抽取热量的体系的熵——我们用空调冷却房间就是做这样的事。

---

① 此句容易造成对热力学的一般性误解。从热力学的基本出发点 $\mathrm{d}U = T\mathrm{d}S - p\mathrm{d}V + \sigma\mathrm{d}A + \sum_i \mu_i \mathrm{d}n_i + \vec{E}\cdot\mathrm{d}\vec{P} + H:\mathrm{d}M + \cdots$ 来看，熵和体积应该是两个相互独立的广延量，温度则是和熵共轭的强度量。——译者注

但是，即使是在这种情况下，第二定律也有一些重要的事情要说。不错，通过抽取热量你可以减少你房间的熵，但是抽取的热量被释放到环境中，那里它会造成更大量的熵增加。这是因为整个体系——加上环境——是闭合的，它的熵不能减少。

需要时间消化这个会被误以为简单的论点。我们再看看气体自由膨胀的例子。确实可以通过一些手段让气体回到盒子的左侧，尽管这减少了熵。比如我们可以沿着盒子右侧的壁慢慢地移动挡板到中间，气体被推到左侧室内，见图 26。这很容易，但问题是，在过程结束时，气体不是我们严格期望的那样。实际上因为分子和移动的挡板之间的碰撞，它变得有点热。结果是增加的温度精确地补偿了体积的减少，所以整体上我们允许没有改变熵。为了纠正这一点，我们必须允许额外的能量逃出容器，分散到环境中去。而允许这个，却开启了一连串的不可控的事件——一个事件链从我们实验的小盒子原则上远远地扩展到宇宙的边界（如果有的话）。气体还是那样，但是世界的其它部分却不再是原样了——它的熵增加了。

图 26　在这个看似是图 25 中的过程之逆的过程中，分隔板被慢慢地从右侧推到中间，把气体局限在盒子的左侧。可是，为了真正地恢复图 25 中的初始状态，一些热必须从盒子中流出，造成与盒子中的熵减少相比要更多的熵增加。

原子的实在性

热力学第二定律同力学定律之间的关系是什么？第二定律象是更高级别的权威，可以禁止一些就力学定律来说完全合法的过程。但是它是怎么做到的？记住，高级别的定律不可以违背底层的定律。难点在于力学过程可以随时间同样地向前或向后发展。一个能够发生的力学运动倒放时依然能够发生。所以，在纯力学世界里，不象是在我们的真实世界，是没有"前"和"后"的。不可逆性似乎肯定地排除了仅仅基于原子和分子运动描述世界的可能性。

这个一般性的哲学困难还同技术性困难搅合在一起。第二定律中的熵，尽管数学上是很好地定义的，却不是一件很容易赋予一个力学诠释的事情。从分子的观点理解气体自由膨胀的不可逆性，自然会从概率的角度考虑。熵好象是同一个特殊状态发生的可能性相联系的。很可能的状态要比不太可能的状态有更大的熵。第二定律告诉我们自然过程的进程是从不太可能的状态到更可能的状态，而所有状态中最可能的，即平衡态，就成了所有过程的宿命。所有这些粗听起来蛮合理的，但是我们如何把这些思想一方面同力学另一方面同能量退化、热机的效率极限等已知事实联系起来呢？

享有建立起这个联系之学术声望的人是理论物理学家路德维希·玻尔兹曼（Ludwig Boltzmann）。玻尔兹曼是一个敏感的人，哪怕是大海的明暗都能让他落泪①。但是总起来说他是一个大度的、欢悦的家伙，喜欢机械和手工。但在晚年，他开始因为双相障碍②而遭罪，最终导致了他的自杀。他生命晚期写的一首诗有助于揭示他的禀性。那首诗名为天堂里的贝多芬③，以玻尔兹曼的灵魂逃离身体升入天堂作为开始。在天堂里，他听到了"万能的合唱调"，天使告诉他是由贝多芬，上帝任命的天堂首席作曲家，谱曲的。可悲的是，旋律远不如贝多芬早期的作品。为什么？最有力的灵感没了：天堂里没有痛苦。

---

① 见玻尔兹曼的回忆文章 *A German Professor's Journey into Eldorado*。该文被收录在 Carlo Cercignani 的 *Ludwig Boltzmann, the Man Who Trusted Atoms*。可参阅中译本《玻尔兹曼：笃信原子的人》。——译者注

② Bipolar disorder，是一种精神类疾病状态，表现为两种极端不同的心境，病人会变得狂躁和抑郁。玻尔兹曼于 1906 年秋自杀。——译者注

③ 见 F. Rohrlich, *A Poem by Ludwig*（《路德维希的一首诗》）, *American Journal of Physics* 60, 972 (1992)。——作者注

玻尔兹曼为自己设定的任务就是用服从牛顿力学定律的原子运动解释气体的行为。他从事这项事业时原子的实在性还是从各个方面被质疑的时代。他认识到，热力学第二定律中神秘的熵，本质上是微观层面上“看起来相同”——即能产生同样的全局性质的——原子运动状态数(实际上是这个数的对数)。此一“玻尔兹曼原理”如今刻在他的墓碑上，尽管是他本人不曾写下的形式①。从这个原理出发他试图“推导”第二定律——熵增加定律。即是说，他证明了一团气体中原子可采取的微观状态的数目随着原子依照牛顿力学定律演化的时候恒增加。

我给推导这个词加了引号，因为严格说来这样的推导是不可能的。今天，我们把第二定律当成那类冒出来的定律②的案例。它打破了它赖以为基础的力学定律，但却不违背力学定律。它在过去和未来之间(未来是熵增加的方向)划下了明确的界限，这在力学中是没有的。这是第 4 章描述的现象的一个完美例子：一个高层次的定律打破了底层定律的对称性。被打破的是过去和未来之间的等价性，当我们考虑的系统中的粒子数越来越大时，被打破的等价性就变得越来越易辨认了。热力学第二定律是在一个特殊的极限下从力学定律中冒出来的，是玻尔兹曼最先认识到的。此极限的实现，除了其它的技术性条件，还要求粒子数趋于无穷。再强调一遍，抽象的极限是我们理解实在的关键。

麦克斯韦小妖

由于其哲学含义，第二定律是受到最严厉挑剔的物理学定律。一开始，批评集中在它表观上同力学的冲突。问题是第二定律做出了一个绝对

---

① 即公式 $S = k\log W$，是普朗克写下的。——译者注

② Emergent law，指在复杂性到达一定层次上才涌现出的新的定律。比如，当凝聚到一起的原子、分子足够多的时候，就会有关于凝聚态的新定律的出现。新涌现的定律不能由下一层次的基本定律推导而来。这个词的中文译法现在还未能定下来。——译者注

的表述——熵永不会减少——而力学最多得到一个概率性的表述,其论断应为熵几乎总是增加,但不是总是增加。概率性的表述只是在粒子数趋于无穷的极限下(尽管如此,还要排除一些特殊的初始条件)才变成绝对的确定性。但因为实际的系统都只有有限的粒子数,还有小的不确定性。这个残留的不确定性好象留了一扇门,那些不欣赏极限威力的人可以由此对理论的逻辑结构展开攻击。

另一品牌的怀疑论点引导许多人诘问该定律是否如其所宣称的那样绝对,或者是可以借助意识作为最后的武器绕过去的。沿此方向的尝试最有名的要数麦克斯韦小妖,一个产自麦克斯韦(James Clerk Maxwell)——所有时代最伟大的物理学家之一(第7章有更多内容谈到他)——之永不停歇的想象力的古怪创造物。他对第二定律的反驳有点后现代的味道,所以我首先谈论它。

我们曾注意到,一个盒子里的气体永不会自发地回到盒子的半边,除非是被最终增加整个宇宙的熵的某个行为所强迫。但是,若(进行)变换的行为者是一个微观尺寸的小东西,它能够快速精确地在分子层面上操作而不会在外部世界留下任何痕迹,那又会怎样?

假设在盒子的左室和右室之间分隔上的微孔旁站着一个小妖(图27)。当有一个分子从左室试图逃离时,小妖就无情地把它挡回,而当它看到一个分子从右侧过来时它马上放其过去。这样,过了一段时间,所有的分子都会在左室中,则假设小妖自己的熵或者外部世界的熵没有增加的话①,这违反了热力学第二定律。

那么,为什么会是这样?小妖要做的就是睁开眼,监视从左边来的分子并将之挡回去。它实际上是一种计算,可如下表述:如果这或那发生了,

① 猛一看,同样的任务可以由一个微观的、门只向一侧开的捕获阱更加有效地完成。问题是门本身是微观的,会受到同分子间碰撞的影响。这会让门出错,有时会放过从错误方向来的分子,有时会挡回去本该放行的分子。在其最终获得的平衡态下,这个错误发生的概率使得从左到右穿越的分子数正好等于从右到左穿越的分子数。——作者注

就做这个或那个。计算可以逆过来做,即是说熵代价为零①。

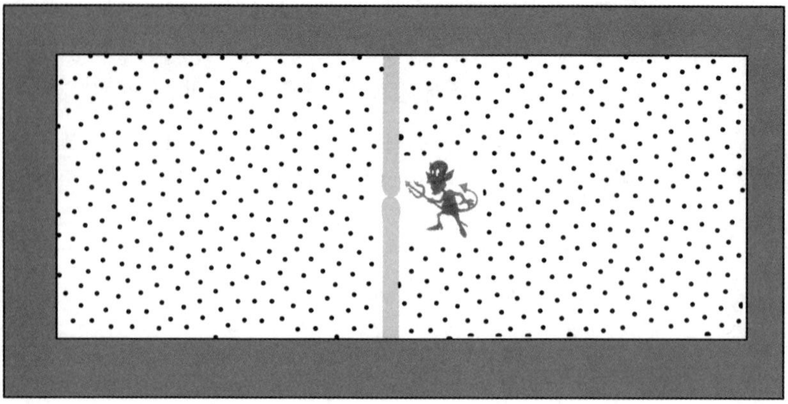

图 27　麦克斯韦小妖的工作:看守两部分气体之间的通道,不让左室中的气体逃离。

陷阱,或者至少可以说陷阱之一,被证明是非常微妙的。为了获得靠近的分子——任何时刻都有亿亿个分子靠近开口处——的新信息,小妖必须周期性地抛弃先前获得的但现在已经没用的关于已经处理了的事件的信息。这好比是个小孩子的游戏,根据一个录好了声音给出的随机指令序列,孩子根据指令作出推、拉、压一个小手柄的动作。游戏进行直到有人犯错,显然,除非游戏者能够完全集中注意力在上一个命令而忘掉此前听到的命令或者做出的动作,否则犯错是常有的事。换句话说,你必须保持记忆清空,麦克斯韦的小妖要想保住这份工作也必须这样。这是一个抛弃引起熵增加的信息以保护热力学第二定律的过程。信息被存储在神经元或是三极管的某种物理安排中。当你或者小妖清理记忆的时候,此物理安排被破坏,造成了熵向环境中泄露。实效是你把环境当成了放置那些你不再需要的数据的垃圾筐。我们再转回到我们关于不可逆性的第一个看法:它源于信息的流失,源于不完备的控制使得我们的行为对广阔的世界产生大

① Charles H. Bennett 在一篇名为 *Demons, Engines and the Second Law*(*Scientific American*, November 1987, pp.108－1160)中描述过一个天才的进行这个计算而不花费能量的方案。——作者注

量的未预期的效应。

我觉得第二定律比其它任何自然定律都更象是人类理解的自然定律。第2章中，我曾论证过，任何感知世界的努力都开始于把我们认为不影响问题的一些事实搁置一边。为了看见什么，我们肯定已知道我们在寻找什么。就第二定律来说，如果我们没有一个我们能用来饮酒的、未打碎的酒杯的清楚概念，"酒杯打碎了，其碎片永不会再聚集起来"这样的表述是什么意思？构成酒杯的原子可不关心酒杯是完整的还是打碎的。对它们来说，一种安排和另一种安排一样特殊，没有什么酒杯，不管是完整的还是打碎的，可为谈资。杰克·伦敦的小说《白色獠牙》①中的饥饿狼群不会把人的手看成具有无限精妙技巧的手，而只是一块可吃的肉。显然，我们必须抛弃大量的细节信息从而达成"酒杯"或者"打碎了的酒杯"这样优雅的高层次的表述。两种表述都和巨量的原子的排列方式兼容，但是这两种巨量安排中的后者——同打碎了的酒杯相关联的原子安排的数目——要比前者多得多，因为它不需要满足对杯子全局形状的约束，没有这个约束杯子就不可能具有杯子的功能。这就是为什么很容易从完整的杯子走向打碎的杯子，而反过来却几乎不可能。

例外与规则

让我们回到第二定律与力学之间的麻烦关系上。第二定律宣称熵总是增加或保持不变。如下的论述将表明，这并不总是为真。

我们再次用图25中的局限于盒子左室里的气体作为开始，提起挡板，观察气体膨胀。但这一次，在进行到一半的时候，我们玩一个把戏，把每个分子的速度方向反转。一个向右运动的分子将转向左以同样的速度继续运动。这很难实现，但原则上没有什么禁止这么做，且我们肯定可以设计

① Jack London, *White Fang*(《白色獠牙》)，第3章。

一个机器精确地这么做。这样的机器我们称之为洛施密德小妖以纪念最先想到这个主意的 Josef Loschmidt 教授——玻尔兹曼的朋友和批评者。洛施密德小妖不试图去违反第二定律：其目的只是要产生一个特别的状态，其中分子的速度同它们在自由膨胀过程的速度严格相反。完成这个动作后，小妖就退出了，气体继续在牛顿定律下演化。接下来发生的是气体回溯其步骤，好象是膨胀过程被拍成电影在倒放。它可能会重新聚集在左室里，从而具有极大的可能性再次膨胀，除非挡板被放下。

所以从严格的力学观点来看，气体重新聚集起来违反热力学第二定律并不是不可能的。这只是一个从合适的初始条件开始的问题。但这也是一个时间尺度的问题，因为在所考虑的例子中，气体的收缩马上就会接着膨胀。人们可能会说力学允许短暂的热力学第二定律被违反的时段，因为分子的位置、速度之间的某种特别的，但马上会失去的关联。这种特殊的例外是如此之少，产生效应的时间又是如此之短，在第二定律成立的理想世界里它们就被宣称为不存在的。这不是说第二定律同力学可逆性的定律相违背，而是认识到在感兴趣的极限情况下力学可逆性是可忽略的。

一个简单类比有助于我们理解在何种意义下稀有事件可被看成是不相关的。考虑平面上一个圆所给出的盘状物。看图 28 的左图，我们获得了盘子靠近边缘只占一小部分的印象。更精确点说，假设盘的半径为 1 m，且若一个点离边缘小于 5 cm 就算"近的"。那么任意一个点落在边缘附近(图 28 中的阴影部分)的概率为 10%左右。对三维的、半径 1 m 的球做同样的计算，则告诉我们有 15%的概率是落在球表面 5 cm 的附近。这个值已经明显比二维的要大了。假设球的维度比三维还多，我没法为你画出，但我可以轻易地告诉你，因为一字值一千幅画①。一个 N 维球是 N 维空间中到一个特殊点，称为球心，的距离等于或小于半径(在我们的例子里是 1 m)的点的集合。一个 N 维空间和一般的空间一样，只不过点要用 N 个坐标而不是通常用三个坐标描述而已。容易表明，发现一个点在 N 维球表面 5 cm 内的概率随维度稳定地增加，在 N 趋于无穷大的极限下趋于

① 对西方谚语"一幅画比一千句话还有内容"的反说。——译者注

100%——喔,绝对的可靠性①。

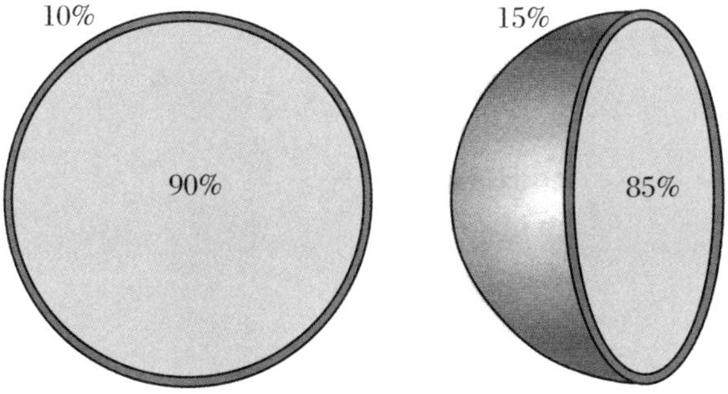

图 28 球中点的分布强烈地依赖于其维度。在二维情形下,一个半径为 1 m 的圆盘,靠近边界的 5 cm 宽的圆环占总面积的 10%,而在三维情形下,靠近边界的 5 cm 厚的壳层占一个半径为 1 m 的圆球总体积的 15%。而维度 N 趋于无穷大时,靠近边界的 5 cm 厚的壳层能占半径为 1 m 的球总体积的全部①。

这个惊人的结果某种意义上说是统计物理这一理论物理分支的基础。它告诉我们在大 N 极限下,一个 N 维球实际上只是表面而没有深度。这意思是球内随机地选择的点都会以极大的概率落在离表面很近的距离内。特殊的点,如球心,艺术家可能感兴趣,但从统计的观点它们太特殊了以至于没有意义。单凭运气选择这样的点,比从发行了无数张的彩票中抽到中奖的那张还要不可能。

力学和第二定律之间的关系有点象无穷维的球及其球面之间的关系。无穷维的球代表原子运动的可能状态,力学必须包括所有的可能,包括所有特殊的、不太可能的状态。而另一方面,统计物理只关心典型行为,从这个角度来说只有球面才是值得关切的。这开启了存在一些在球面上成立但一般地却是错误的统计定律的可能性。

我要强调在某一语境下无关的可能在另一不同语境下是最值得关切的。例如,N 维球的球心是统计上无关紧要的,但没有它你就不能定义一

---

① 在维数趋于无穷大时,任何有限厚度的球壳,都占该球壳围成的球的体积的 100%。——译者注

个球。或者,如果你是一位作家,你会对一个个体——比如,摩斯布鲁克①——的异常行为而不是上百万正常人的普通行为感兴趣。类似地,第二定律应该在其自身的语境——统计的语境——下被理解。它不是“严格”的,但随着粒子数趋于无穷大它失效的可能变得越来越稀罕。

回归

我们在本章中见到的所有东西都建议宏观不可逆性是打破过去和未来等价性的特例。它选择了一个“时间之矢”,正如磁性选择了自旋的一个特殊取向。类比还可以推广。第4章中我们看到,如果愿意等待足够长的时间的话,或许比宇宙的寿命还要长,空间对称性的破缺会回来报复,消解所有的有序态。是否有消解时间之矢的类似效应?是的,有,它以回归悖论而著名。

回归悖论基于一个经典力学系统的会被误以为简单的性质。考虑盒子里由 N 个原子构成的体系,初始时处于某个特定的状态,即原子的位置和速度已知。如果原子遵循经典力学,这个信息足够预测每个原子未来的运动。现在,惊讶来了。相对来说可以较轻松地证明,不管如何开始,在一定时间后系统会回到离初始状态足够近的地方(图29)。那个“一定的”是欺骗性的。它当然可能需要很长的时间,且你对“近”定义得越严格,时间就越长,但早晚它必须回归。例如,图25中的气体,当分隔被取消的时候当然会充满整个盒子,同样肯定的是我们的定理宣称在未来某个特定的日子,气体会自己聚集在盒子的左侧。明显地,这道符咒给直白地否认这种可能性的第二定律带来了麻烦。

在回归悖论重压下的第二定律是如何屹立不倒的?第一个也是最直接的回答是玻尔兹曼给出的——现在还能在大多数物理教科书中找

① 穆希尔《没有特质的人》中的一个角色。——译者注

到——是回归时间太长，没有物理意义。随着 N 的增加它增加得太快，对一个一般尺寸的体系如盒子里的气体，回归时间变得无法度量（即超过宇宙的寿命）。在粒子数 N 趋于无限的极限下，这正是第二定律要取的极限，根本就没有回归可言。所以第二定律从物理上用常识，从数学上用极限得到了保护。

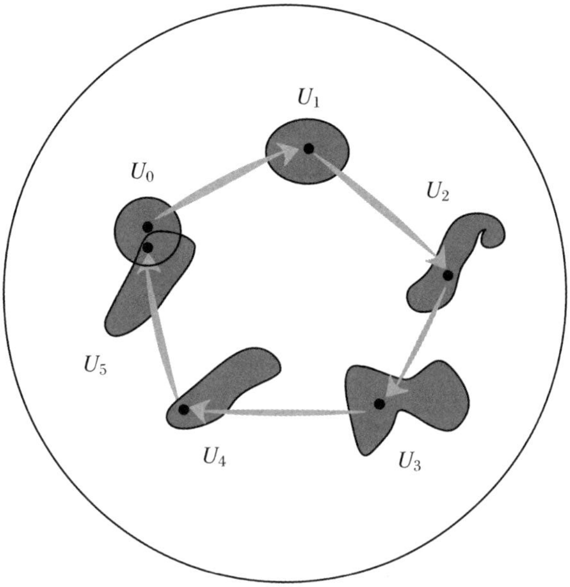

图 29　根据法国数学家庞加莱(Henri, Poincaré)的回归定理，开始于状态空间(其中的每一个点代表一个状态)中区域 U_0 内 P 点运动的一个力学体系，必定在后来的某个时刻回到那个区域。在这幅插图中，这在 5 秒钟内发生了，但一般来说会很长。1 秒钟后，区域 U_0 演化到区域 U_1；再 1 秒钟后，U_1 演化到区域 U_2；再过 1 秒钟后，U_2 演化到区域 U_3，等等。在 n 秒（本例中 $n=5$）后，区域 U_n，即 U_0 演化进入的区域，同 U_0 交叠。这样的回归是如下事实，即区域 U_0，U_1，…，U_6，…尽管形状不一但具有相同的体积，的必然结果。

实际上，还有一层保护。事实上，因为有回归定理一个力学系统就注定要一次一次地重复循环，这是一个粗糙的、过分简化的说法。如果系统能精确地回到初始状态当然是这样。但是回归定理只能保证系统回到离初始状态足够近的地方。但这和精确地回到初始状态不是一回事。经典力学家是明白这一点的，但他们可能以为初始条件的细微差别会相应地在接下来的演化中只造成小的差别。现在我们知道这不对。即便是很少粒子的体系,初始条件的微小变化也会随着时间迅速地放大,导致完全不同的未来。这让我们看到已发生事件的精确再现的希望破灭了,即使是在大体的模式容易预测的幸运情形下也不会。

压倒性优势的问题

如同一只在网中心的蜘蛛,第二定律通过看不见的线同宇宙最深处的神秘,比如自由意志,相联系。我们真的是自由地选择一串行为或者我们的命运在时间一开始就不可逆转地被设定了吗?牛顿力学建议第二种答案。根据此一理论,某一时刻关于宇宙状态的知识,同运动方程相耦合,完全地、唯一地决定了宇宙在未来任何时刻的状态。严肃地看,这个表述将意味着我们不过是严格执行一个普适的脚本的自动机,我们的行为不值得任何的表扬或谴责。这可能为真吗?牛顿本人从不相信这一点。心理学上,我们也很难怀疑我们的自由,即便是身处最极端的条件下,如遭到监禁、折磨,甚至死亡威胁。不管我们的未来是多么完美地为上帝或曰我们的监禁者所知,我们总是感觉它好象还是未定的。这一不确定性是让人无动于衷型的还是甜蜜诱惑型的构成了"生命渐弱的欢乐,有时候有点象恐惧①"。

这是否意味着心理学同经典力学定律之间的矛盾?也许。但是,在许多情况下,第二定律保证这样的矛盾永不会被暴露。确实,测试一个人的自由意志的唯一可靠途径是把她送回到某个选择被决定的时刻,然后给她第二次选择的机会,如果在那一点上她能够作出与上次不同的选择,她就令人信服地演示了她的自由意志。不幸的是,这个精确地回到原来的情景恰恰是第二定律说永不会发生的——在任何有限的时间尺度上都不会。恢复初始条件,还有其它行为,意味着擦除此前选择以及结果的记忆。所

---

① 穆希尔,*The Man without Qualities*(《没有特质的人》),第21章。——作者注

以，为了真正地测试自由意志我们必须擦除记忆，这正是第二定律说我们做不到的——若不在别的地方去产生更多的记忆就不行。

第二个问题是上帝是否存在的问题。或者，更确切地说（因为谁也不能否认上帝作为我们心灵中的概念而存在）上帝与世界之间关系的问题。这种关系已被多种方式所表征：作为创造者的上帝，作为毁灭者的上帝，作为天父的上帝，作为慈母的上帝，甚至作为宇宙本身的上帝。每个角色都强调神的一个不同侧面，每一个也都为她①对人间事务的兴趣，如果有的话，之多少的问题提供了一个形象的答案。

但第二定律建议了另一种模型：作为实验者的上帝。在这个模型中，上帝如同实验者构建实验体系那样构造了宇宙，仔细地加以设计以回答某个问题。换句话说，上帝不光是创造了世界，而且创造的世界还处于一个特殊的状态，即熵极端的低以至于其后只能增加，从而产生了第二定律。这就好象为了研究气体的一些特性我们开始实验时把气体的所有分子都约束在大盒子的一个小角落里，然后移去约束，观察气体不可阻挡地充满整个盒子。（上帝创造世界）与此类似——但是是在宇观的尺度上——且是以一种非常抽象的意义，因为当实验开始的时候还没有"分子"。

根据现代宇宙学理论，宇宙实验的起点是一个奇点事件，标志着时间和空间的产生。贬损这个理论的人名之为"大爆炸"理论②，包含一些嘲弄的意味：名字在起这个名字的意图久已经被忘记的时候还存在着。现在问题来了（对我们是问题，当然不是创生者的问题）：大爆炸是如何产生这样特别的宇宙的？问题是要产生一个非常不可能的初始状态，从而有大量的、能演化出许多有趣事物的余地——换句话说，那是一个开始而不是结尾。问题是要找到一种方式把所有的材料放到盒子的一个角落，在还没有盒子而只有一个点③的时候。

---

① 原文用的就是 she。——译者注

② 即 big bang theory。Big bang 这个英文词很黄很暴力。——译者注

③ 人们忍不住会说——那当然是不正确的——早期宇宙的熵很低，因为那时的宇宙很小。小与大是相对的概念，当外面根本没有什么可以比较的时候你是不可以说宇宙是小的的。将宇宙看作一个力学体系，那时的宇宙和现在一样大，一样复杂。——作者注

创世者设计的解决方案是惊人简单的。她把原料(辐射、量子场等等)均匀地铺满早期宇宙,就象比萨饼厨师把酱和别的顶料撒在面团上(如果您觉得这个饮食行当的比喻的品位成问题的话,请耐心等待阅读本章结尾引述的论点)。而后她又加了点作料,即引力,或者至少是引力作为万有吸引①——它使得每一件事物找寻别的事物,好象渴望与之重逢似的——冒出来的可能性。

一个已有作料的均匀分布会让早期宇宙绝对特殊而唯一,这初看起来很怪异。如果是你或我创造世界,我们不会添加一些细节让它更有趣一些吗?但这种想法未能给引力的角色以足够的重视。物质的均匀分布,在存在引力的情况下,确实是非常不太可能的状态。因为引力,经过一段时间,会从均匀分布中把物质拉成团状的,这些物质团会引燃恒星过程;恒星会甩出去行星,温暖行星上的植物和动物。所有这一切经过一段时间都会因为无情的引力而发生。令人迷惑的是,在这个自组织的过程中熵一直在增加。那口我们称之为宇宙的、沸腾得冒泡的大锅在自己的状态空间(一个抽象的空间,请不要同平常的空间混淆)不断膨胀,均匀地充满它的缺口和缝隙。怎么会这样?我刚才不是说宇宙开始时是均匀的吗?

考虑这个悖论将我带回到了大学时光,在比萨大学物理研究所的走廊里紧张地走来走去等待轮到我去面对“物理 I”考试委员会的特殊日子。那时我 19 岁,一辈子从来没那么努力学习过——现在回过来说我那时准备得很好。但是,当我们被按照字母叫号时,我感到非常焦躁,不停诅咒不友好的命运为什么让我的姓以字母 V 开始。等了很久终于轮到我了。我坐下来,一个教授问我一个问题,我到现在仍清楚地记得,因为(1)我回答不上来;(2)它包含对低熵悖论的解。

为了全面地介绍那个问题,我必须告诉你,在上“物理 I”的时候我们已经被教会给定体积和能量的气体平衡态是同其所分配给的体积和能量相兼容的熵取最大的状态。我也看到了盒子里的气体会因为重力效应集中在盒子靠近底部的演示。这个效应,如图 30 所示,对重原子会比对轻原子

① 这句读起来那么别扭是因为我们把 gravity 译成“引力”的缘故。——译者注

更明显，即对氧气比对氮气更明显，这个信息可能会是有价值的，如果你发现自己被锁在空气不足的房间里：靠近地板的地方有更多的氧气。问题是这样：这个状态，即靠近盒子底部气体分子更密集的状态，如何是熵最大的状态？记住，熵可是分子无序的量度。那么，为什么最大无序的状态不是分子在盒子里全空间上的均匀分布？

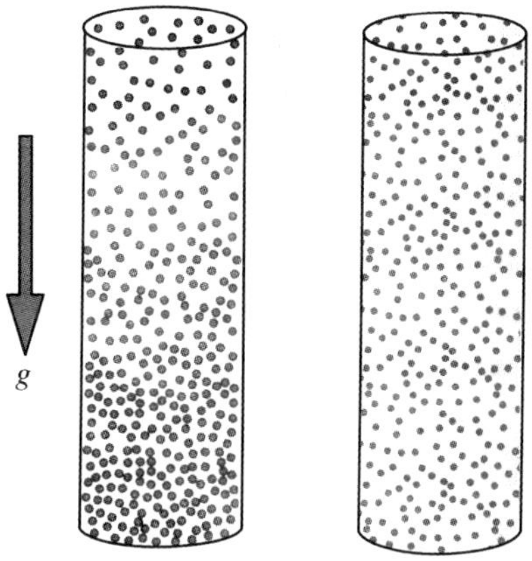

图 30 重力场下一个柱形空间中气体的平衡态。左侧的不均匀分布跟右侧均匀分布相比，更无序。

如果考虑一会儿，你会发现我被问到的这个悖论和早期宇宙的低熵悖论有一样的解。在两种情形下，问题都是解释为什么空间均匀的状态比空间不均匀的状态的熵要低。悖论的解在于要求朝着抽象迈出一大步。可是，那一步对于刚学"物理 I"的我来说太难了。虽然，教授真诚地努力帮我，我也还是回答不上来。幸运的是，另一位教授救了我，说我们还没学到"相空间"的概念。然后他们俩花了几分钟互相给对方解释了答案，显然他们很享受这个我只听明白了是围绕某个神秘的叫作"相空间"的东西的讨论。

儿时的噩梦时常在你成年后还会降临，现在我有强烈的愿望想以我三十多年后的理解解释这个悖论的解。分子的有序不是在平常空间里评估的，而是在一个抽象的空间里，其中的点代表系统可能的微观状态。以一个单粒子为例，它在平常空间里的位置不足以描述它的状态，因为两个在同一位置上有不同速度的粒子会有完全不同的未来。为了决定粒子的状态，位置和速度两者都需要，而且也就足够了。所以，状态空间（也叫相空间），在其中的点代表位置和速度（实际是位置和动量。我们在第8章再讨论这一点）的意义上说，不过是平常空间的某种加倍：它是六维的而不是三维的。而且，每多一个粒子就增加六维，结果是对于 N 个粒子构成的体系，相空间是 $6N$ 维的。

现在，回到我们的悖论。假设在某时刻引力被关闭。气体均匀地充满整个盒子，平均位置为盒子的中心。现在把引力加上。分子倾向于在盒子的底部聚集，使得分子的平均位置向下移动。初看起来，这个移动减少了气体的熵，就它产生了一定的空间上的有序来说是这样。但是，空间有序不是故事的全部。在重力场中采较低的位置使得分子增加了平均速度。请记住，在重力场中的物体，当它上升时变慢而下落时则加速。同理，分子在其平均位置下降到一个较低的位置上会具有较高的平均速度。但是，这些分子具有较高的平均速度，在速度空间里就占据更大的体积，从而产生更高的熵。再者，可以证明，因为更高平均速度带来的熵的收益要比空间部分有序带来的熵损失更大。这是为什么分子聚集在接近盒子底部结果比平淡的均匀状态熵更高的原因。

这个大段论证的结论是，当有引力的时候，平均状态不是分子的最可几状态。而且如果——如同早期宇宙中——状态非常均匀且引力非常强，则你拥有的是一个极端不可能的状态，一个会产生各种不可思议的、难以预料的灾难的状态，也许只有上帝知道结局是什么。

确实，引力的宇宙学含义可同圣经相比拟。在整个宇宙膨胀的时候，在局域尺度上物质在凝聚，有序花样从均匀中产生。这些过程是引力驱动的。一片稀薄的星云因为它不同部分互相吸引朝着对方而去从而凝聚。当密度增加的时候，分子的平均速度，即温度增加，最后导致了核反应，从而驱动恒星中的过程。在整个过程中熵一直在增加。现在，生命开始的基础有了。驱动恒星过程的核反应产生重元素，从中会形成生命物质。从热的行星中凝聚出冷的行星——熵一直增加。在这些行星附近，天空不再是均匀的：一个大的热点占据了天空，提供高层次的、低熵的能量，植物和动物利用这些能量并将之以退化了的形式重新辐射回空间——熵依然在增加。同时,恒星在重力的牵引下保持着不可靠的平衡,等到有一天所有的燃料用尽,它将不可避免地塌缩。而后,根据恒星的质量,有几种可能的景象,最有趣的一种是以一种"黑洞"的形式结束。黑洞是信息吞噬者,会不可逆转地吸入所有的物质。不用说,黑洞形成的过程熵也是一直在增加的。恰恰是这个性质——我指的是熵的不断增加——使得恒星的塌缩同时间反演下的大爆炸完全不同。因为宇宙开始时,引力场中隐藏着有序,那时它(有序)孤伶伶地远离物质(彭罗斯在《通向实在之路》①一书中的用语)。但是,在引力塌缩的尽处,物质与引力被混合进死寂的一团中,从中什么都不会被产生。

把生命与意识的演化看成是个大的过程之一部分的想法是清醒的。这个大的过程指造物主以不可见的形式,即不是作为空间样式而是作为抽象几何,置入宇宙之原初有序的退化过程。如果这种观点是正确的,则我们今天见证的宇宙中的部分有序来自曾经只存在于引力场中的、高级形式有序的退化。无疑地,在一个空间中戏剧性膨胀的思想(大爆炸)和一个万有引力(重力)的思想之间存在张力,或者说矛盾,这使得来自膨胀的状态是如此不可能因而是如此意义非凡。

这个吸引与排斥、分离与合并的游戏以及整体上不能挽回的损失,是卡尔维诺(Italo Calvino)的短篇《万物只在一点》②的主题。两个说不清年龄的人物,灾难时刻的资深见证人,在意大利的一个小镇上相遇了,开始回忆在大爆炸之前的美好旧时光。尽管是在那些日子里,他们象沙丁鱼一样被压在一起的时候,也有一帮人互相热爱,也有一帮子人互相仇恨,但是,最重要的是,有一个女人,以母爱爱护所有人也因此被所有人热爱着的 Ph(i)Nk。女士。然后有一天,因为屹立于对世界怜悯之上的爱的喷发,她说:"小伙子们,要是有地方的话我真想给你们做面条吃。"从那时刻起,所有人都开始想象她的胖胳膊揉面所需要的空间,能够容得下麦粒、农田、山

---

① Roger Penrose, *The Road to Reality*,有中译本。——译者注

② Italo Calvino, *The Cosmocomics*(《宇宙连环画》), *All at One Point*。——作者注

峦以及"为牛肉酱提供肉的牛群"的空间。从那些想象的总和出现了"空间、自空间①、时间、万有引力以及重力下的宇宙等概念……亿万个太阳、行星、谷子地，散落在用宽大、油腻、沾满面粉的胳膊揉面的 Ph(i)Nk。女士的大陆上。而她从那时起就消失了，留下我们哀悼她的逝去"。

① 中文一般把 proper space 翻译成"固有空间"，把 proper time 翻译成"原时"、"固有时"。实际上，proper 和量子力学中常出现的 eigen 一样，就是"自己的"的意思。——译者注

第6章
表　　示[①]

一天夜里，我漫无目的地在电视频道间切换，突然我被一幕吸引住了：一位年轻人，黑手党打手模样的，躺在床上；一位迷人的女士在抚摸着他的背。她的动作充满爱意，但她的言辞却不是。她在催促他杀了他的老板。过了一会儿我发现我是在看麦克白[②]。当然了，演员已经完全换了。麦克白和班柯换成了城市黑帮。邓肯王变成了黑手党大佬。麦克白女士，一位被失去孩子的痛苦啮咬着的无情妇人。毫无疑问，他们粗鄙的方言同莎士比亚流畅的诗意道白毫无共同之处。但是，毫无疑问的是我在看麦克白。尽管做了各种改头换面，该剧的大致轮廓还是清晰可辨。"我的儿子，菲力，参与了这事？（要做这事除非）从我的尸体上踏过去！"一个将被谋杀的"班柯"听到算卦的预测他的儿子将变成黑帮的王中王时这样说。

如同别的剧目，麦克白出自一个抽象的核，可以通过无穷多种方式表现。麦克白的核心包括一个被不受限制之权力的梦所勾引的儿子，一个鼓

---

① Representation，会根据中文语境被译成"表示"、"表述"、"表象"等。——译者注

② 电影的名字叫 *Men of Respect*（William Reilly, 1991）。——作者注。中文被翻译成《黑帮老大》。——译者注

励他逐梦的同伙;一位他杀害了的密友,但他阻止不了这位密友的儿子登上权力宝座;一位杀了他的宿敌,但是这位的报复是不能够完全的,因为麦克白没有孩子。只要这些元素还在,麦克白就还是麦克白,不管角色被塑造成封建领主还是公司的执行董事。角色换了,但剧情是绝对的,莎士比亚非常懂得这个事实,因为在居留士·凯撒的第三幕第一场中,他在凯撒被杀后马上让卡西奥宣布:多少年以后,这伟大的一幕会在一个还没出现、其方言还不为我们所了解的国家内重现!

戏剧的剧情是理论物理中称为不变量——从一种表象到另一种表象中保持不变的实在——的一个高等案例。当两个画家从不同视点看他们的模特时,自然会有不同的表现。但是,尽管画家的观察和画法不同,模特保持不变。模特是个不变量。此一简单也许明显的事实是如此的基本,伟大的理论物理学家狄拉克(Paul Dirac)曾写道,"世界上最重要的事情看起来是这些变换的不变量"①。他所指的变换是表象(表示)的改变。本章中我们将进一步地谈论这个主题。我们会谈论表象,它们如何从一个变换到另一个,如何被一个超越所有表象的不变的实在联系在一起。

几何与坐标系

我这一代人很难忘记库布里克的电影《2001 太空漫游》②中戏剧性的一幕:史前猿类的一家从一夜惊恐中醒来,发现一条精心打磨的、板状神秘黑色材料竖在它们的洞前。把进化论放在一边,电影想说是巨石的到来,带点高级智能,是引发猿向人类转变的决定性事件。

当猿家族的一员绕着圈打量这块神秘的、打造出来的物体时,景象一直在改变。从正面看它是宽平的,从侧面看它是窄的、深远的,而且尖锐得

① P. A. M. Dirac, *The Principle of Quantum Mechanics*(《量子力学原理》),序。——作者注

② Stanley Kubrik, *2001: A Space Odyssey*, 1968 年拍摄。——译者注

危险。从下面看象是指向太阳和月亮——那时碰巧在一条线上——的大手指。前面变成了后面，后面又变成了前面。宽和长不断变换着角色。但是尽管如此，猿人从没有一刻怀疑过它是在看同一个物体，我们也不会。这一信念是从哪里来的？显然，当视图改变时有些特征保持不变。一个正方形是正方形，不管你把它放在哪里，还是怎么旋转。距离和夹角会变化，但是我们依然在物体的不同部分之间察觉到了某种不变的空间关系。绕着巨石的走动让我们有上进心的祖先看了几何的抽象世界第一眼。经典几何学只关切物体平动和转动①时物体中那些不变的特征。对这些特征的兴趣使得我们形成了关于一个物体的固定的思维图像。

我们再近距离看看经典几何里的不变量。考虑一条从 A 点到 B 点的线段，这个有取向的线段是几何里称为矢量的原型：用 V 表示。把 V 看作绝对的几何体需要花些努力。我的意思是 V 表示点 A 和点 B 之间的空间关系——一种与观测者的位置和取向绝对无关的关系。实际上，A，B 在哪里无关紧要：任何一对点 A' 和 B'，只要它们有如 A，B 那样的相互关系，就定义了同样的矢量，空间中同样的抽象一步（图 31(a)）。现在这抽象的一步"知道"它的方向，但问题是这个信息如果不引入参照系就无法用文字表达。简单的做法是在三个互相垂直的方向上，画三条有取向的线，作为坐标轴，比如左右、前后和上下，通常称为 x，y，z 轴。为了简单起见，图 31 只画出了其中的 x 和 y。在 x-y 坐标系中，我们的矢量由两个数字 V_x，V_y 表示，分别指定了沿 x，y 轴位移的方向和大小。在当下这个例子中，V_x 是线段 AC——平行于 x 轴——的长度，V_y 是线段 CB——平行于 y 轴——的长度。这两个数字称为 V 在 x-y 坐标系中的笛卡尔分量②。但是

① 人们也许会反驳，从不同的角度来看，圆可能是椭圆，正方形可能是菱形。为了应付这样的改变，我们需要更一般性的几何，其中距离和夹角不再是不变量。这样的几何中，圆和正方形的概念不具有绝对的意义，因为它们可以通过某些投影变成椭圆或者菱形。此一一般化的几何称为"射影几何"，是投影的基础。但即使是在射影几何的意义上，依然有不变量：在一个投影中交叉的两条线在另一个投影中仍然是交叉的；在一条线上的四个点依然在一条线上；称为"交叉比"的关于四个点的一个抽象量在任何投影中都有同样的值。——作者注

② 一般地，如果 AC 与 x 轴的方向相同，V_x 的符号为正（如图 31 中的例子），如果相反则是负号。V_y 关于 y 轴有同样的约定。——作者注

我们有选择其它参考系的自由,比如图 31 中的 x'-y'坐标系。现在,笛卡尔分量 V'_x,V'_y是线段AC',$C'B$ 的长度:它们与 V_x,V_y 不同。但是没有任何包含在 V_x,V_y 中的信息,V'_x,V'_y中没有:因此前者可以用后者表达,反过来也一样。再者,这一步的长度,即 A,B 间的距离,在所有参照系中都是一样的:这意味着用笛卡尔分量对这个长度的表达必定在所有参照系中是一样的。

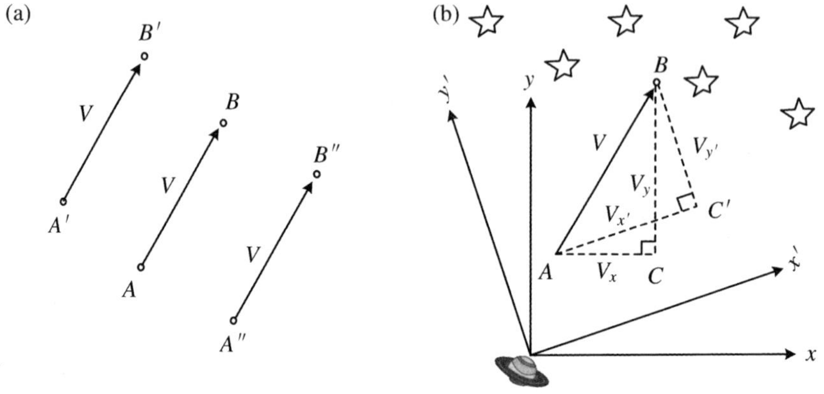

图 31　在全空空间中的一个抽象矢量 V(a),在不同的坐标系 x-y,x'-y'中有不同的表示(b)。在 x-y 坐标系,矢量的分量为 $V_x = AC$,$V_y = CB$;在 x'-y'坐标系,矢量的分量为 $V'_x = AC'$,$V'_y = C'B$。但是,分量的平方和在两个坐标系中是相同的。

为了找出表达式,我们回忆一下我们中学时都被逼着学习的初等几何的基石——毕达哥拉斯定理。该定理说在如图 32 所示的直角三角形中,长边(弦)的平方等于两短边平方之和。这个定理可以用一百多种方式证明,其中一些非常聪明,但图 32 中所给的简单证明已经能够满足我们的目的。图 32 中的三角形 ABC 和三角形 ABC'都是直角三角形,因此毕达哥拉斯定律对两者都成立。它们共弦 AB,其长度就是我们的矢量的长度。对三角形 ABC 使用毕达哥拉斯定理,有 $AC^2 + CB^2 = AB^2$;对三角形 ABC'使用毕达哥拉斯定理,则有 $AC'^2 + C'B^2 = AB^2$。综合起来,这两式意味着 $V_x^2 + V_y^2 = V_{x'}^2 + V_{y'}^2$。

因为方程两边都等于矢量长度的平方 AB^2,其在所有参照系中都相同。

空间中的一步之分量的平方和在转动与平动下是不变的。这是几何的基本事实。嗯，差不多是……我应该确切地说这是欧几里得几何——在公元前三世纪由亚历山大城的欧几里得总结的几何——里的基本事实。基本不变量——一步的长度用分量的表达式——在长度不由毕达哥拉斯定理给出的其它几何里也是可能的。在本章中我们会看到非欧几何的一个漂亮的例子。

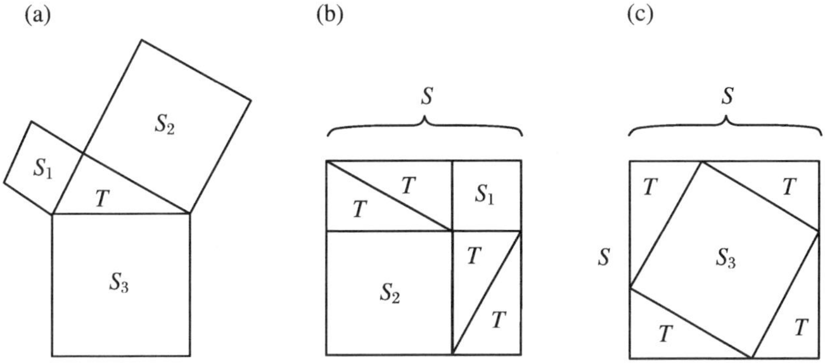

图 32　毕达哥拉斯定理(a)宣称在直角三角形 T 长边上的正方形 S_3，等于在两个短边上的正方形 S_1 和 S_2 之和。(b)中人们看到 S_1+S_2 等于大正方形 S 的面积减去四个三角形 T 的面积：$S-4T$。(c)中的 S_3 也等于 $S-4T$。这证明了欧几里得几何的基本定理 $S_1+S_2=S_3$。注意，证明依赖于在不改变面积的前提下改变图形的位置和取向的可能性。

矢量同其笛卡尔分量之间的关系是对一个特殊样式的简单刻划。每一个抽象的几何对象，不管是点还是平面，圆还是正方形，都可以用数字和一个公式表达。认识到这一点为笛卡尔赢得了不朽的声誉。尽管对象用数字的表达远不是唯一的，数字强烈依赖于参照系的选择，这些数字却有一些不变的组合，是不依赖于参照系的选择的。矢量的长度平方的数学表示正是这样的一个不变组合的基本例子。

因为不同表示是等价的，人们也许认为研究表示之间的联系的规则是极大的时间浪费。要是大家都同意用一种表示不是更好吗？但不是这样。论及实用和心理学价值时，不同表示是不等价的。在一种表示中很难看到的事实可能在另一种表示中表现出来。当从正确的角度着手时，复杂的计算经常变得非常简单。最重要的是，不同表示用不同方式刺激我们的想象，产生截然不同的结果。在看过电影《黑帮老大》之前，我从未注意到麦克白夫人的野心是多么强烈地同其没有孩子这个事实联系在一起的。

时空

现在让我们从日常的空间迈入更广阔的空间加时间的领域中，简称时空。如同日常的空间包含抽象的、可以包容无穷多内容的"点"，时空有自己的"点"，可以包容无穷小的事件。什么是无穷小事件？设想发生在空间中某点的持续一瞬间的一个爆炸事件。时空的每一点都可被这样的事件充满。我们在世界上经历的一切都最终被描述为事件的发生，比如，我在这儿，携带你的像的光此时在这里。这是二十世纪初象闵可夫斯基(Hermann Minkowski)和爱因斯坦（Albert Einstein)那样的人提出的空间和时间的观点。根据这一观点，"空间本身，时间本身，注定会消退成阴影，只有两者的某种结合会保持为一独立的实在"①。物理定律，如同几何定理，不应该依赖于我们选择描述它们的参照系。

此一思想的主要困难是，时间和空间好象是不同材料制成的。即使不考虑其单向流逝的特点，时间也有空间所缺少的绝对特征。例如，你可以改变物体在空间中的取向，可以使之看起来更尖锐或更宽阔。但是，乍一看，无法改变时间间隔的大小：不管我们怎么转动钟表，一分钟还是一分钟。或者仅仅看起来是这样的……

爱因斯坦决定用更挑剔的眼光重新检查一番这个优待时间的偏见。这可是怎么说来都是最激烈的批判性眼光。在他上中学时，曾有老师告诉爱因斯坦说，如果他（指爱因斯坦)不是在他（指老师)的班上，他（指老

① H. Minkowski, *Space and Time*, in *The Principle of Reality* (Dover, 1952)。——作者注

师)将会感到很高兴。“我做错什么了吗?”爱因斯坦问。“没有,但你看我的眼光是对本人威望的威胁”①。

爱因斯坦对时间概念的批判令人不安。作为开始,他放弃了同时性②的概念。他表明,没有办法将空间中不同点上发生的事件说成绝对意义上是同时的。它们在这个参照系中是同时的,却在相对这个参照系运动的另一个参照系中不是同时的。这个惊人的观察的即刻后果是,没有所谓的两件事件之间的绝对时间间隔。当你绕着一个物体看的时候,物体的长和宽混到一起了——我的意思是长变成了宽,宽变成了长。类似地,在转动过程中矢量的 x,y 分量(图 31)混到一起。在完全类比的意义上,当我们从一个参照系换到一个相对它运动的另一个参照系时,时间和空间会混到一起。匀速直线运动可以看成是时空中的转动,因为一个参照系中的不同时间意味着另一参照系中的不同位置。

纽约人行道上交错而过的两个人,他们的参照系相对于对方在时空中错开一个角(图 33)。他们以略微不同的角度看这个世界(如果他们在看的话)。他们的时间间隔是不同的,甚至关于什么是未来、什么是过去的认知也是不同的。他们没有认识到这个不同的唯一原因是这个角非常的小,差不多为 0.000 000 1°。要想使得时空转动的角达到略显谦逊的 1°,人恐怕要以不可思议的 1%的光速,即 3 000 km/s 飞行。

你可能会想,爱因斯坦和他的朋友们是如何掌握这些反直觉的事实的,那时没有过硬的实验证据支持他们的观点(现在有这些证据了)。故事很引人入胜。它开始于对十九世纪后半叶由麦克斯韦发展的光的电磁理论的仔细研究。那个理论的一个重要预言(一开始也是没有实验证据的)是电磁波的存在。关于电磁波要说的东西太多,我因此为相关内容预留了一章,即下一章。为了当前的讨论,最重要的事情是电磁波被预言会在空

---

① A. Pais, *Subtle is the Lord* (Oxford University Press, 1982)。——作者注。中译本为《上帝难以捉摸》。——译者注

② Simultaneity,形容词 simultaneous,汉译“同时性”,但其本意具有“互相竞争”的含义。量子力学说不能同时(simultaneously)精确测量位置和动量,用的也是这个词。这些都不可以简单地按照汉语的同时或者英语的 at the same time 来理解。参见译者的《此同时非彼同时》,《物理》41 卷 4 期,262-269(2012)。——译者注

的空间中传播，无需物质的支撑。此一事实还意味着为那个波所计算出来的速度具有绝对的意义。如果一个波在外在的介质中传播(如水面上的波)，它的相对于介质的速度就有清晰的意义。但如果介质是空的空间，该是什么？你怎么定义一个速度，相对于……了无一物？因此，根据麦克斯韦理论，空的空间中电磁波的速度是绝对的：对所有人来说，不管他或她怎么运动。从现在起，我就简单地称之为光速，$c = 299\ 792.458$ km/s。

图 33　大街上交错而过的两个人对时间有不同的观点。对左侧的行人来说，毁掉地球上所有生命的灾难大爆发还在未来，但未来同过去一样是不可逆转的。对右侧的行人来说，那早已是过去，但过去同未来一样不可想象。

如果你深思一会儿就会看到绝对的光速是多么深深地同我们的直觉相矛盾。如果你以光速 c，朝着光源运动，你不期望看到光以 $2c$ 到达你处吗？但是，如果你骑在一束光线上，光线相对于你的速度不该是零吗？这些预期同麦克斯韦理论的预言，根据这个预言不管你是如何相对于光源运动光速总是 c，形成了强烈的对照。但是，爱因斯坦相信麦克斯韦是对的(也许因为这个方程是如此的优雅)。绝对光速具有意义。他(如同他之前的伽利略)觉得①，所有的物理定律，不只是电磁学定律，应该对所有的观

---

① Galileo Galilei, *Dialogue on the Two Systems of the World*, *Second day*, 213。——作者注。中译本为《关于两个世界体系的对话》。——译者注

察者具有相同的形式，如果他们以固定的速度相对运动的话。

伟大的头脑不受共同偏见的影响，因为它充满了自身的偏见。爱因斯坦把他自己的偏见上升到公设的地位，继续去证明这些公设同关于同时性、时间和空间的常规思想不相容。所以说，相对论不是通过实验观察被发现的，而是一个理论的内在一致性所要求的。

爱因斯坦的相对论

用爱因斯坦自己的话说，狭义相对论的两个公设如下①：

（1）物理体系状态变化的定律不受影响，不管这些状态的变化是相对于两个匀速平动的坐标系中的这一个还是那一个；

（2）一束光在“静止”的坐标系中以确定的速度 c 运动，不管光束是由静止的还是运动的物体发出的②。

这些公设格外地具有指导性意义，特别是相对性这个词从没有在其中出现。相反地，第一个公设宣称绝对定律的存在，其在所有参照系中具有同样的形式。对不同的人，空间和时间间隔会是不同的，但这个不同只不过被用来保证更基本的东西（光速，物理定律的形式）保持不变。特别地，如果光速是不变的，绝对时间的概念必须抛弃。所以，你可能会说爱因斯坦为了更高级的神——一个在时空转动下不变的量（即相对运动），正如普通转动下的普通长度——牺牲了绝对时间。我们来看他是如何做的。

① A. Einstein, *On the Electrodynamics of Moving Bodies*, in *The Principle of Relativity*(Dover, 1952)。——作者注

② 注意，参照系改变下的速度不变性可看作公设(1)的结果，而光源运动状态改变下的光速不变性是额外的、独立的公设。——作者注

同时性的相对性

假设你站在宇宙的中心(图 34 中的点 o),手举着一个照相机闪光灯。在时刻 0,你按下开关,一束短的、强烈的光以速度 c 射向所有方向。时刻 t 后光均匀地分布到一个球面上,半径 $r = c \times t$,球面以光速扩展。设想绕点 o 建造了半径 1 光秒(一光秒是光在一秒钟中内走过的距离,约 300 000 km)的巨大球壳(在这一点上,你可能开始明白为什么实验是不现实的)。在这个球上安装了一些灵敏的光探测器,被预置为从灰色变到一些不同的颜色(红色、绿色、桔黄色,或者蓝色)——在它们被光照射到的时候。这个情景如图 34 的顶部所示。在时间 $t = 1$ 秒时光打在探测器上(光速在所有方向上是相同的),它们同时改变颜色——或者你认为会这样。

让我们假设在时刻 0 我碰巧以光速的一半(另一个不现实)从你身旁呼啸而过。我会看到什么?因为我的参照系中光速仍然是 c——正如在你的或者别的什么人的参照系中——我们必须假设光在我的参照系中仍然分布在半径为 $r = c \times t$ 的、我占据其中心的球面上。但是,相对于我来说,探测器在运动,我们会立即得到结论,在朝我飞来的右侧的探测器会先于离我而去的左侧的探测器到达光球①。

图 34 的中间一行显示了我的参照系中事件的相关同时性问题。第一个颜色从灰色变成蓝色的探测器是最右边的。接着的是两个探测器变绿,两个接着变成橘黄色,最后是最左边的红色。所以在你的参照系中同时的事件在我的参照系中不再是同时的。这个结论,如果我们相信光速在所有参照系中是不变的,是不可避免的。

图 34 底下的一行显示的是假设的情景,即如果光速根据经典的直觉

① 这段论述中在“我”和“你”之间切换是非常过瘾的经历。“你”无需在“我”的参照系才知道“我”在里面看到了什么。抽象思维超越参照系。——作者注

改变的后果。探测器和扩展的光球的中心在我的坐标系中将都向左运动，但光将仍然同时到达所有的探测器。同时性有了的绝对的意义，但是光速在所有方向上却是不同的。

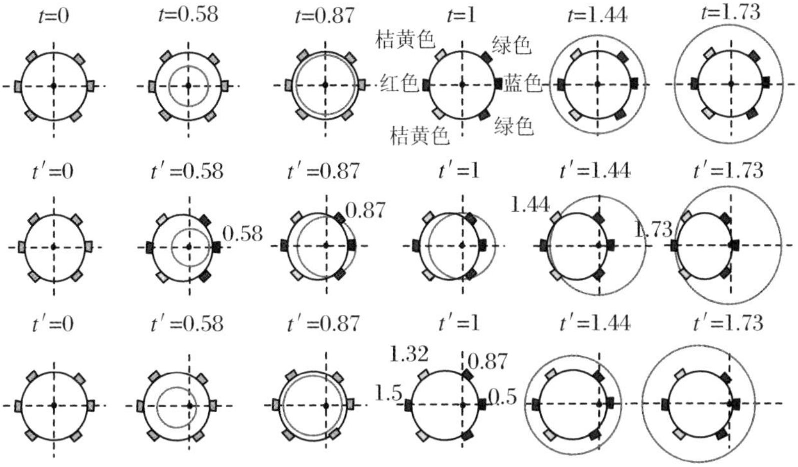

图 34　自一个点光源发射的一个闪光打到一组安装在球壳上的探测器上，引起颜色的改变。顶部的一行显示在光源和探测器都是静止的坐标系中的实验过程：所有的探测器在光离开光源的 1 秒钟后同时改变颜色。中间的一行显示的是同一个实验，是从一艘以光的一半碰巧在光发射时从光源旁呼啸而过的飞船上看到的。注意，光的波前依然是以原点为中心的圆。在这个参照系中，最右侧的探测器先改变颜色（发射后 0.58 秒），接着是两个中间的探测器（发射后 0.87 秒），然后是左侧的两个探测器（发射后 1.44 秒），最后是最左边的探测器（发射后 1.73 秒）。底下一行是在伽利略的前相对论观点下实验过程的可能表现。探测器会同时改变颜色，但是光在不同方向上的速度不同。

时空转动

同转动的类比开始变得明显。一个普通的空间转动按照如下方式改变空间中一步的分量 V_x 和 V_y，步子长度的平方保持不变，$V_x^2 + V_y^2 = V_{x'}^2$

$+ V_{y'}^2$。先前，我把这个不变性叫作“欧几里得几何的基本事实”。时空中有类似的不变性吗？

是的，有。作为开始，我们必须定义时空中的一“步”，即一个时空矢量。为此我们选出两个点事件：一个发生在位置 A、时刻 t_A，另一个发生在位置 B、时刻 t_B。连接位置 A 到位置 B 的普通矢量是我们时空矢量的空间分量。时间间隔 $t_B - t_A$ 是时间分量。我们称空间分量 AB 的长度为 d，时间间隔 $t_B - t_A$ 为 t。当从一个参照系变到另一个参照系时，t 和 d 改变，如同普通矢量的两个分量 V_x，V_y 在空间转动时的变化。但是，组合 $t^2 - d^2$ 是不变的，就象普通转动中 $V_x^2 + V_y^2$ 不变一样。用数学的语言，就是对任意两个参照系，有

$$t^2 - d^2 = t'^2 - d'^2$$

假设 d，t 用适当的单位表示，即 t 用秒，且 d 用光秒表示；或者 t 用年，且 d 用光年表示。

为了理解为什么是这样，让我们回到图 34，考虑这些事件：A——光在点 o 被发射，和 B——最左边的探测器变红。在你的参照系中（上边一行），两个事件的空间距离是 $d = 1$ 光秒，且时间间隔 $t = 1$ 秒。在我的参照系中，同样两个事件的距离是 $d' = 1.73$ 光秒，时间间隔 $t' = 1.73$ 秒。在两个参照系中，事件由传播速度为 $c = 1$ 光秒/秒的光信号连接，这是 $d = t$ 和 $d' = t'$ 的原因. 你看我们的 d，t 非常不同。可是，$t^2 - d^2$ 和 $t'^2 - d'^2$ 是相等的，因为它们都是零。

结果是，由于空间和时间的均匀性，$t^2 - d^2$ 和 $t'^2 - d'^2$ 相等如果在我们刚考虑过的 $d = t$ 的特例下成立，它就对所有的 d，t 成立。量 $t^2 - d^2$ 是普通空间中矢量长度平方的时空类比。它的不变性是如下事实的数学表述，即光的速度在所有参照系中是相同的。

为了获得更深刻的见解，考虑一个简化的、其中只有一个空间维度的时空不失为一个好主意。这里发生的所有事情都沿着一条直线。事件用 x-t 平面中的点所表示，如图 35 所示，两个轴 x，t 分别代表空间和时间。坐标 x 表示事件沿着直线的位置，坐标 t 表示事件经历的时间。两个轴在 $x = 0$，$t = 0$ 点交会，此点被称为时空的原点。站在点 $x = 0$ 的人被向上朝

向越来越大的 t 值运动的点描述，因为没人能够阻止普适时间的流动①。

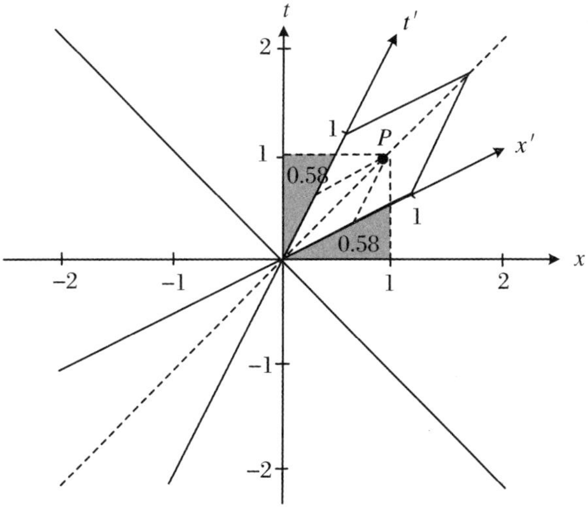

图 35　时空中的一个事件在两个相对匀速运动参照系中有不同的坐标。在 x-t 和 x'-t' 参照系中的关系是单位时间和单位空间在带撇的坐标系中张开的菱形的面积同不带撇坐标系中相应单位张开的正方形的面积相等。一束光的轨迹在两个参照系中是一样的。

考虑第二个人（相对第一个人）沿 x 轴旅行，以几分之一光速从点 $x=0$ 在 $t=0$ 时刻呼啸而过。问题是，她的轴该如何相对于第一个人用的轴来取向？不深入细节，我将只告诉你作为光速不变性直接结果的美妙答案。首先，新 x'，t' 轴相对于旧轴系统地倾斜了，x-t 平面的对角线，同 x'-t' 平面的对角线重合（图 35）。第二，新的时间轴 t' 的倾斜度由第二个人相对第一个人的速度 v 所决定。换句话说，我们沿着 t' 轴有 $x=v\times t$（这在图 35 中用速度为光速一半的特例所表述）。第三，两组轴的空间和时间的单位是这样选取的，使得新轴的单位时间和单位空间所张的菱形的面积同旧轴的单位时间和单位空间所张的正方形的面积相等。整个的几何构造见图 35。

① 观察一下这个关于时间的“无时间”观点，如同时间是某个早已全部呈现在那里等着被探索的某个事物，是多么精致的相对论式的。时间从我们身旁流过的这种熟悉的表达被替换成我们穿过时间流动的表达。——作者注

注意,轴 x',t' 上的标记比相应的轴 x,t 上的间距要大。

乍看起来,我们的 x-t 轴的变换一点也不象是转动,因为它不保长度,也不保角。这只是因为不变量是 $t^2 - x^2$ 而不是欧几里得几何式的量 $t^2 + x^2$ 的缘故。时空是非欧几何的,其中关于一点离 x-t 平面原点的距离平方是由 $t^2 - x^2$ 而不是 $t^2 + x^2$ 给出的。符号的区别恰是变换看起来不象平常转动的技术性原因①。

我们的变换的另一个重要特性是它不能够对大于光速的速度进行操作。我们能作的最大变换是把 t',x' 轴都放到原来的 x-t 平面的对角线上。这个最大的变换对应的是相对速度为 c。我们看到,如果光速是不变量,则任何东西都不可能比光速还快。

时空图示对于理解相对论极为重要。例如,我们可以使用时空图来分析这段内容开始时描述的思想实验。最右侧光探测器从灰色变到红色的事件可表示为图 35 中时空图的一点 P。不管什么参照系,一个点就是一个点,一个事件就是一个事件。但是,它的时空坐标不同。在 x-t 坐标系中(你的坐标系)这个事件发生在 $x = 1$,$t = 1$。为了得到 x'-t' 坐标系中的坐标(我的参照系),我从 P 点开始画了同 x',t' 轴平行的两条线:这些线同 t',x' 轴的截距决定了事件的新位置和新时间。

长度收缩

仔细检查图 34 的第二行,你会注意到安装探测器的壳层在我的坐标系中不再严格是球形的了:沿运动方向它被压缩了,如同画在一张纸上的圆在纸张倾斜的时候看起来象个椭圆。奇怪的事情是在三维空间中无法倾斜一个球,因为一个简单的原因:球在所有的方向上看起来都是相同的。

---

① 我们至今没论及空间的另两个方向完全不受到沿 x 轴运动之参照系的变换的影响。x-t 平面的转动对 y,z 坐标的影响一点也不比 x-y 平面的转动对 z 坐标的影响多。这是我们忽略 y,z 而不会引起严重后果的原因。——作者注

但是，如果我们增加第四个维度——时间——则相对时间轴倾斜球变得可能，我们对之将不会感到惊讶，实际上我们是期望看到其形状的改变的。

运动方向上的“长度收缩”是光速不变性的无可逃避的结果。考虑一个简单的一维物体——沿着你的参照系 x 轴放置的、静止的一根 1 光秒长的棍。随着时间的流逝，棍子沿着时间轴运动起来，而不改变其在空间中的位置，如图 36 所示。我在相对于你沿正 x 方向运动的一个参照系观察这同一根棍子，因此我的时间和空间轴相对于你的有些倾斜，如图 36 所示那样。我的参照系中棍子的长度该是多少呢？

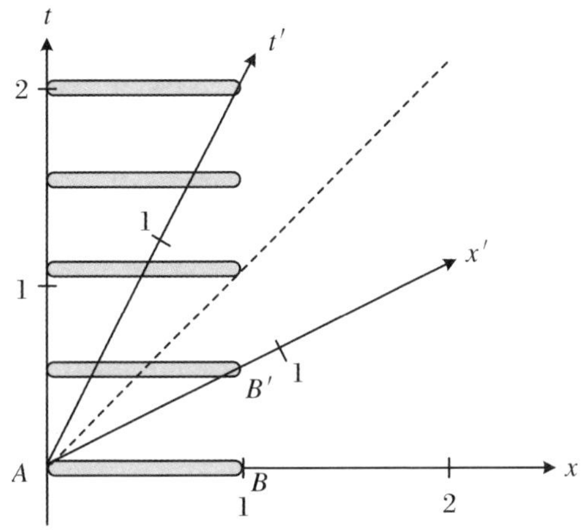

图 36　一根运动中的棍子沿着运动的方向相对于静止时的长度要短。当棍子在时空中改变取向时它为静止观察者提供了空间这一边压缩的景象（$AB' < AB$）。

为了计算出棍子的长度，我必须在同一时刻测量棍子两端的位置。明显地，不能在此一时刻标记棍子一端的位置，在另一不同时刻标记另一端的位置。困难的地方是，在我的参照系中的“同时”在你的参照系却不是“同时”。如果我在我的参照系中同时定位了棍子的两端，我实际上是在观察在图 36 的时空图中标记为 A 和 B' 的两个时空点。你看到这两个点乖乖地沿着 x' 轴——我的轴，所以它们是在我的参照系中发生在同一时刻 $t'=0$。但在你的坐标系（x-t）中这些不是同时性的事件；实际上，从你的观点（看到）B' 肯定比 A 要晚一些。为了决定棍子的长度你不是看点 A 和 B'，而是在你的坐标系中发生在 $t=0$ 时刻的 A 和 B。图 36 中，你看到的沿 x 轴的 A，B 之间的距离是 1，而沿 x' 轴的 A，B' 之间的距离约小于 1。所以在我的参照系中棍子是短的。

一个关于"长度收缩"的更复杂的例子如图 37 所示①。两艘用绷紧的线缆连接的飞船从静止开始，按程序要以相同的加速度稳定地加速，这样它们总是保持相同的距离和相同的速度。但是，随着时间的流逝，线缆里

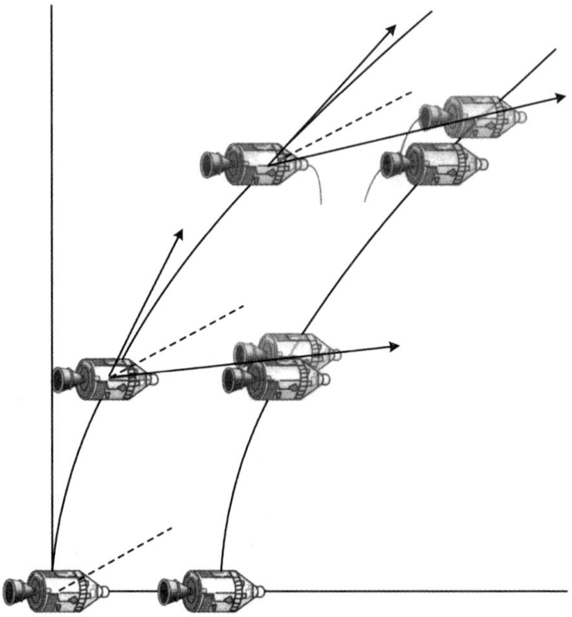

图 37　两艘用线缆连接的飞船以相同的速度和加速度运动。当飞船加速时，它们之间的固有距离在增加——尽管作为我们的参照系中的表观距离它是常数。因此，线缆中的张力增加直到崩断。

的张力增加，最终断了。这怎么可能？在我们的参照系中飞船间的距离不是不变的吗？是的，但那不是关乎问题的距离。在给定时刻的固有距离，

① 这个明显的悖论，贝尔在一篇名为 *How to Teach Special Relativity* 的文章中有讨论。这篇文章在 *Speakable and Unspeakable in Quantum Mechanics*（Cambridge University Press，1987）一书中重印。——作者注

才是出现在两个飞船和线缆同时静止的参照系中的距离。根据图 37 的解释，随着时间的增加，这个固有距离在增加，造成线缆的形变直到崩断。等价地，我们可以说两艘飞船之间的距离在我们的参照系中是固定的，但是线缆的长度随着速度的增加变得越来越短。从任何观点看，线缆都会崩断。

时间膨胀

我有一个朋友，休假回来，这样和熟人打招呼："欢迎回来。最近怎样?"他的观点是，他从没有移动：是他居住的镇子，他的朋友，他的家远去了，离开他度假去了。

我朋友的极端自我为中心为我提供了一个自然的方式来介绍相对论最重要概念之一，如果不是最重要的概念：固有时①的概念。设若我从洛杉矶沿直线(后面我将放弃这个假设)旅行到纽约。在附在地球上的参照系来看，这趟旅行看起来如图 38 所示：从加州的洛杉矶于太平洋时间下午四点出发(事件 A)；五小时后，即东部时间午夜在纽约州的纽约市降落(事件 B)。但是，在我自己的参照系——图 38 中的 x'-t' 坐标系——中，到达和出发发生在一个点，只是被一个时间间隔 t_{proper}——当然是由我自己带的腕表忠实地记录的——所分开。如同是在第一人称讲述的小说中(根据某些评论家的说法，这是最困难的形式)，所有发生的事情只是时间。现在，根据毕达哥拉斯定理的时空版，我从 A 到 B 的旅途时空长度的平方，沿着一条直线，等于时间间隔 t_{proper} 的平方，减去在我的参照系中的空间距离的平方。所以这趟旅行覆盖的时空距离就是 t^2_{proper}，时空距离就是 t_{proper} 本身，即我的腕表记录的时间跨度。

① Proper time，也有翻译成"原时"或"局域时间"的，都没有把握住概念的原意。实际上，proper 来自拉丁语，就是"自己的"的意思。所谓 proper time，就是一个参照系或者运动者自己的时间。——译者注

在一个在纽约焦急地等我的人看来，我的旅程的时空长度是怎样的呢？在她的眼里我肯定在时间和空间里都挪动了。在她的参照系中时间跨度是五小时，但是在她的参照系中的时空长度平方是 $t^2 - d^2$，和在我的参照系中的是一样的，即 t^2_{proper}。从这个观察中可得出如下两点。

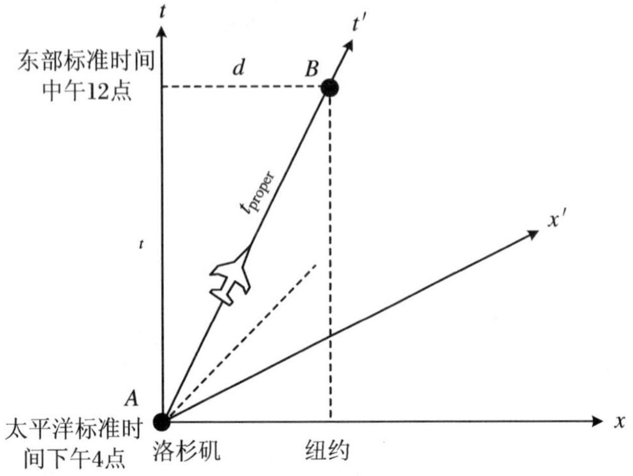

图 38　在旅行者静止的参照系(本图中的 x'-t')中一段旅途取最短距离。在旅行者参照系中的到达和出发之间的时间为固有时间，由毕达哥拉斯定理的时空版 $t^2_{\text{proper}} = t^2 - d^2$ 给出，t，d 分别是在任何其它参照系中旅行的时间和跨过的距离。

首先是一趟旅程的时空长度是旅行者自己所带腕表所表示的时间跨度。用相对论的行话说，这称为固有时。注意在前一句中我碰巧把“这趟旅程”[①]改成了“一趟旅程”，意思是对弯曲路径——运动的速度和方向不是常量的路径——有同样的结论。这是自然的，但却远不是平庸的假设。其思想是弯曲路径可以分成可近似地被看成直的小段。整个路径的时空长度可以由无穷小段中的长度的相加得到。

第二点且是非常有趣的事实是，对在机场等待的人来说旅程的时间跨度 t 总比旅行者的时间 t_{proper} 要长，这可不只是心理感觉上的：关系式

① 指前面作者说的沿直线的旅程，原文用“the trip”有特指的意思。——译者注

$t_{\text{proper}}^{2} = t^{2} - d^{2}$ 意味着 t_{proper} 总比 t 要小①。

时间与孪生子

爱因斯坦的相对论以其是一个与悖论擦身而过的理论而著名。没有哪个"悖论"比孪生子佯谬更著名的了②。这个寓言的经典版本是，两个全同的孪生子中的一个是个探险者，以差不多是光速的速度在宇宙中旅行，而另一个——一个在政府部门埋头工作的家伙——留在地球上。多年以后，当探险者回到地球上时他依然年轻，朝气蓬勃，而他那坐着不挪窝的兄弟已是老气横秋。注意，他的坐着不挪窝的兄弟也是时空旅行者，尽管是粘在一根毫无灵性的直线上（图 39）。悖论在于，"出发"和"到达"这关键事件对两兄弟来说都是发生在同一地点，将两者置于不可分辨的位置：为什么会一个比另一个年轻呢？

对时空作分析揭示了孪生子等价性被打破的地方。考虑从他们分开到再次会面时两兄弟在时空中经过的路径（图 39）。尽管他们起始和结束都在一个点上，路径却是明显不同的，所以你可以说，他们有不同的时空路径一点也不奇怪。两辆沿不同路径从纽约开到洛杉矶的车，一辆经过丹佛，一辆经过阿尔布开克，路程结束时其里程计的计数是不一样的。你不会管这个叫悖论吧？但是，我们已经看到一条路径的时空长度是沿着路径的固有时。你的腕表就是你在时空中的里程计。所以你可以肯定地说在旅途结束两兄弟对表的时候他们的表显示的时间不一样。

唯一剩下的问题是，谁的表领先，谁的表落后，或者等价地说图 39 中

---

① 你可能会问如何区分谁是旅行者谁是等待者。毕竟，每个人都可以宣称别人在运动。问题的答案是，旅行者是那个在其自身的参照系中出发和到达事件是发生在同一地点的人。——作者注

② Paradox，汉语翻译是悖论和佯谬混用。实际上，两种翻译都额外增加了判断。Paradox 只是并行观点的意思。Paradox 与 paradox 不同，它未必是悖论，但也可能是真谬而非佯谬。参见译者的 *Oh*，*Paradox*，《物理》41 卷 5 期，332－336（2012）。——译者注

的两条路径哪条在时空中更“长”一些？你可能忍不住地说“直线的路径短”，因为你知道空间中两点之间的直线路径最短。但是这个答案忘记了考虑时空几何的非欧特性①。实际上，可以容易证明，因为毕达哥拉斯定理时空版中的负号，直线不是两点之间最短的而是最长的路径。这就是为什么旅行中的那位所带的腕表要比静止的那位的表落后的原因②。

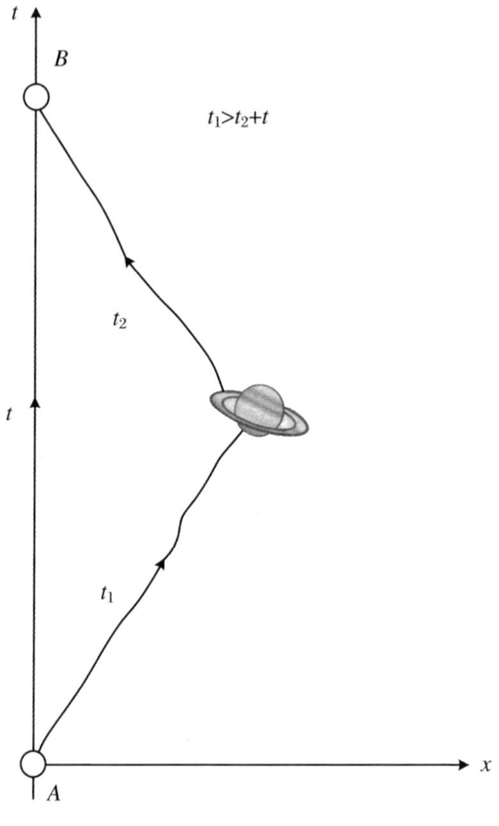

图 39　固有时是时空的长度。孪生子佯谬表明：在时空中连接两个事件，直线不是最短而是最长的路径。

---

①　确切地说，是非黎曼流形的特征。——译者注

②　这个效应在如下实验中（Hefele，Keating，1971）得到证实：两个相同的钟放在超音速飞机上反方向绕地球运动。——作者注

你此刻可以稍作停留，因为确信没有什么神秘或者佯谬，而享受一下精神的安宁。可是，相对论的内涵远超过对钟表行为的干巴巴预言以及断言时间较早(指表的指示)的孪生子之一实际上比另一个年轻。显然，我们碰到了比钟表行为更深刻的东西。不只是一只表相对于另一只表要慢，而是每一只可以想象的表，每一台能计时的器件，专门设计的或者信手拈来的，有意识的或者无意识的，必须同在不同参照系中的它的拷贝具有严格相同的行为方式。这与钟表的内在机制和构造无关。实际上，在每本物理书中演示时间变换的钟表都是高度理想化的设备，其唯一特点是比任何实际的钟表更容易、更清楚地可分析。它被称为"光钟"，由在两个平行的、完美地反射光的镜子中间来回弹跳的一束光组成，参见图 40 的解释。

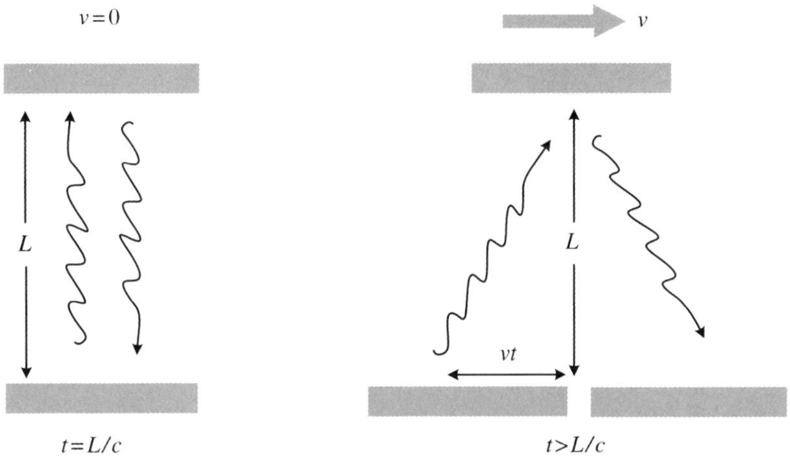

图 40 光钟提供了对时间相对性的简单演示。当钟表是静止的时候，一束光在两个镜子之间来回弹跳，每弹跳一次产生一个"滴答"。两次"滴答"之间的时间是 L/c，L 是镜子之间的垂直距离，c 是光速。当同一只钟沿水平方向运动，光从一个镜子到另一个镜子有更长的路要走。因为光速是不变的，这意味着它的"滴答"声之间的时间间隔更大了。结果是，钟显得慢了。

光钟的重要性在于，它给了我们计算每一个实在的钟，实际上每一个不停变老的人或动物，都必须遵守之规则的简单方法。它就是在宽泛的意义上伽利略曾领会的能保证所有钟表之自洽性的相对论原理。设想有一段时刻，旅行的孪生子之一和他的久坐的兄弟以同样的速度老去。然后，看着他的光钟，这钟比他兄弟的慢，他会强迫自己得出结论说他身体的老化过程因为某种原因比他兄弟的快。但是相对论宣称所有的自然定律，包括掌管人类身体老化过程的，在静止的地球上和在快速运动的飞船上，是一样的。因此，旅行的那个孪生子之一是不会比他的钟表宣称的要更老。

检视一下这段强力论证的结构，我们发现它同热力学中证明不可能有比理想可逆热机更高效率的热机的论证很相似(见第 5 章，第 71 页)。在两种情形下，人们都是拿理想器件(光钟、可逆热机)的行为和真实器件(腕表、蒸汽机)相比。人们利用一个普适的原理(相对论、热力学第二定律)去建立理想器件的表现同真实对应物之间的关系。所有真实的钟表必须同光钟步调一致；所有真实的引擎不能比可逆热机更有效。

可是，相对论的情形导出了一个超越物体世界的结论。把时间相对性归结于不同参照系中相同的钟的内在运行的不同是错误的。相对论的全部要点在于，在所有的参照系中钟表的运行是严格等同的。从一个参照系到另一个参照系改变的不是钟，而是时间自己。你可能偶尔听人说在爱因斯坦的相对论中是“钟表弄出了时间”，我满心地不同意这种说法。钟表不会弄出时间，它们度量时间。时间变换是世界——或者更精确地说是我们头脑中勾画的世界——的几何特征。钟表是时间之卑微的薄记者。

$E = mc^2$

现在变得清楚了，尽管名字是相对论，但相对论是关于绝对量、不变之规律、普适之光速、在所有参照系中保持不变之时空度规的理论。但是，这个理论允许对事件的多重描述；这点上体现了它的相对性。所有时代最伟大的方程，即爱因斯坦的质能关系式，$E = mc^2$，是在要求光发射事件的两种不同描述之间的自洽性时得到的。它是一段神奇的推理，它表明一点清晰的思考能戏剧性走出多远——多么危险的远。

设想有一个原子,初始时在我们参照系中是静止的,在相反的方向上发出两个相同的光包,一朝北一朝南,因此失去一部分能量 E。每个光包具有这一半的能量,和沿其传播方向的一定的动量。可是,两个光包的总动量为零,因为它们沿相反的方向传播。所以,如果动量守恒,原子必须保持静止。在光包发射之前我们体系的总动量为零,在发射后依然为零。能量守恒,动量也守恒。到目前为止一切好象是这么回事。

但是,如果我们在一个相对于原参照系向西运动的参照系中看同一过程,会怎样?见图 41。原子看起来以稳恒的速度向东运动,两个光包的传输方向也略偏向东。这就是光行差现象,早在相对论出现之前就已经被布莱德利(James Bradley)注意到,并被他用来相当精确地确定了光的速度。

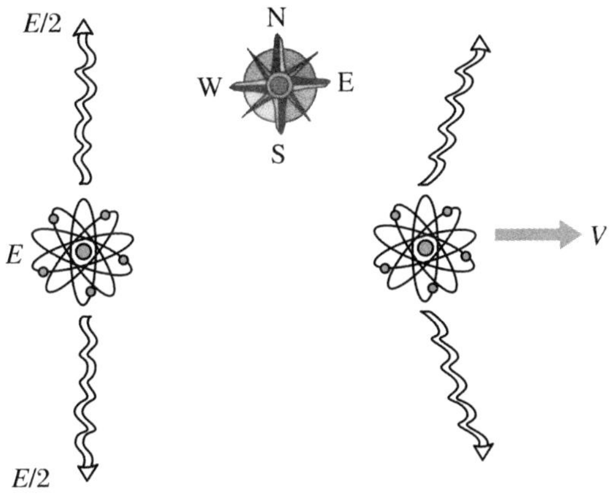

图 41　$E=mc^2$ 的概念式证明。为了在不同的参照系中都满足能量守恒和动量守恒,一个原子当它的能量减少 E 时,质量必须减少 E/c^2。

就算你不是物理学家,你可能也感觉到了这幅图像中有错误的东西。但是,如果你是一个物理学家,当你认识到系统的总动量改变了,或看起来是改变了,会有一团红光在你脑海中闪过。在发射之前只有原子的动量,等于速度乘上质量。发射后,原子的动量还是一样的(一般的想法是速度和质量都没变),但是另外又有了光包的向东的动量分量。这额外的动量是哪儿来的？在这个参照系中动量守恒定律不成立吗？不，那不可能：在所有参照系中物理定律都是一样的。唯一可能的解释是，尽管表观上没有，原子的动量还是恰好减少了构成光的额外动量那么多。但是原子的速度没变……是的，但是动量等于速度乘上质量。假设质量减少的话，速度不变时动量可以减少。推理不可避免地导致如下结论：原子在失去部分能量的同时必须失去部分质量。

设 E 是光带走的全部能量。你无需知道很多物理就能计算出光的动量之向东的分量。结果是，根据经典电动力学，每个光包的沿传播方向上携带的动量是 $E/(2c)$。这必须乘上光行差角 v/c（从南北方向算起），乘 2（因为有两束光），才得出总的向东的动量分量：$(E/c^2)\times v$，这里 v 是原子的速度。为了满足动量守恒，以速度 v 运动的原子的质量，必须减少 E/c^2。

到目前为止还都是一般的物理学家能做的，如果你是爱因斯坦，你还能看到更深刻的内容，即能量损失一定总是伴随着质量损失，不管是由于光发射还是别的什么机制导致的。确实，原子可能被俘获在复杂的实验室内，其唯一目的是将原子发射的能量，不管是通过什么机制、以什么形式，转化为在相反方向上传播的两个光包。论证可以应用到这个实验室，将之看成是发射了两个光子的体系。这将再一次得出结论，原子的质量必须减少 E/c^2。

一般性的结论是，质量与一个物体的总能量的多少是一样的。如果两个原子核碰撞而后粘在一起，其损失的质量必定以能量的形式释放：这是恒星动力的产生机制。因为能量的任何改变引起质量改变 $m=E/c^2$，我们可以说，大体上有 $E=mc^2$——这是一个被不公平地认为应该对广岛的屠杀、冷战和切尔诺贝利核灾难负责的小方程。

广义相对论

爱因斯坦的相对论出现在理论物理的黄金时代。爱因斯坦之后，尽管有爱因斯坦整体上的保守思想，物理学家感到他们不再系于现实的常识模型，他们已获许探索更广大的可能性的世界。通往极端不可能的大门已经打开，再也不能被关上了。量子力学将要诞生。爱因斯坦本人忙着构造广义相对论，它让原来的（狭义）理论看起来象小孩子的把戏。他的新思想是，物理定律可以如下方式表达：其在任何参照系中而不只是惯性参照系中都是一样的。这意思是说，实践上人们不仅允许改变参照系的全局取向，而且可以任意地拉伸、压缩或者扭曲时空坐标：物理定律应该保持其形式不变。

你可能记得第3章中介绍的牛顿的基本定律 $\vec{F}=m\vec{a}$ 不具有这样的一般有效性：它注定只能在惯性参照系中使用。你当然可以在非惯性系中使用牛顿定律，但你必须给物理的力以外加上一些与参照系有关的先验的力。例如，在一个转动参照系中，你必须加上离心力和所谓的科里奥利力，后者对自由落体的向东偏差负责。这些先验的力看似来自空无一物的空间，而不是产生于自然的因素。它们神奇的起源如同万有引力的起源一样困扰了牛顿。

爱因斯坦认识到，这些在加速参照系中引入的先验的力是融进时空几何的不同表示的一种方式。局域上，万有引力和先验的力有相同的特性，但是万有引力有个关键的不同：它不能在全局上仅通过参照系变换加以消除，而是它反映了时空的内在曲率——一个在某一个参照系中出现就必定在所有参照系中出现的特征。

引力的几何理论得到了如下观察的支持：在引力场中，所有物体如果在同一位置上以同样的速度开始，则以相同的方式运动，与其质量和构成无关。这正是人们对在弯曲空间中的自由运动物体的期望。根据这一观点，落体不是在下落，而是仅仅在循着其在弯曲时空中的最短路径行进。这些路径的形状严格地依赖于所考虑空间的局部几何。在平直的欧几里得空间中它是直线，在球面上它是圆弧，在类似地球的行星表面附近它变成抛物线。不管考虑的物体是羽毛还是石头，这都是成立的。于是，我们知道牛顿力学式的预言，即重的石头和轻的羽毛如果以同样的初始速度从同一高度下落则下落方式完全相同，不再是一个令人迷惑的巧合而是物理定律内在的特性。

广义相对论是规范理论的原型。回过头来看,电磁学是另一个规范理论。许多规范理论是在二十世纪发展起来的,如今它们构成了理论物理的骨架。一个规范理论开始于认识到我们世界的描述不可避免地要容许一定程度的任意性。我们可以改变观点而不改变事实。不同的观点会产生"不同"的幻觉,即便实际上根本没有不同。有一个明确的方法来分辨真正不同的实在和同一实在的不同表象吗?规范理论就围绕这些中心问题逡巡。

不同地方、不同时代的人有关于事物的个人的量度,自己私家的规范(我还同样可以说是标准和价值观),通常不同于邻居的规范。他们也有按照自己的意愿选择规范的自由,无须通告他们的邻居。这种自由被称为"局域规范对称性",由此得来的规范改变被称为"局域规范变换"。显然,局域规范变换的广泛应用使得远隔的人们之间的通讯变得不可能,除非建立起共同的基础。

例如,考虑参照系取向的任意性。来自宇宙不同部分的人们一般来说不会同意关于东西南北的基准定义。在我们的地球上,我们可以用同北极星的关系定义北,但是这个定义对另一星系中某个行星来说毫无价值。缺乏关于北的共同定义,我们和另一行星上的居民之间在任何同空间方向有关的问题上都不会达成一致。

为了找到共同的基础,我们必须为了能从我们的行星到人家的行星,或者反过来,物理地移植参照系而不改变其取向,去发展一套协议。这个操作叫平移。当两个参照系在同一点上时,它们很容易作比较并使得其取向相同。然后,两者之一被小心地按照平行转移的规则被转移到远处。这可以在一个"规范场"的协助下做到这一点,规范场规定当我们带着参照系从起点到终点时如何处理参照系而不会改变其取向。通过重复使用协议,我们有希望建立起每一个人——不管是地球上的还是宇宙的遥远某个角落的——都会觉得合理的、能接受的关于"北"的普适定义。类似地,一个帝国也许有向世界的每一角落平移自己的价值体系的冲动。

但是这里我们遭遇了深层次的、根本性的困难,即无法保证沿不同路

径从 A 到 B 转移的参照系在 B 点是重合的，尽管它们在 A 点是重合的。图 42 显示的是球面上沿不同路径将笛卡尔坐标系从点 1 转移到 3 的情形。两条路径产生完全不同的结果。甚至，沿着一条闭合的路径平移坐标系，当回到原点时其取向也是不同的——在环路的任意小段上故意地让其轴的取向没有改变，但绕环路一圈后还是改变了。

当平移操作的结果独立于所选择的路径时，当且仅当如此才能够定义一个所有空间的绝对取向。换句话说，一个参照系的每一个拥有者可以做转动使得他或她的坐标系同别人的取向相同。如果在相反情形下平移的结果依赖于选择的路径，则没有绝对取向这种事情，任何强行的试图都不可避免地产生不自洽。在第一种情形下，我们可以说其支撑的空间是几何平的，第二种情形下是弯曲的。图 42 中的球面是弯曲空间的明显例子。

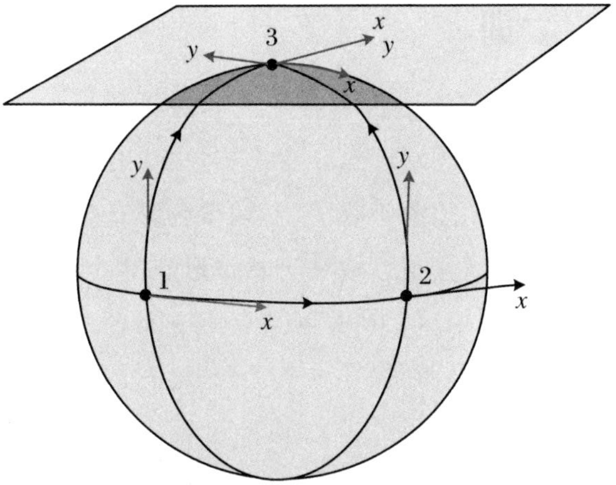

图 42　在一个曲面上转移矢量是一个含混的操作。本图中，两个垂直的矢量被自点 1 沿着两个不同的路径，1—3 和 1—2—3，平行转移到点 3。沿第一条路径到达点 3 的矢量对与循第二条路径到达的矢量对非常不同。

规范理论的中心思想是将力场诠释为某种曲率的表现。曲率，在最一般的意义下，意味着不可能明确地把一个参照系从一点转移到另一点，不管是在普通的时空中还是在量子理论设置的更抽象的空间中（见

第9章)。此一不可能性在不同的时空点之间产生了张力——此张力不能简单地通过参照系改变而消除。在爱因斯坦的广义相对论中,曲率来自不可能明确地从一个时空点到另一个时空点转移四维参照系。相应的力场为引力。但是这个思想是非常具有普适性的,可以用于更抽象的联结。例如,电磁力源于不可能把一个抽象的取向,术语称为"相位",从一点转移到另一点。

在繁杂数学公式的帮助下发展这套思想,人们能够相当令人满意地描述一些自然的力,比如电磁力、"弱"力和"强"力。具有讽刺意味的是,恰恰是最古老的最先被描述成一种规范理论的引力,因为其同量子力学的困难联系,成了最没能令人满意地加以描述的。

来自纳粹①的教训

科学上很少有理论象相对论这样有影响,更少有理论象相对论这样遭遇那么多的误解。庸俗的想象吸收了"一切事物都是相对的"的思想,却是在真理没有绝对标准的意义上。取决于意识形态上的偏见,这种公式要么被热情拥抱,要么被激烈排斥。在美国,"自由主义者"喜欢相对主义,以及他们所宣称的文化多样性,而"保守主义者"以绝对的名义——常常是宗教价值观——反对它。两种观点并非如其看起来那么不同。一个自由主义的基督徒可能会把伊斯兰教当成他的宗教的合法替代品,一个保守主义的基督徒则可能认为其是错误的。哪种观点也不是相对的,它们都强调不同。一个相对主义者会说伊斯兰教和基督教是同一种宗教感情和灵感的不同表象。也许自由主义者和保守主义者是同样的权势驱动力的不同表象。

---

① 纳粹,Nazi的音译。Nazi是德语Nationalsozialismus(国家社会主义)一词的缩写。——译者注

我以谈论麦克白的两种表象以及它们如何互相映照对方来开始本章。这是一个容易点的案例。在大多数情形下，对应是不可见的，需要大量的见识才能认识到。犹大和圣彼得背叛耶稣的悲剧在人类历史上以成百万不同的伪装面目、成百万次地上演。我还知道一些文学作品在某种意义上互相对应——因为某段韵律、某个共鸣、某种几何——以某种我不知如何开始表述的方式。

伟大的英裔美国诗人艾略特（T. S. Eliot）在其最著名的诗歌《荒原》中讲述了一个工薪阶层的姑娘——一个打字员——和一个她不爱的男人有那种毫无激情的性关系。当提瑞西阿斯——（古希腊城邦）底比斯（Thebes）的瞎眼的先知——不可思议地出现在场景中时，这个相当平淡的故事获得了世界性悲剧的地位："我，提瑞西阿斯，已经预受了那么多的煎熬，上演在这同一张沙发或者床上"。这里，动词"上演"（enact）传达的关键信息是，发生的只是一个表象；演出的主角——打字员和一个职员——上演的是一个更大的戏剧，即提瑞西阿斯在抽象中预见和预受了的：对纯洁和无辜的戕害。

当艾略特写作《荒原》时，世界正冲向悲剧：战争、屠杀、（发生在）广岛与长崎的大灭绝。艾略特真正相信通向拯救之路在于回到传统的雅利安/基督教价值观，创作诗歌去歌颂传统，谴责现代生活的"污秽"。但是，他的坚定的保守主义，对民主的反对、偏执和反犹主义，让他成为吞噬欧洲的黑暗破坏运动的不自觉的帮凶。

这将我带到关于相对主义的最后一点。假设我们被整日关在我们自我的监牢里，重要的是，我们完全意识到我们的需求和我们的权利，我们整天要么独处，要么和跟我们同样想法的人聊天从而强化我们的观点和偏见——我们如何能维持坚实的道德判断？我们怎么相信我们不是正在变成世界有一天会带着轻蔑、恐惧称之为"纳粹"的那群人？我们应该试着想象，如果是个纳粹分子意味着是百万个可敬的、很好地调整了（自我）的、成功的个体之一，作为一个纳粹会有什么感觉。感觉是绝对正常，如同物理书中的空间旅行者，越过黑洞的视界而对他命悬一线的未来毫无觉察。但是，在那个点上，空间和时间已经换位，朝向中心的坠落已经变得和时间的前行一样不可避免。恰恰如同这般迷失在幻觉中,或者被对家常真理的熟悉催眠进入梦乡,我们很危险地对我们是谁、我们在做什么毫无觉察。

纳粹那时候不知道他们是纳粹。如果他们知道,他们会立马放弃的。这需要惊人的智力去在历史的黑暗飞行中维持一种绝对方向感。这是从纳粹得出的最重要的教训,而说“一切都是相对的”真正含义是,我们或许可能在不知不觉中成为纳粹。

第 7 章
不可见的光

来自山巅的呼唤

1996 年 5 月 11 日凌晨，被暴风雪困在喜马拉雅山高达 28 000 英尺的南侧峰顶上，霍尔，一支世界最高峰探险队的领队，知道他此刻已命悬一线。他在等待一个朋友，一个他太需要来到峰顶的人的到来，但等得太久了。他的朋友成功了，只是成功地崩溃，死在了路上。现在只剩霍尔一个人了，几乎耗尽了氧气。但是，他有一个双向的无线电设备。这个小器械让他在最后的时刻还能和他远在新西兰的妻子通话。他们聊了几个小时，"我把我所有的正能量都送给你！"，他的妻子说。"别太担心"，他这么安慰妻子①。他们的话被转化成绝对非人性的、既不能被听见也不能被看见的物事——电磁场。场以不可思议的速度在空间传播，不能被冰块或者孤独阻隔，远赴相隔 1/4 地球周长的地方，在另一端重又被转化为话语。一个无形的场连接着远隔的爱人，如同重力场连接着地球和月亮。你也许会把它当作一个仁慈的天使，但场实际上要更难想象：没有纯真的、中性人的眼

---

① Jon Krakauer, *Into Thin Air*（《攀登空气稀薄地带》）。——作者注

睛，也没有宽大的翅膀帮助我们构思其形象。

当我们和一个人面对面说话时，交流的物理过程很容易描绘。我们说话扰动了空气，扰动传播并最终到达另一个人的耳朵。整个过程是发生在物质中的。借助适当的设备，我们甚至可以观测构成声波的空气之微小振动。但是用电磁波通讯完全是另外一回事。电磁波不是物质性介质的振动。源和接收者之间空气的存在往好里说是无关紧要的，就它能造成电磁波的吸收和散射来说，它对通讯是有害的。如同是生活在其没有归属感的圈子里的外来者，电磁波在物质中穿行但没有物质的支撑。因此，我们的视觉建筑于其上的(电磁)波，就其本身来说，是不可见的。我的意思是，如果你在真空中将一束光打到另一束光上，你不会得到反射、散射或者阴影什么的——绝对什么都没有。两个交错的光束不会泄露对方的任何信息①。

电磁波是由纯粹的理论论证发现的，之前没有任何人能有意识地产生它们，更别提利用它们传递话语和感情。它们产生于麦克斯韦的关于电磁场的方程组。麦克斯韦发现它们可以用来创造一个关于光的理论。

作为一个物理学家，我忍不住想在这个庄严的发现之边缘上的麦克斯韦该是什么样的——感觉到能耐、感恩、骄傲、谦卑；或者不再是此前的麦克斯韦了，又或者被不朽所光临的，那种感觉——所有这一切混合在智力与情感的风暴中。本章中，我将再现那个发现和那场风暴的韵味。我们将看到两个场，电的和磁的，一开始不过是供记录的策略，如何变得交织在一起，获得了独立的实在性，最后从物质中解放出来。但这不会是真实的故事，因为我可没说我知道。它将会是我孩提时代从课本里学到的传奇化了的故事，关于电磁学的传说——哦，不，不是传说，是史诗。

---

① 嗯，不完全是这么回事。光和光可以通过称为“真空极化”的量子过程相互作用。一般来说，两束光可以通过物质的中介发生相互作用(设想一个极限情况，一束强激光把一个挡在另一束光光路上的金属屏给气化了)，但光不和自身直接发生作用。——作者注

电磁场：四卷本的史诗

卷一、电场

一开始是电荷。电荷很早就已为人们所认识，到麦克斯韦的时代，那已是大自然已证实了的事实。物质包含带电粒子，它们之间通过类似引力那样的力相互作用，即力强度反比于距离平方，但要（比引力）强得多。这个力以库仑力而闻名。（它和引力相比）还有一个决定性的不同：引力只能是吸引性的，电相互作用却既可以是吸引的也可以是排斥的。因为电荷以两种味①出现，正的和负的，而且同种电荷相斥，异种电荷相吸。恰恰是因为这个原因，巨大的电力才不是那么明显：正电荷和负电荷几乎完美地平衡了的事实意味着在足够大的尺度上吸引和排斥抵消了。

此外，引力和电的定律共享一个神秘的特性：它们让远隔的粒子间有作用，穿过空荡的空间，而无需任何中介物。关于这种念头，通俗文化当然没问题，许多世纪以来人们就相信对人看上“恶毒的一眼”就能为其带去病患或者死亡。但是十九世纪的科学家是被启蒙了的知识分子，决意让世界摆脱迷信。也许他们认为牛顿的超距作用是中世纪神秘主义的余毒，如同他的疯狂的炼金梦。他们相信物理的作用需要物理的接触。如果某个物体看似越过空间同另一物体作用，那是存在同两者都接触之中介物的征兆。

实际情况是，那时没有中介物被确定，但是为了就整个事情感觉好一些，他们发明了一种奇怪的方式来描述电力——看起来很纯真的想法，但是是个大有前途的想法。这个想法是，每个电荷都产生电场，充满整个空

① “味”后来在粒子物理中有专门的用法。比如中微子，可以有三种 ν_e，ν_μ，ν_τ，分别对应三种轻子 e，μ，τ，被称为有三种味。但是，它们的电荷是相同的。——译者注

间。更确切点说，这个场的大小，用 E 表示，与离开源的距离 d 的平方成反比：$E=k/d^2$，其中 k 是个在现代米制单位中约为 900 万的常数。所以在源的附近场是很大的，距离增加时迅速减小，但不会严格等于零。作为常规，带电粒子产生一个场，而不管有没有要作用于其上的其它粒子。并不是一个粒子四下逡巡，寻找其它粒子，找到了一个就根据其电荷和距离决定是推还是拉它。不是（那样，真实的情形是）：作为一个普遍的规则，电荷布下一个电场，如同瞎眼的、没有人性的法官，随时要处理每一起案件，但却不特别留意任何一个。如果宇宙中还有另一个带电粒子，电场就对它施加一个力。力的大小和方向由在那一点上的场的大小和方向决定。规则是局域的，只涉及粒子所在位置上电场的值。

图 43 的左半边显示的是一个单位正电荷产生的电场；右半边是两个

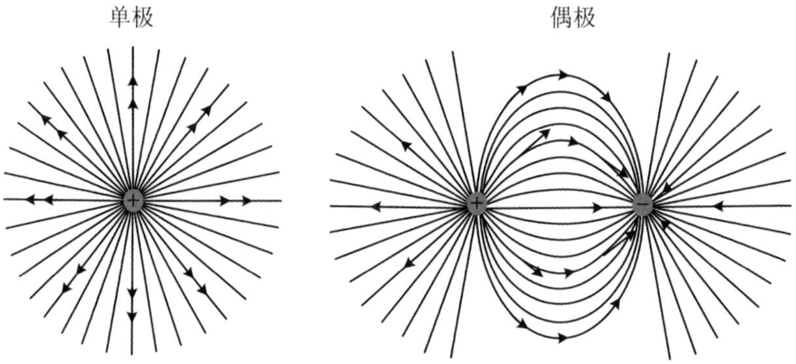

图 43　左图：单个点电荷产生的电场可用空间一些选定的点上的矢量表示。矢量的长度正比于场的强度且决定了第一个电荷作用到此点上的第二个电荷的力的大小。实线沿着每点上的电场的方向。右图：两个相反的电荷产生的电场。

极性相反的单位电荷——一个正的，一个负的，它们构成一个“电偶极子”——产生的电场。偶极子的电场可通过将每个单个电荷产生的电场相加——遵循矢量相加的规则①——得到。注意观察箭头是如何自正电荷

① 两个矢量可以当作在空间中迈出的两步那样相加起来，即第二个箭头必须开始于第一个箭头结尾的地方，然后将第一个箭头的尾部同第二个箭头的头部联系起来。——作者注

发散又收敛到负电荷上的。计算作用到一个带电粒子上的力的规则是这样的：如果电荷是正的，力的方向和场的方向相同，如果电荷是负的则相反。力的大小同电场的大小和粒子的电荷大小成正比。如果电荷加倍，则力加倍；电荷改变符号，力也改变符号。

到目前仍然不清楚我们从这些关于电场的介绍能得到什么。布满空间的箭头只是人为的、格外不经济的表述力定律的方式。为什么我们只有在两点上的两个电荷却要扯上整个空间？甚至不清楚那个烦人的“超距作用”是否真被消除了，因为如今好象是一个粒子可以在任意大的距离上即时产生一个电场。我们变得更聪明了吗？

卷二、磁场

还有另外一个效应同电荷——确切地说是电荷的运动——相联系，那就是磁。早在麦克斯韦开始他的史诗性研究之前，“磁石”吸引铁块以及让罗盘的指针偏转等现象就为人们所熟知。十九世纪时，奥斯特(Hans Christian Oersted)发现通电的导线具有同样的效能。据说他当时为学生准备演示实验——大自然在演示实验中，如同马戏团的老虎一样，会被强迫一遍一遍地为了取悦观众去钻圈。当时可能要演示的是通过白金丝的电流会将其加热，这当然早就演练过许多遍了。但是，这一次奥斯特忘了挪开正好位于导线下方的罗盘，当他把导线连上电池时，罗盘指针突然改变了方向。这是一个很微弱的效应，几乎不可见，但是他注意到了。几个月后，奥斯特发表了一个小册子，宣称发现了一个新的电与磁之间的联系。

此后不久，安培(André Amèpre)给出了两条通电导线之间作用力的精确数学描述。他发现两条平行的导线如果电流同向则互相吸引，电流反向则互相排斥。在各自情形下，力的大小同导线之间的距离成反比①。

我们这里又一次遭遇了易遭非议的、十九世纪的物理学家注定会禁用

---

① 这看起来同电力的定律很不同，但并不是。两条带电荷的长导线(与两个点电荷不同)之间的电力确实同距离成反比。两个小通电线圈(与两条直导线不同)之间的磁作用力同线圈之间距离的平方成反比。——作者注

的超距作用。处理的方式与电力的情形类似。人们认为导线中的电流产生一个充满空间的磁场。是磁场,而不是本来的电流,作用到另一个导线中的运动电荷上。如同电场,磁场是个矢量①,空间的每一点都有自己的矢量。可是细节非常不同。

第一个不同之处是磁场绕产生它的源,即电流,而不是发散或收敛到点电荷上。所以,顺着磁场的线,我们总是结束于划过闭合的圈,如图44所示。到今天为止,没人能成功地分离出单独的磁荷,即磁单极——据信

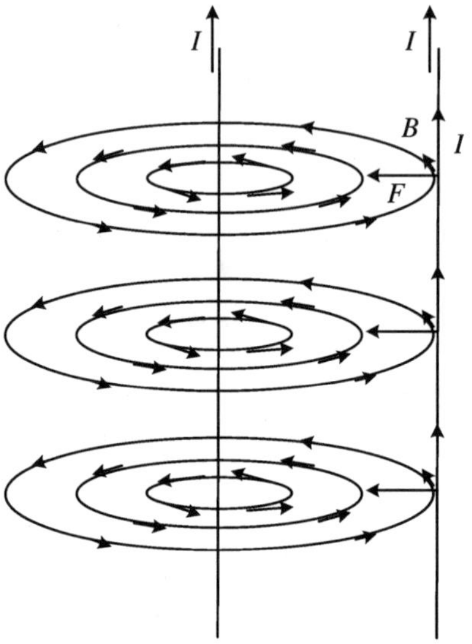

图44　通电流的导线产生的磁场(黑色箭头)对第二根通电的导线施加了一个作用力。当两个电流同向时(如图所示的情形)力是吸引的,反向时则是排斥的。本图中只画出了左侧导线产生的磁场。

磁场的线从那里发出,正象电场的线从电荷发出。用比喻的方法,人们可以说电流产生磁场,类似旋风中心产生绕其打旋的剪切的风。场的环流的指向由导线中电流的方向决定:图44中,当电流朝上时,场逆时针(从上往

① 其实,磁场不是和电场一样的矢量,所以历史上磁场那样的量又被称为赝矢量或者轴矢量,现在用Clifford代数的语言被称为二矢量(bivector)。由此可知麦克斯韦方程组中电场和磁场之间的不对称本该如此。——译者注

下看)旋转,但如果电流朝下,则场顺时针旋转。

第二个不同之处在于力的定律。磁力垂直于磁场和电流,且正比于这两者。你也许以为这些规则只是对两条通电导线之间力的定律的总结和重新表述。但是它们比这多得多。新的思想,如同火种,会有不可阻挠的燎原趋势。

卷三、电磁感应

下一股风来自法拉第(Michael Faraday),一个卑微的书籍装订学徒,他试图把自己造就成所有时代最伟大的科学家之一。法拉第(在物理学领域)最伟大的发现是随时间变化的磁场产生电场①。这被称为电磁感应原理,该原理使得发电机,还有变压器以及在磁带上记录卡拉斯②的声音,成为可能。

如果你在磁体附近移动铜导线,磁场会在导线中产生电流。这很容易理解,因为移动铜线我们也移动了它包含的带电粒子。这些带电粒子有两类:大质量的、难以从其在原子核中的位置脱身的质子和轻质量的、可以轻松地被力加速的电子。当你拖曳一个导线穿过磁场,如图 45(a)所示,垂直于电荷运动方向的磁力会朝相反的方向推动电子和质子。这个推动对质子没什么作用,但是稳稳地沿着导线驱动电子运动:这就是我们如何得到感应电流的过程③。

没有必要牵扯到电场,直到你要问自己如下的问题:如果不是移动导线,而代之以移动磁铁?直觉地,我们感到没有什么不同:实验可以在空旷的空间中进行,也就没办法区分是磁体运动还是导线运动。这个直觉绝对正确。一个移动的磁体确实在导线中引起了一个电流(图 45(b))。但是现在我们关于效应的解释有了麻烦,因为如果线不动的话,怎么会有磁力作

---

① 法拉第还发现了电和化学反应之间的联系,从头创造了被称为电化学的学科。——作者注

② Maria Callas,女高音歌唱家。——译者注

③ 力使得电子以匀速运动的想法看起来同牛顿力学相矛盾。力不是产生加速度吗?但是事实上驱动电流的力不只是作用在电子上的力:还有复杂的由电子在其中运动的物质产生的类似摩擦的力。驱动力和摩擦力的平均效果抵消,这让牛顿很满意。——作者注

用到电子上？记住：磁力同带电粒子的速度成正比。

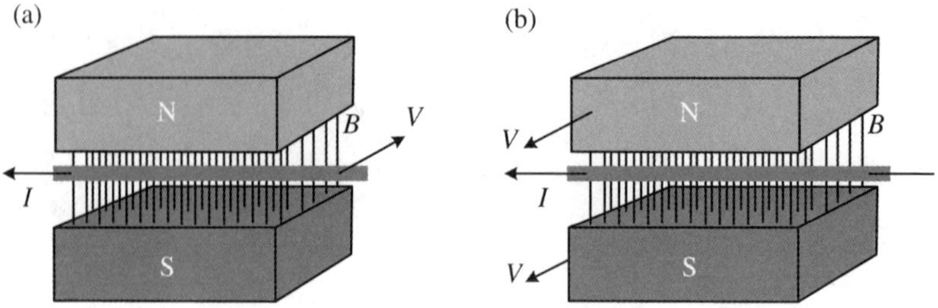

图 45　(a)当一条导线被拖着穿过磁场时，磁场在其中可迁移的电荷上施加的力引起了电流。(b)为和(a)中同样的装置，但是导线不动，磁场移动，结果同样引起了电流。

好吧，我们换个角度看问题，问：什么能在静止的电子上施加力？答案是电场。通过某种我们确实不太明白的奇异方式运动的磁体肯定产生了电场，其接着驱动电子在导线中运动。这确实很奇怪，因为磁体是个电中性的物体，而且我们习惯于认为电场是某种由电荷产生的事物。但是，我们看到这不可能是全部的真相：如果相对性原理必须满足的话，即没有办法区分是导线从一个静止的磁体旁经过还是一块磁体从一条静止的导线旁经过，那么运动的磁体也必须是电场的一个来源。

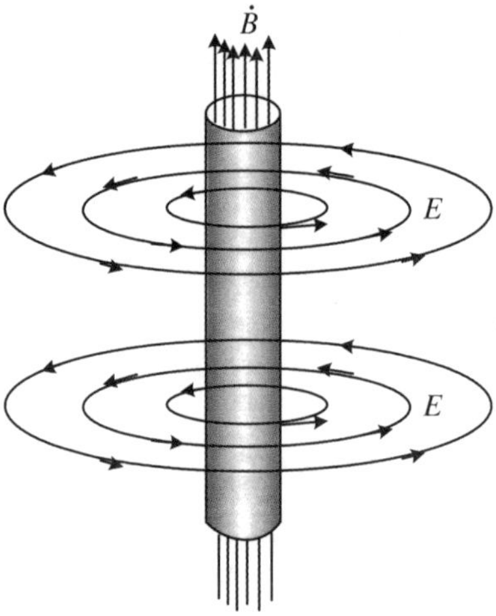

图 46　法拉第感应定律：随时间变化的磁场，以类似电流产生磁场的方式，产生一个电场(请比较图 44)。

我们可以再大胆一点，猜测任何随时间变化的磁场，而不是仅由运动的磁体产生的磁场，必定会产生一个电场。这恰是法拉第电磁感应定律所述说的内容。这是一个非同寻常的定律，因为它联系了两个抽象的概念——磁场和电场——而不涉及产生它们的物质源头，即电流和电荷。这个关系的形式如图 46 所示，请注意它和电流与磁场之间的关系是多么相似。在一个密集缠绕的线圈中的随时间变化的磁场，以同直导线中的电流产生绕导线的磁场严格相同的方式，产生了一个绕线圈的电场。

卷四、麦克斯韦的新项

这就是十九世纪六十年代早期的电磁理论的状态，那时麦克斯韦在花费时间思考电磁学的定律。他正处在作出一个使得伟大的美国内战“淡化为外省的鸡毛蒜皮小事（费曼语）”的一个伟大发现的边缘。不使用高等数学无法全面评介麦克斯韦的发现。不过我想试试。

此刻我们已经看到电场要么从电荷中发出（库仑定律），要么环绕一个随时间变化的磁场（法拉第感应定律）。但是，人们只发现磁场是环绕电流的（安培定律），而没有任何磁场自其中发出的源。麦克斯韦注意到关于事态的一些奇异的地方。为了使磁场自恰地环绕电流，电流线就不该有起始，而应该如磁场一样是闭合的。但是电流线，跟磁场不一样，它们可以在有电荷抽空或者积聚的地方发出或者收敛。

比如，考虑如图 47 所示的情形。一个球形电荷受到不断增加的外部

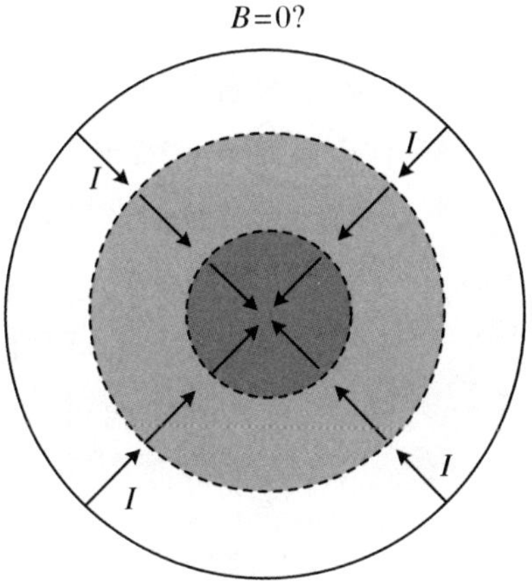

图 47　坍缩的电荷球为我们带来了一个电流未能产生磁场的悖论。这个悖论可通过引入麦克斯韦的“位移电流”——(此处)它精确地抵消了普通的电流——加以消除。

压力而坍缩。显然电流线收敛于球心,因此不能够完成闭合。安培的关于磁场环绕的定则也不再成立。由于体系的球对称性,一个磁场,如果确实有的话,不得不沿着半径的方向,因此也就平行于电流。但是这和宣称磁场必须环绕电流的安培定则矛盾。走出矛盾的最简单的办法是说没有磁场。这确实是实际情况,但我们面临着如何解释这种情况下电流不能产生磁场的原因。

麦克斯韦深入地思考了这个问题,看到了问题的解决办法。他看到电流线收敛于球心意味着电荷的积聚:当电荷球坍缩时,电荷被压缩到越来越小的区域。这个电荷积聚造成球内电场的增加。无法知道在我所虚构的麦克斯韦的大脑中有怎样的灵光一闪,但应该差不多是这样的:如果一个变化的磁场能产生电场(法拉第定则),反过来为什么不行呢?为什么一个变化的电场不能产生磁场?纯属猜测,看,纯粹属于穆希尔——一个那时候还没出生的伟大作家——精神的可能性感觉。麦克斯韦需要做的就是在磁场方程中加一项,不久就由他所命名。新的项允许变化的电场产生磁场(图 48),象电流一样。且为了强调普通电流和变化电场之间的相似性,麦克斯韦将后者造了一个新的词汇——“位移电流”。

这新的一项是如何解决坍缩电荷球之谜的呢?嗯,我早已说过在球内部有一个变化的轴向电场。如果你根据麦克斯韦开的处方计算出同这个变化电场相联系的位移电流,你会发现它优雅而精确地抵消了每一点上的普通电流。因此,总的流(电流 + 位移电流)为零,因此磁场如我们预期的那样为零。不只是坍缩电荷球的问题,而是所有的同电荷的积聚相关的问题一揽子给处理了。麦克斯韦是第一个看到全部这些的人,他发现这很好。

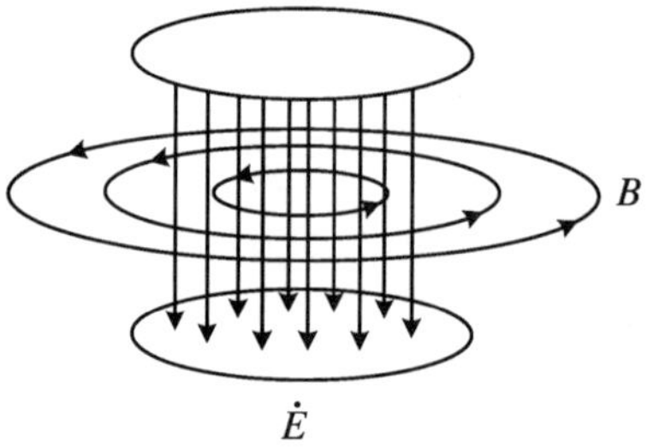

图 48 麦克斯韦的洞见:一个随时间变化的电场可如同普通的电流一样产生磁场(比较图 44)。

电磁波

在人类社会进程中，当一个新思想在世界上出现时，它开始时总是受到猜忌和怀疑，甚至有时候它自己的创造者也不能全面地欣赏它。麦克斯韦无疑地拥有对电磁场深厚的、从数学角度的理解，好象也没有为他的场方程赋予如我们今天给予其的同样的重要性。他在一篇关于电和磁的长文之最后部分介绍了那些场方程，而且好象是马后炮似的，他在后面添加了一些详细的例子，今天在我们看来是对一般原理的说明。至于他最重要的预言——电磁波的存在——他挣扎着要摆脱电磁场具有不依赖于物质的独立存在的“自然的”结论。对他来说，电场和磁场仍然是一种看不见的物质性媒介的展示，他相信它充满整个空间。据此，他把光解释为电磁波，把电磁波当成那种看不见的物质性媒介的机械振动。但事实是，通过他的唯象的工作，场获得了独立于物质的地位，再也没有办法将它打回旧的从属性的角色了。

那么，什么是电磁波？从数学的角度，答案很简单。它们是电磁场方程的解——在真空中用令人晕眩的速度 299 792 458 m/s，记为“c”，传播的解。它们是自持的解，意思是电场和磁场互相作为对方的源，推动对方前行而无需物质的帮忙。波的速度值可以很容易地、清楚地从方程中得到，且和已经测量了的光速完美地吻合，尽管麦克斯韦的那个时代测量值不是很准确。这一吻合既可以解释为一种惊人的巧合，也可以解释为光是电磁波的线索。麦克斯韦当然是选择了第二种可能性：“我们很难避免得出结论说光是由引起电、磁现象的同一种**媒介**（我加的强调）的横向波动组成的”。

图 49 绘出了我们当前对电磁波在真空中传播的理解。电场和磁场在互相垂直的方向上振荡，且都垂直于波的传播方向。在任何时刻，描述电场、磁场和传播方向的三个矢量构成一个“右手性的正交轴的集合”，意思是它们之间的关系如同你右手的拇指、食指和垂直于手掌的其它手指之间

的关系①。变化的磁场产生一个电场(法拉第定则),变化的电场又通过麦克斯韦的位移电流项再产生一个变化的磁场,且只要波的传播速度是“c”,这些耦合振荡的时间关系就将得到保持,舞蹈会一直继续下去。

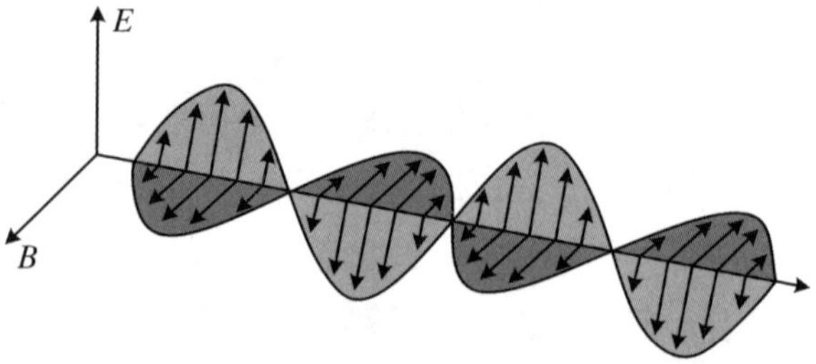

图 49 在真空中传播的电磁波的快照。互相垂直的箭头分别代表电场和磁场。它们互相作为对方的源。

所有这些从数学角度解释了电磁波一旦被建立是如何在真空中自我推进的,但是仍然要求对其起源问题的回答。如果我们拿电磁波同小提琴弦相比较,则是我们或许解释了弦是如何振动的,但关于弓是如何使得弦振动的却什么都没说。这是辐射过程。

辐射与延迟

看看图 43, 我们看到自一个静止电荷发出的电场并不能走出多远,它随离源的距离的平方之倒数减弱。更糟的是,它一点也不象电磁波的电场。波的场在空间中振荡,而这个却总是从电荷指向远处——这不断提醒我们它发自一个电荷,离了它就不能存在的事实。

若电荷以恒定速度运动的话,会怎样?图 50 是这种情形的图解。电

① 真空中电磁波的右手性来自麦克斯韦方程。物质中的电磁波一般也是右手性的。但是在一些特殊安排的条件下,也可以是左手性的。左手性电磁波在过去几年间在一些人工结构中被实现,表现出不同寻常的行为。——作者注

场在电荷运动方向的垂直方向上被轻微压缩。除了这点不同以外,它依然是从电荷指向远处。还有个磁场(图中没画),垂直于电荷运动的方向和电场的方向。两个场都随离源的距离的平方的倒数减弱,这暴露了它们是怎么回事:它们的存在系于物质,它们不能够远离它。一个真正的辐射场——一个能够把能量和信息传送到离源任意远的地方的场——必须是横的,即是说,垂直于传播方向,且必须随离开源的距离按照 $1/r$ 而不是 $1/r^2$ 那样减弱①。我们怎样才能从运动电荷得到那样的场呢?

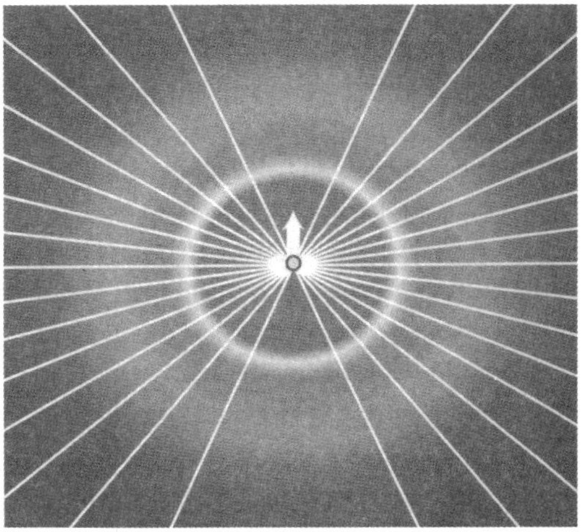

图 50　一个点电荷的以恒速度传播的电场线是自电荷瞬时位置发出的直线。场的强度随离开点电荷的距离的平方减弱。

这是说我们必须加速电荷。这可以,比如,在一个类似霍尔的收发报机之天线的导线中驱动交流电来实现。图 51 中,我画了在图中心附近上下振荡的单个带电粒子产生的电场。其与图 50 的差别是很壮观的。最显著的特点是电场线(白色的线)垂直于从源到我们观察场的点的"视线"②。再者,我们注意到场线以正弦函数的花样演化,意味着当我们离开源的所

① 这是因为通过一个以源为中心以 r 为半径的球的能量流同电场平方与球面积之积成正比,而后者和 r^2 成正比。如果场比 $1/r$ 衰减得更快,则能量流衰减要比 $1/r^2$ 快,能量流在 r 趋于无穷大时趋于零。——作者注

② Line of sight。设想我们是能够看到电荷的,固有此说。辐射场集中在加速粒子瞬时运动方向的垂直的平面内。——译者注

在处(会看到)场的方向周期地翻腾:空间振荡的周期就是电磁波的波长。发射是高度定向的,电场最强的方向在源运动方向垂直的平面内。最后,也是最重要的,电场强度衰减比图 50 中慢得多——它随离粒子距离的倒数衰减,慢到能把能量送到无穷远处(参见上页的脚注)。

图 51　一个在图中心位置上下做小幅度振荡的带电粒子所产生的电场线的快照。远离源的地方,辐射花样清晰可见。辐射汇聚在与电荷振荡方向垂直的方向上。粒子上下深色的部分显示的是明显没有辐射的区域。

一个电荷的简单加速是怎样带来这个戏剧性的变化的?对这个问题的回答直击电磁场"独立存在"的核心。核心思想是粒子速度的变化不会马上为远处某点的场注意到。关于新速度的信息需要一些时间从源传到观察点。因为信息,一般来说,不能比光快,而这类(场传播的)信息,特别地,是精确地以光速传导的。所以我们离得越远,越要早早地关注源的历史才能找出当前反映在电场值里的速度。这个延迟效应在天文学中是广为人知的。观察遥远的星系就好象是观察宇宙演化史的早期阶段,因为携带视觉信息的电磁场需要时间到达我们这里。类似地,携带关于加速场之运动信息的电磁场需要时间到达观测点。

因为延迟,在给定时刻,空间中不同点上的观察者会得到关于振荡粒子的不同图像。对一个观测者来说粒子或许正向上移动,对另一观察者来说则正向下移动。对在远处的第三个观测者,这个粒子可能还没开始振荡:他那儿就没有辐射场。这至少解释了为什么随着离开源头的距离的增加电场不断地改变方向。但是如何解释场的长程性?如何解释其方向性,尤其是在粒子视线垂直的方向上?

为了理解这一点,我们必须在抽象的梯子上再往上爬一格。我一直在谈论信息从一地到另一地的传播,好象信息是什么东西已经明白无误似的,但现在我应该将之描述得更准确一些。在牛顿力学中,一个粒子运动状态的完整记录包含两项:位置与速度。所以自然地,可以想象一个粒子会发出信号说:我在这儿,这是我的速度,所以电磁场可以相应地调整它的值。可是,我们刚刚看到电磁场不只是依赖于源的位置和速度,而且还依赖于加速度。这暗示我们关于电磁场的描述不象看起来那么有效。也许存在更基本的场,某只依赖于粒子的位置和速度,电磁场可从其中导出?

这一猜想后来被证实是正确的。对麦克斯韦方程的仔细研究揭示了电场 E 和磁场 B 包含的信息可以沉淀入两个更简单的场:标量势 Φ①(一个简单的只有数值没有方向的场)和矢量势 A。据信,矢量 A 构成电磁势场。

现在如果你认为 E 和 B 是人工的,这里还有更人工的。电场和磁场是不可见的,非物质的,但它们至少还对物质有可观测的效果——它们对带电粒子有力的作用。电磁势不直接作用于物质②,甚至不能唯一地定义,但它们依然躲在幕后产生了影响物质的电磁场。

电磁势有什么好?有一件,它们允许对电磁学的更经济的描述:相较于矢量 E 与矢量 B③ 加起来的六个分量,这里只有四个势场(Φ 和矢量 A 的三个分量)。一旦作为时空函数的势场知道了,从这些势的时空变化率

---

① 此处原文为 V,易造成误解。——译者注

② 嗯,大多数时候,不作用……但是有一些绝妙的量子力学效应,其中电磁势亲自作用。——作者注

③ 有必要强调一点,我们现在知道磁场 B 不是矢量(vector),而是 bivector。——译者注

得到电磁场是相对容易的事。磁场由矢量势在其垂直方向上的变化率计算得到。电场是 Φ 的空间变化率和 A 的时间变化率的组合。但是，为了眼前的目的，电磁势的最重要性质是它们完全由粒子的位置和速度所决定——无须知道加速度。这听起来可能很奇怪，但恰恰是这个性质解释了为什么加速加上延迟产生了长程辐射场。

我们先考察带电粒子匀速运动的情形。此电荷产生的电磁势随着离源的距离(r)的增加不断减弱(如 $1/r$ 那样)，如图 52 中的粗实线所示。势的空间变化率就很小，因此电磁场也是如此：对于大的 r，它确实随 $1/r^2$ 趋于零。此处与延迟无关，因为粒子位置的变化太小而难以被注意到(我们离粒子的距离很远)，速度被假设是常量。

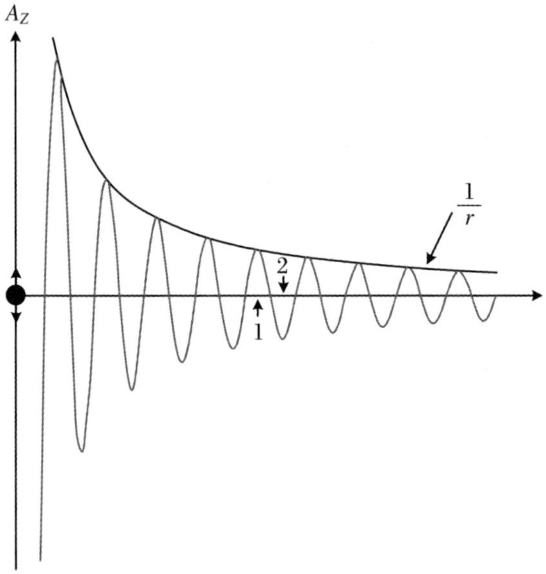

图 52　由静止电荷和稳恒运动的电荷产生的电磁势随着离开源的距离持续减弱(粗实线)。现在考察由关于原点振荡的同一个电荷所产生的电磁势，由浅色曲线表示。注意在点 1 和点 2 之间势的急速变化，它同相同位置上的粗实线所示的平稳变化形成对比。

但是我们现在考察一下粒子加速时会发生什么。延迟效应出现了，因为空间不同位置上的势反映粒子在不同时刻的速度。这引起了势场作为位置的函数强烈变化。图 52 中的浅色曲线显示当离开粒子的距离变化一个小量——辐射波长的一半——时矢量势 A 是怎样在正值和负值之间振荡的。所以,不仅是势本身,而且势的变化率,即电磁场,同离开源的距离倒数成正比。这是电磁场能脱离物质自己带着能量和信息满世界飞的原因。

叠加原理

电磁波的发现开启了物理学的一个新分支:神奇且花样繁多的光学现象都要用在空旷的空间中呼啸而过、晃动电荷并被它们吸收或者发射的电磁波来重新加以诠释。许多年后,当量子力学的将所有物质粒子都可以用一个抽象的场——波函数——加以表述的思想普及了以后,场面被翻了个个儿,物理学家们这时把电磁场看作同光的粒子,即光子,相联系的量子场。关于光与物质相互作用的新的、更精确的理论是著名的量子电动力学,以区别于我马上要讲述的由法拉第和麦克斯韦等发展起来的经典电动力学。

经典电动力学和量子电动力学的预测能力源于一个非常简单的、深入理论骨髓的特性,它一般地被称为叠加原理。该原理宣称,由几个不同的源产生的总的电磁场是每个单一的源所产生的场的代数和。数学上,这是真空中麦克斯韦方程"线性"的结果。这个较专业的表达的意思是,只有场 E 和 B 而没有 E^2 或 B^2 这样的高阶项。一个线性的方程具有任意两个解之和还是方程解的性质,由此有了将不同源的场加起来的可能性。这个特性特别地意味着当两列波相遇时会在它们同时出现的区域内相加,当它们分开后又恢复各自的形状①。

当一束光在介质中传播时,事情变得复杂了。根据叠加原理,一列穿行在空气或者玻璃中的电磁波是两部分的代数和。其一是若介质不存在

① 某些非线性方程也可能有这种性质。如孤立波就可以相加且在分开后保持各自的形状。——译者注

时应该出现的波：我称之为“真空中的波”，另一支为介质中所有电荷被路过的电场摇晃所发出的电磁波。这听起来很复杂，如果你严肃对待这个问题，仔细推导相关的数学，你会得到简单得令人惊奇的结果。把介质中产生的波同原来在真空中的波相加产生一个总的波，其看起来差不多在各个侧面都象原来的波，除了速度和真空中的不一样①。此外，波在不断前行过程中渐渐减弱，该行为的经典解释是介质产生的波和本来在真空中的波之间的干涉相消。用于前行的能量的损失最终被大量介质中粒子的非相干运动所获得和转移了。

光的电磁理论的胜利之一是解释了反射和折射两个基本现象：它们都遵循叠加原理。图 53 展示的是叠加原理如何解释镜子对光的特征镜面反射。镜子由一块玻璃保护着的金属层构成。金属本质上是电场无法穿透的②。它们包含无数的不是被任何特定原子束缚的，因此容易被电场驱动的电子③。当试图将电场加到金属上时，高迁移率的电子激烈响应：千万亿分之一秒的时间内它们部署好形成了反向电场，等效地抵消了金属中的电场。因此，频率不是足够快的电磁波打到镜子上会在表面下很短的距离内被吸收，金属内部是没有电场的。

此一奇迹，即金属内部电场被完全抵消，产生了更大的奇迹，即光的反射和虚像的形成。事情是这样的：金属表面的电子，受到加速，本身成了电磁波的源。根据叠加原理，由这些电子产生的额外的场会加到入射波的场上。看起来很困难的相加可借助如下两个观察事实很容易完成：① 表面电子产生的场相对于表面是对称的。所以，如果我们知道表面电子在金属内部产生的场，我们就自动知道了在外面产生的场。两个场互为“镜像”。

---

① 据信波的每一个携带信息的特性（比如，语言或画面的加密），其在介质中的传播速度都要比在真空中慢。但是，一些不携带信息的纯数学的特征，在介质中的传播速度可能要比在真空中快。——作者注

② 更确切地说，对于随时间不够快的电场，可见光波的电场每秒钟振荡约为 10^{15} 次，还是太低，会被挡在外面，但是千倍以上频率的 X 射线就能容易地穿过去。——作者注

③ 非金属也包含大量的电子，但是束缚于单个原子，不是乐意对外加电场响应。——作者注。这个观点有值得商榷的地方。非金属同样有大量的公有电子，但与金属不同的是，这些电子构成一个满的能带，不容易有“净”的运动效果。——译者注

② 表面电子在金属内部产生的场同入射波的场正相反，因为，如我们所见，金属内部的场为零。把这两个事实综合起来，我们认识到表面电子辐射回到空气中的波正是入射波该是的样子，即如果到达镜子表面时依据熟悉的镜面反射规则（入射角等于反射角）急剧改变其传播方向。对称、叠加以及金属中电磁波的完全吸收，合起来产生极具简单性和美的结果。

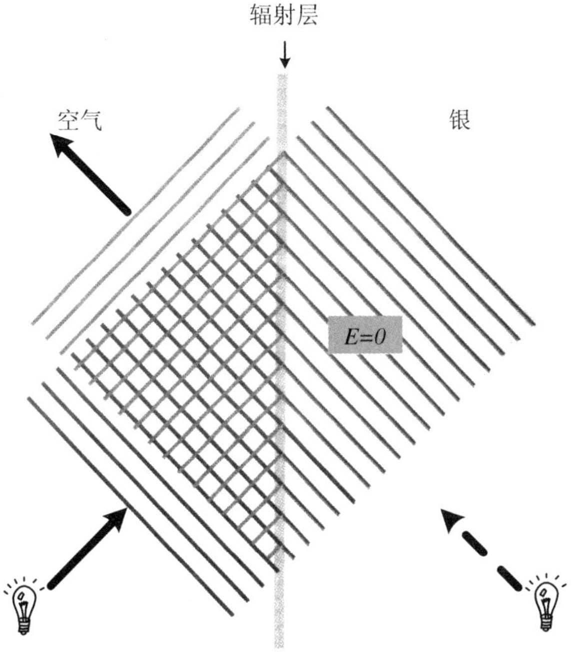

图 53　自金属表面的反射光可以用叠加原理解释。入射光（亮线）被叠加到表面层中被加速原子的辐射（暗线）上。此辐射在表面层的两侧对称地传播。在金属内部，它抵消入射的辐射，在金属外部，它表现为反射波。

干涉和射线

你可能记得在本书第 1 章中我对彩虹起源的解释。但那算什么解释！

它援引了光线这样的概念以及反射和折射定律——一些比它们要解释的现象一点也不更好理解的概念。现在，在谈论了电磁波以后，我将回到对彩虹的解释，谈谈电磁波和"光线"之间的联系。

例如，考虑折射的现象。当一束电磁波从一种介质进入另一种介质时，它的传播方向一般来说会改变。这是图 54 左边那幅图所示的，一束波从空气进入水中。注意波在水中的传播速度要比在空气中低，你可以从波长，即在一个振动周期中波传播的距离，在水中比在空气中短这一点看出。折射，如同反射，得自叠加原理。一个介质中一束波的传播方向其实就是介质中所有电荷产生的电磁场相长叠加的方向：在其它方向上发生相消干涉。可以用这个想法直接计算折射，但是"光线"的概念提供了一个简练的捷径。

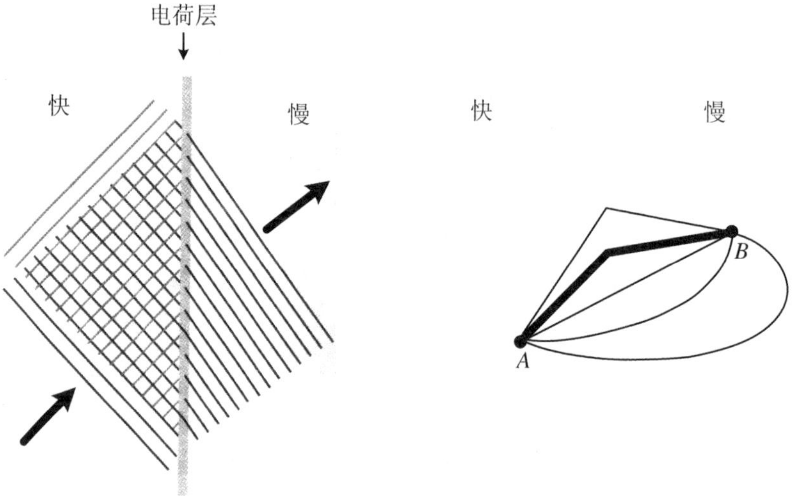

图 54　左：电磁波前在"快"介质和"慢"介质界面上的弯曲。右：从光线最短(传播)时间原理——光线以最短的时间从 A 点到达 B 点——导出的同样行为。

当我们说一束波沿着一条射线从 A 点到达 B 点，这是什么意思？这是一个棘手的问题，因为电磁波不是从 A 点跑到 B 点的粒子，而是在空间中处处存在的场。人们可以说波经过无穷多不同的路径从 A 点到达 B 点，一些是直的，一些是弯曲的，还有一些是如图 54 右幅里所示那样完全古怪的。但在这些路径中有一条具有特殊性质——它是最快的，即到达 B 点所需时间最短。这条路径对应从 A 点到 B 点的光线的直觉观念。实际上，如果光被从粒子的角度描述（如在量子力学中那样）这条最短时间路径被诠释为“粒子的路径”，意思是说它不是唯一可能的路径，但如果用很多粒子来同时采样的话它是无穷多条路径中最有效率的那条。

在深层次上，是叠加原理选择了最小时间路径作为光线的恰当定义。原则上，从 A 点到达 B 点的电磁场是来自联系 A 点和 B 点的所有路径的类波贡献之和。但是这些贡献是在振荡周期的不同阶段（专业术语是“相位”）上到达 B 点的，这取决于它们传播了多远，是通过什么介质传播的。一些贡献是在最大（处于波峰）时，一些是在最小（处于波谷）时，一些则是在这两者之间，到达的。一般地，这些贡献会互相抵消——一项的波谷抵消另一项的波峰①。但是有一个极端重要的例外：所有和最短时间路径接近的路径都本质上是在振荡的相同阶段到达 B 点的。为什么？因为，由静态路径最短原理，对最短时间路径的微小偏离不会引起大的传播时间的改变，传播时间决定了抵达 B 点（经历）的振动数目，因此决定了波的“相位”。因为它们之间的一致性，具有几乎最短时间的路径构成了在路径的总数目中强大得难以置信的少数。因为别的路径之间争吵不断，这少数的几个行动一致，因此完全控制了叠加的输出。它们的优势是那么明显，忽视所有其它路径只会引入可忽略的误差。这就是为什么人们用单一的光线代替复杂的电磁波的理由。

图 54 的右幅描述了在起作用的最小时间原理。从 A 点到 B 点的光线在空气和水的界面处改变方向。之所以这样是因为光线在快介质（空气）中待得略长点，尽管那可能意味着走了点冤枉路，但会节省时间。你可以实际运用这个原理。假设你想建造一个“光集中器”——把落在一个盘状区域内的阳光集中到一个亮斑上的器件。你只需要在波的路径上插入一个变厚度的光延迟介质，其设计保证最短时间路径从器件表面同

① 严格说来，这个广泛的抵消只是当——经常就是这样——光波长是问题中的最短长度尺度时才发生。——作者注。

时到达目标斑点。只有这个条件满足了,所有的路径才能在一个斑点上相长叠加。想法是让短的路径比长的路径减慢得多一些,这样它们都同时到达终点。这可以通过让器件中间厚、两边薄来实现。在你去专利局为这项有用的发明申请专利前,我得警告你它可早已被发明了——光集中器就是凸透镜(图 55)。

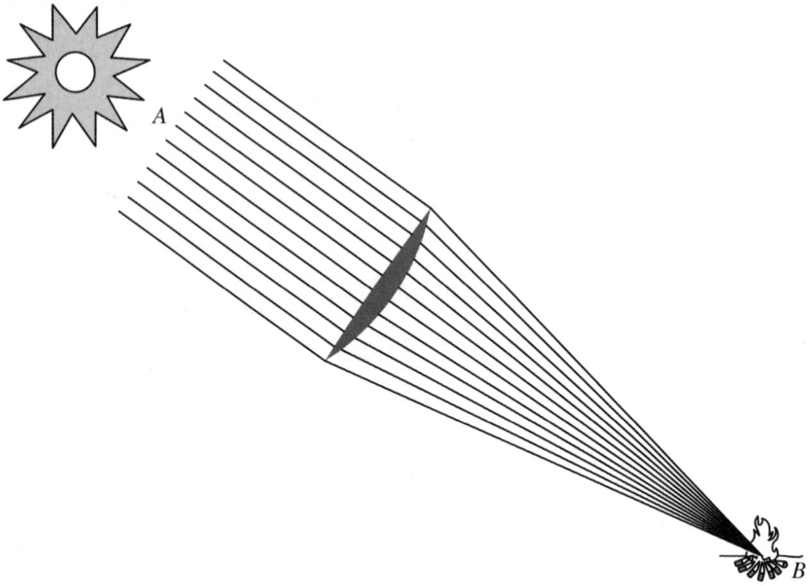

图 55　为了会聚一个光束,凸透镜这样改变光线的路径,使得它们经过相同的时间到达焦点,在那里它们相长干涉。

第 2 章中,我们使用静态最大原理解释彩虹的特征形状,即差不多所有被球形水滴反射的光线都以同入射方向成 42°的角度出射的事实。现在我们看到那些光线的存在,反射和折射定律,甚至已经被称为几何光学的整个领域,都源自本质上同一个原理的一个抽象应用。一个最小原理里的最小原理:博尔赫斯①会为此感到高兴的。

---

① Jorge Luis Borges (1899～1986),阿根廷作家,二十世纪五十年代失明后却被任命为国家图书馆馆长,故曾写下这样的诗句:"…la maestría de Dios, que con magnífica ironía me dio a la vez los libros y la noche (……上帝的荣耀,一下子予我以书本和黑暗,是怎样的讽刺)"。——译者注

以太与空洞

抽象的想法可能被证明是错的，但正因此它很少会从场景里消失。它们可能会遭遇挫折，结果要长时期沉睡，但是它们最终又会浮出水面，有时是在将之置入沉睡的同一理论的体内。

以绝对的空（emptiness）——空洞（void）——为例。牛顿喜欢这个想法。在绝对的空中他放置了他的行星和粒子。光是由粒子组成的，引力越过真空在粒子间作用。当笛卡尔试图用涡旋填满真空①时，牛顿批驳了他。

两个世纪后，麦克斯韦建议了一个理论，其中光是电磁波。这在当时是只能那么非类粒子的了。但是，为了给电磁场赋予一个力学重要性，他发现没有比将它解释成一个稀薄的、难以捉摸的介质的弹性位移更好的办法。这个介质充满宇宙，其唯一目的是支撑电磁波。他把这个介质称为以太。真空的概念没了。

观测到以太的努力失败了②，爱因斯坦的相对论给了这个思想致命的一击。我这一代的孩子是在认为以太是个古代的迷信的过程中长大的。一些荒诞的"暗物质"形式的一种，象第五元素、热流、燃素，这些都被开明的思想和实验给踢出去了……只是发现，许多年后，那些名誉败坏了的概念还活着，活在理论物理的最前沿。确实，不象牛顿式的真空，那是纯粹的空，而现代物理中的"真空③"与物质性介质有许多共同的气质。我们错把它当成什么都没有是因为我们的人脑倾向于只感知持续存在背景上的变化。一般的物质和光——理论是这样说的——是这种介质的"集体振荡"，

① 此处接连出现的几个"空"，在英文中是不同的词，"绝对的空"是 perfect emptiness，"空洞"是 void，"真空"则是 vaccum。——译者注

② 指 Michelson-Morley 实验不能得出存在以太的结论。不是说实验做失败了。——译者注

③ 汉语把 vacuum 翻译成"真空"，更造成了中国物理学者对相关问题理解的混乱。Vacuum 不空（empty）。——译者注

如同声波是气压的变化。最后宇宙背景辐射的发现看似重新树立一个绝对参照系,那块我们以为爱因斯坦永远根除了的亚里士多德式的蒙昧。

每一个非平凡的想法,都在某种意义上是对的。整个历史上,我们看到摆锤在粒子与场、充满与空荡之间来回摆动。沧海桑田,而后桑田沧海。对立的双方互相促进。这个摆动会停下来吗?个人以为,不会。只要还有远见卓识者,那些不愿意接受传统加给他们的观念而是要用自己的词汇理解事物的人,就会有新思想,有看老思想的新视角。我敢肯定还有成百的理论在人类的想象中沉睡,等待天才的一吻唤起生命。但也总是有来自僵化的、无知的行为的阻挠,更别提还有虚弱和胆怯的诅咒。

第8章
双 螺 旋

我当时看到的东西让我糊涂又惊奇。摆锤的摆动增加了近一码①。作为自然的结果，它的速度也太大了。让我不安的主要是它曾明显下降了的印象。

用这几句作为开场白，爱伦坡的故事《陷坑与摆锤》②中的主角讲述了他对西班牙宗教裁判所的打手们给他规划的惨死的第一次意识。一个摆动的摆锤，在其最低端上带着一个剃刀那么锋利的钢制刀片，被缓慢地但不可阻挡地降到它的胸膛。在绝望的清醒中，犯人研究那个单摆的运动。他观察细节。速度正比于摆幅，刀片在下降，死亡看起来如力学定律那样不可避免。但就在最后关头，犯人被救了，命运一个漂亮的转身，罪恶的审判者落到了他们敌人的手中。

即使是在不那么极端的环境中，振动现象也很招人注意。日夜、季度、潮汐以及月相这些长周期是一个整齐的、有序的存在的支柱。古代的数学家看到了这些周期和音乐声调之间存在迷人的关系。开普勒把天体的周

① 英制长度单位，1码约为0.91米。——译者注
② *The Pit and the Pendulum*，中文译名很乱。——译者注

期称为“世界的和谐”。这个联系还存留在现代语言里，最简单的周期振动仍被称为简谐运动①。

简谐运动是匀速圆周运动在一条直线上的投影。这个投影如图 56 所示。当球形珠子在立着的圆上转过一整圈，它在地上的投影沿着一条直线晃了一个来回，它（投影）的速度在中间最大，在轨道的端点上为零。任何稍微偏离平衡态的系统（例如，稍微自垂直位置上偏离的单摆）都作简谐振动。在回到平衡态的努力中，系统冲过了头，试图纠正，又过了，就一直这样。这个运动特殊之处在于它是宇宙中最对称的运动。它是唯一的一个其中两个基本变量——位置和速度（或者更精确地说是动量，我们很快会谈到这一点）扮演了完全等价的角色的系统。

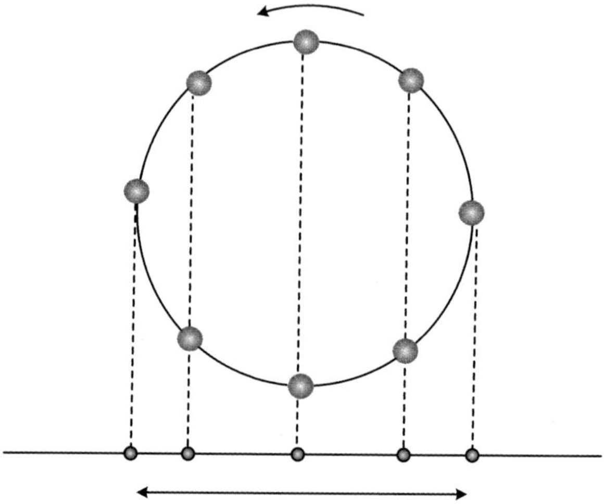

图 56　简谐振动是匀速圆周运动的影子。

图 57 所绘的是一个在平衡位置，即图中 $q=0$ 处，附近作小幅度振荡的粒子的变量 q 和 p（分别为位置和动量）的演化。初始时，粒子被从中心移开（$q=-1$）且动量为零（$p=0$）。为了回复平衡，粒子获得了动量，冲过

① 汉语物理文献中常只用一个“谐”字，如简谐振动(simple harmonic oscillation)、谐振子(harmonic oscillator)。这里的 harmonic motion，字面是和谐运动，不过中文还是习惯说简谐运动。——译者注

头了，发现自己在平衡点的另一边了($q=1$)，动量又为零。然后，过程又重新开始，这次是在相反的方向上。注意在每个半周期内当粒子通过平衡点时，动量从零增加到最大值($p=1$ 或者 -1)，然后在端点回到零。

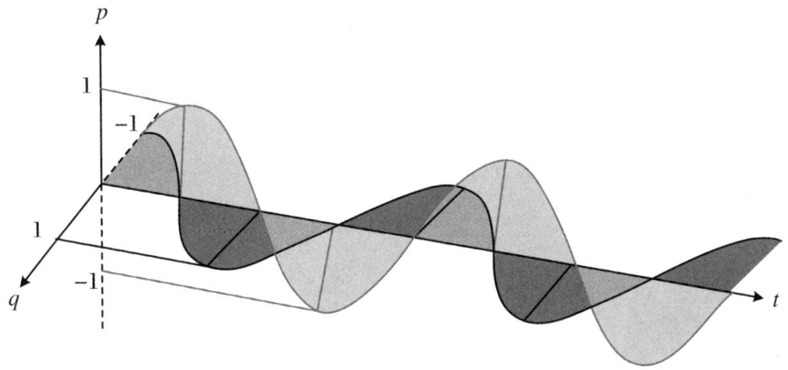

图 57　简谐振动中的坐标(q)和动量 (p)的演化。

下个图 (图 58)中描绘的是一个作圆周运动——亚里士多德认定是最完美的、唯一一个值得归属于天体的运动——的粒子的 q 和 p 的演化。我们现在知道所有的线性简谐振荡在非常精确的意义上是这个壮丽的天体运动的影子。观察 q，p (现在是平面中的矢量)如何在一个圆中互相缠绕，始终保持 90°的相差。你立马看出了双螺旋花样，其更是以 DNA 分子的形状而闻名的。

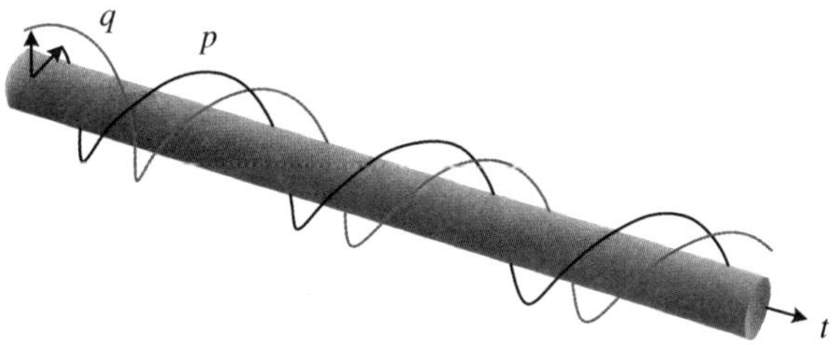

图 58　理论物理的双螺旋：匀速圆周运动中互相缠绕的 q 和 p 随时间的演化。

位置和动量在力学中是共轭变量，这意思是在时间上它们互相推进。

它们是一对阴和阳,是理论物理的双螺旋。沿着直线的匀速运动,看起来简单,实际上是不对称的,因为共轭变量的行为方式完全不同:随着粒子的运动,位置一直在变而动量是恒定的。但是在简谐振动中,两个共轭变量是互为镜像的;它们沿着缠绕的正弦曲线振荡,至于哪个是位置哪个是动量只是个约定问题①。

第 7 章中的图 49 把电磁波描绘成电场和磁场的交错振荡。如果你注意到图 49 和图 57 之间有相似的地方,你没错。如果在图 49 中我选择在磁场的位置上画的是磁场的空间变化率,相似简直就是完美的。你无法看出两个图之间的区别。这令人惊奇,但是电磁波的电场和磁场可以解释为一个同波相联系的抽象谐振子的位置和动量。描述电磁场的麦克斯韦方程就是构成电磁场的抽象谐振子之运动的力学方程。这可不只是一个随便的类比。共轭变量对——场 E 和场 B 是一个例子——包含着力学系统的基本信息,如同 DNA 的两股分子包含着无边数量之生命形式的秘密。在生物世界,是普适的基因密码,其不同组合产生了大量的动物和植物变种。在物理世界里,普适的关于共轭变量对的运动方程,由不同的哈密顿量(马上会解释)所驱动,产生了大量的观测到的运动。

本章中,我将试着解释在何种意义上这些听起来晦涩难懂的论点是为真的。这有点象骑山地车,流汗、喘息直到到达顶点,那里我们才能欣赏到绚丽的风景:一个力学和电磁学统一的景象,远方的地平线是光子和量子力学。

---

① 显然,任何运动——不只是周期运动——都可以表示为一个许多(可能是无穷多)简谐振动之和。在十九世纪初期傅里叶(Joseph Fourier)认识到热传导——一个明摆着是非周期的过程——可以在数学上被描述为大量简谐振动之和。他的这一做法,产生了如今被称为调和分析的数学分支。——作者注

力学与几何

牛顿力学中,一个粒子的状态是由两个变量——位置和速度——定义的。你可能以为是我一直在谈论的共轭变量对,但不是那么回事。我在谈论的是两个在相互关系中完全对称的两个变量,类似电磁场中的 E 和 B。这些变量被称为"正则坐标"和"正则动量",传统上用 q, p 两个字母表示——这两个字母具有互为镜像的特征。

正则变量可以有多种构造方式,对应不同的但最终是等价的对系统的描述。我们不在这一点上流连。人们会到研究生院学习那些技巧。为当前计,把正则动量理解成普通的牛顿动量,对自由粒子的运动它等于质量乘以速度。但是,视角上有微妙的偏移。在牛顿力学中,我们把动量 p 看成是可从时间依赖的位置导出。现在我们将把 p 看成一个量,在某个特定时刻被确定,允许我们预测稍后时刻的位置。一个微妙的视角上的改变,但带来了意义深远的后果。这个转变是从牛顿力学过渡到哈密顿力学的本质。在哈密顿力学的公式中,系统的状态由独立赋值的 q,p 决定。所以,q 表示真实空间里的位置,p 表示动量空间里的"位置"。这个真实空间和动量空间的组合构成了一个高维的空间,称为相空间(第 5 章中已经遇到过)。在相空间中力学系统的运动才显露出几何变换的深层意义。

这套公式的核心是时间演化的生成元——一个被称为哈密顿量的、关于 q,p 的函数,用字母 H 表示。是作为 q 和 p 函数的 H 决定了一个特定系统的特征。不同系统,例如自由粒子和谐振子,有不同的哈密顿函数。给定某个时刻 q,p 的值,哈密顿量决定了瞬时的变化率,分别用 $\dot{q}$ 和 $\dot{p}$ 表示。从这些变化率,我们可以计算无穷小时刻后的 q 和 p。从这些值,再运用哈密顿量计算后一时刻 q 和 p 的变化率,就这么下去,一步一步地,直到运动自身闭合——如果运动是周期性的,或者截断误差太大了,或者我们累了。这个过程总结在形式格外对称、优雅的哈密顿运动方程中:

$$\dot{q} = [q, H], \quad \dot{p} = [p, H]$$

左侧的 $\dot{q}$ 和 $\dot{p}$ 代表 q 和 p 的时间变化率(牛顿的标记法)。右侧的方括号 $[q,H]$ 和 $[p,H]$ 被称为泊松括号,其有一个简单的几何诠释。我将给你们演示其是如何只在最简单的一个 q、一个 p① 的情况下运作的,这种情况下相空间约化为 q 是水平轴、p 是垂直轴的普通平面。但构造可以推广到任意数目的 q 和 p 的情形。

我们以在 q-p 平面内画哈密顿量 H 为常数的曲线来开始。这有点象山地地形高度图上的等高线。在高度图上,同一个环形曲线上的点的高度相同。在这里沿环线数值相同的是 H 的值。为了在 q-p 平面的给定点上构造泊松括号 $[q,H]$ 和 $[p,H]$,我们在那个点上画与等哈密顿量环线相切的矢量。我们让这个矢量这样取向:沿着它看过去,大的 H 值(山高的那一边)在左侧。我们让矢量的长度等于 H 的"梯度",即 H 在最速下降的方向上的增加速率。因为接下来要讲明的原因,我从现在起将这个矢量称为流矢量。泊松括号 $[q,H]$ 只是流矢量在 q-轴上的投影。类似地,泊松 $[p,H]$ 是流矢量在 p-轴上的投影。构造方法如图 59 所示。

哈密顿运动方程的内容现在可以用几何语言重述。根据这些方程,q,p 的随时间变化率分别等于流矢量沿 q,p 轴的分量。这意味着 q,p 总是沿着流矢量指示的方向运动,"速度"正比于该矢量的"长度"值。

当系统的哈密顿量不显性地依赖时间时,一个最有趣的景象冒出来了。H 的值当然依赖于 q,p 的瞬时值——但不是依赖于时间本身。这是封闭的、孤立的,或者至少是长时间内可这样看待的系统的性质。这些系统有所谓的时间平移对称性——这是这个系统今天同昨天、明天或者别的任何时候都一样的一个有趣说法。与此相对,开放体系可因为环境条件的改变快速改变。我们来考虑一个封闭体系。它的哈密顿量,我说过,不依赖于时间。这种情况下,H 是常数的环线也不依赖于时间,且因为流矢量沿着这些环线,我们立马看出 q,p 必须沿着 H 是常数的环线移动。这进

① 前面的 q,p 可以是高维矢量,代表一组 q,p。故这里有"简单的一个 q,一个 p"的说法。——译者注

而意味着 q,p 的时间演化不改变 H 的值。因此 H 是一个运动常数:它是亚里士多德哲学的“不动的发动机”。

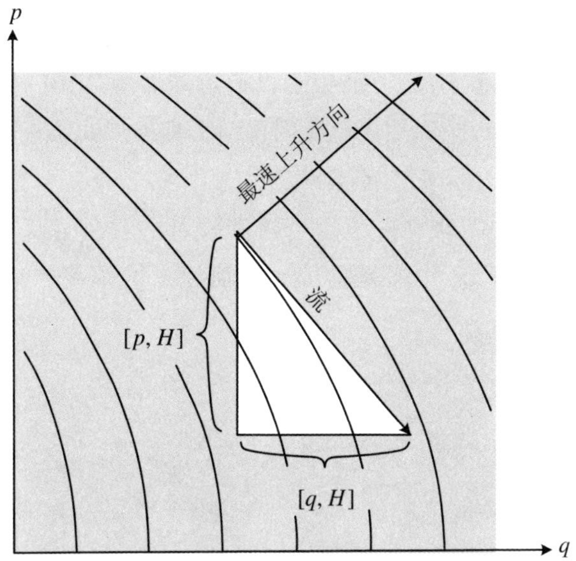

图 59　为了计算位置和动量的演化,我们在 q-p 平面内画了哈密顿函数的“等高线”。表示系统状态的点(q, p)会沿着这些曲线以哈密顿的梯度所决定的速度流动。沿着轴向的流的分量是 q, p 同哈密顿量构成的泊松括号。

这样也表明这个运动常数是系统的能量。能量守恒,看起来是牛顿力学中的巧合,是硬连接到哈密顿力学的公式上的。它是时间平移不变性的直接表现。

谐振子

我此前说过,谐振子的运动是最对称的运动,它远比直线运动对称。现在我可以说得更精确点。产生直线运动的哈密顿量是 $H = ap^2$,这里 a

是个和质量有关的比例常数①。它只包含 p，没有 q；只有阴没有阳。但是绕平衡点作简谐振荡的粒子的哈密顿量形式为 $H = ap^2 + bq^2$，这里 a，b 是其数值依赖于粒子的质量和恢复力强度的常数。坐标和动量以几乎互换的角色出现。事实上，如果不是常数 a，b 有不同的值的话，它们是无法分辨的。但就算是这点最小的差别，也可以通过伸展 q，压缩 p 以使得 q^2，p^2 的系数相等的变换加以消除。由此我们得到了标准形式 $H = c(p^2 + q^2)$，这里的单一比例常数 c 决定振荡的频率。

看看图 60 的右幅，欣赏一下这个哈密顿量的几何意义以及它对振子运动意味着什么。量 $p^2 + q^2$ 是离 q-p 平面原点的距离的平方（又是毕达

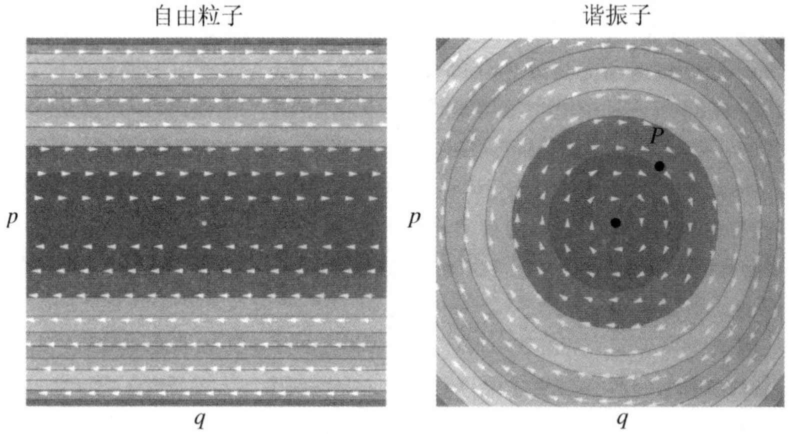

图 60　一个自由粒子（左）和谐振子（右）在 q-p 平面上的流。

哥拉斯定理）。等值 H 的环线因此是以坐标原点（即 $q = 0$，$p = 0$ 的点）为圆心、半径正比于 H 平方根的圆。根据前一节中所述的规则，代表谐振子状态的点 P 沿着这个圆运动。再者，它的运动是匀速转动，因为所有圆上的点都是等价的，因此特别地有流矢量的大小在圆上不变。在这个转动中，坐标和动量值以一个固定的关系来回振荡，意思是一者达到最大另一

① 对于点粒子，a 是质量倒数的一半。——作者注

个就为零，反之亦然（图 57）①。然后，q 驱动 p，p 驱动 q：它们互为对方的变化率。再者，振动的周期对所有的圆都是相同的，即是说，对所有的振幅都是相同的——这是伽利略在比萨大教堂当他的注意力被从神坛给吸引到摇荡的吊灯时观察到的事实。这是因为 H 的梯度正比于圆的半径，所以一个在 q-p 平面上两倍大小的圆上运动的点的速度也加倍，因此它在相同的时间内完成一圈。

同这个优雅的舞蹈相比，如图 60 左幅所示的自由粒子的运动看起来是更基本的。等 H 值的轮廓图是平行 q 轴的水平线。粒子向左还是向右运动依赖于动量的符号，速度正比于 p。

对称性与守恒律

哈密顿运动方程的时间演化是一类保运动方程形式的几何变换的原型。观察时间演化如何把一个在 t 时刻的点（q，p）在 $t+\mathrm{d}t$ 时刻送到（q'，p'）。我们可以说变量 q，p 变换成了（q'，p'），继续遵从哈密顿运动方程。

这是一个一般的模式。不只是哈密顿量，而且是任何 q 和 p 的函数 G 可以看作是保守运动方程形式的变换的生成元。我们要做的就是把 G 当成系统的哈密顿量。我们只需让变量 q 和 p 在这个假装的哈密顿下演化任意长的时间我们就能得到新的变量 q' 和 p'。

考虑一个生成元是动量本身的变换，$G=p$。为了执行变换，我们假装 p 就是系统的哈密顿量，让 q，p 在它之下演化。我们遵循上两节阐明的规则。如图 61 所示，等 p 的轮廓图是平行于 q 轴的水平线，相应的流是长度恒为 1 的矢量，指向沿着这些线（这些总起来是说 q，p 的泊松括号是

① 圆周运动可以看作是两个振荡的叠加，是引导特斯拉（Nikola Tesla）发明交流电动机的基本直觉。——作者注

1,即$[q,p]=1$)。然后哈密顿运动方程告诉我们 q 的变化率是常数 1,意思是 q 随着时间一直增长。另一方面,流矢量沿 p 轴没有分量,意思是 p 保持不变。分析的结果是 p 产生的变换就是简单的 q 有位移而 p 不变。类似地,q 产生的变换是 p 有位移而 q 不变。正是在这个严格的意义上我称 p 是随 q 变化的生成元,反之亦然。

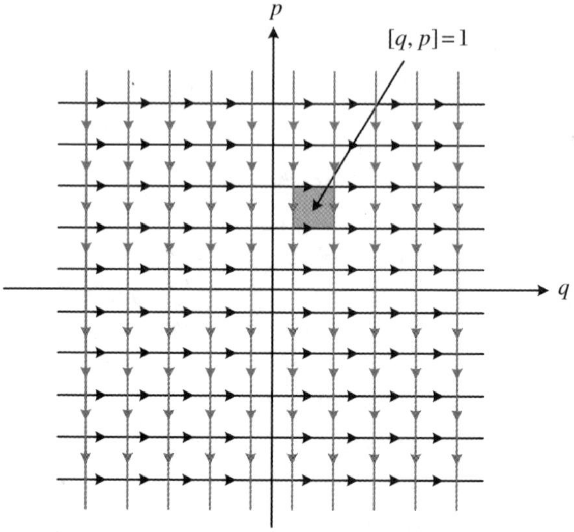

图 61 基本的泊松括号$[q,p]$的几何构造。深色和浅色的线分别为 p,q 的等高线。深色箭头表示的是如果哈密顿量是 p 的话一个点(q,p)是如何流动的。类似地,浅色箭头表示的是如果哈密顿量是 q 的话点(q,p)是如何流动的。这两个流分别被称为 q-流和 p-流。这样,$[q,p]$是 p 流沿 q 轴的分量$(+1)$;$[p,q]$ 是 q 流沿 p 轴的分量(-1)。

保守运动方程形式的变换是真正的一类复杂的相空间转动。想想转动的基本性质:它们保守长度和角度。我们的保守运动方程的变换有什么对应的性质吗?有,且泊松括号是这里的关键。一个变换若能保守运动方程的形式,当且仅当变化后的变量的泊松括号$[p',q']$和原来的$[q,p]=1$相等。例如,变换 $q'=p$,$p'=-q$ 保守运动方程的形式因为$[q',p']=-[p,q]=1$,但是变换 $q'=p$,$p'=q$,简单地将 q,p 交换而没有负号,尽管它们看起来很合理,却不能保守运动方程的形式。

对称变换是一类特殊的保守运动方程的变换：一个保守运动方程形式的对称变换能做得更多——它还保守哈密顿量自身的形式。自这一性质可得出一个引人注目的结果：一个对称变换的生成元，可称其为 S，是一个守恒量。这是期待已久的对称性和守恒律之间的联系（见第 3 章）。

这个联系的根源是一个漂亮的互反定理：哈密顿量 H 是 S 产生的变换下的不变量，此一事实意味着 S 是 H 产生的变化下的不变量：两个性质有同样的数学表述。但是 H 产生的变换是系统的时间演化，因此 S 是一个运动常数。以这种方式可以证明，这里仅举一例，坐标 q 位移下的对称性意味着动量 p 的守恒。这是此前曾宣称的动量守恒和空间均匀性之间的联系。

光的振子

第 7 章中我们看到电磁波中的电场 E 和磁场 B 在一个和波的传播方向垂直的平面内成 90° 夹角振荡。尽管图 49 是用来展示场在给定时间点上的空间依赖的，它也可以看成是展示场在一个点上随时间的变化的。电场和磁场的时间演化是由麦克斯韦方程组控制的：E 随时间的变化率正比于 B 的空间变化率；反过来，B 随时间的变化正比于 E 的空间变化率。

E 和 B 之间的联系提醒我们一个作谐振的粒子的“坐标”q 和“正则动量”之间的关系。在那种情况下，运动方程说 q 的变化率正比于 p，p 的变化率正比于 $-q$。E 和 B 可以是一个抽象谐振子的坐标和动量——（那个谐振子）实际上是充满空间的看不见的无数谐振子之一？

嗯，差不多是吧。如果仔细比较图 49 和图 57 你会注意到 E 和 B 是同步振动的（波峰对着波峰），而 q，p 的相位相差 1/4 周期（一个的峰值对应另一个的零点）。这是否意味着我们类比的失效？不真是那样。请重读上述关于针对 E，B 的麦克斯韦运动方程的陈述，并同关于针对 q，p 的运动方程的描述比较。注意如果把 E 当成 q，p 的角色是由磁场的空间变化率而不是磁场本身扮演的。这个空间变化率,暂称之为 B',看起来象是 B 本身,只是移动了 1/4 周期。图 62 中我重画了图 49 来显示 E 和 B' 随时间的改变。新的图像和图 57 中 q,p 的图像严格一样,表明电磁波确实是一类谐振子。

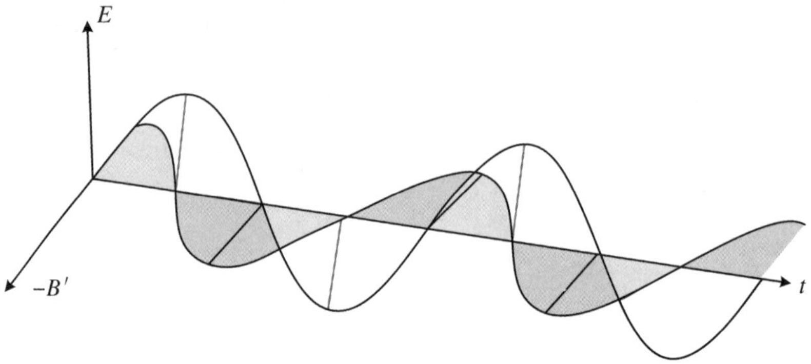

图62　电场和磁场的空间变化率是一个平面电磁波的 q 和 p。它们的图解和谐振子的 q 和 p 的图解无法区分(见图 57)。

那么,关于一般的电磁场呢?根据叠加原理,任何场都可以表示为在不同方向上用不同频率传播的波的叠加。每一个波是一个谐振子。电磁波因此等价于无穷多独立谐振子的集合,每一个谐振子对应一个波,由一个传播方向、一个频率和一个偏振方向所表征。带电荷的粒子,比如电子和质子,通过推拉看不见的谐振子作用于电磁波。谐振子的响应类似被外力牵拉的弹簧。所有的辐射、光散射、衍射、反射和折射都可以用这套语言描述。电磁场独立于电荷存在,且一直是这么存在着的。

我无法抵制用关于光子——光的量子——的几句话来结束本章的诱惑。尽管光子这个概念属于量子力学,它的根还是深深地扎在经典力学的土壤里的。量子力学还有 q, p,但它们不再是被用数字表示:它们是算符。算符,如字面所指,是对系统进行操作的那么个东西①,比如转动、平移或者映射。一般地,它把一个状态变换到另一个状态。

① “算符”的英文为 operator,“操作”的英文为 operation。Operator 就是操作者。——译者注

物理量是算符的想法初看起来意义深远,但仔细考察一下会发现它早就暗含在经典力学的结构中了。别忘了,我们已经看到任何动力学变量可以解释为一个变换的生成元。对事物作变换恰就是算符的分内事。但是在经典力学中,动力学变量在概念上一直有别于它所联系的变换;在量子力学中这个区别消失了。在量子力学中,动力学变量就是算符,比如,“动量”是改变位置的算符;“位置”是改变动量的算符;“哈密顿量”是在时间里推动所有动力学变量的算符,等等。经典力学和量子力学的根本区别源于运用两个算符的产出常常戏剧性地依赖于运用算符的顺序的事实:操作 AB,其中 B 在先,与操作 BA,其中 A 在先,其结果不同。任何玩过魔方的人都知道这一点。所以量子力学最重要的东西,决定了其理论及其预言之结构的东西,是对易子。对两个算符 A 和 B,对易子定义为 AB 和 BA 之差。

对易子在量子力学中的角色是如此重要,人们引入了一个紧致的表示形式,$AB-BA$ 被写成了 $[A,B]$。这个表示的选择,和我们用的泊松括号一样,并不是巧合,因为对易子就是泊松括号的量子力学类比。据信这个类比最先是由(量子力学)主角之一狄拉克在某天下午散步的时候先想出来的。他没有大喊一声“Eureka①”,而是花了一个无眠的夜晚检查他的兴奋(的源头)直到清晨,等图书馆的门开了他可以验证他的直觉的正确性。

这个方案中最重要的是 q,p 之间的对易子,它某种意义上是其他对易子之母。从经典的泊松括号 $[q,p]=1$ 得到灵感,狄拉克假定了基本“量子条件”为 $[q,p]=\mathrm{i}h/2\pi$②,这里 h 是一个普适常数,称为普朗克常数,i

---

① 阿基米德在澡盆里想起了可以用浮力判定金王冠里是否掺了银子,于是大喊了一声“Eureka”,意思是“我找到了”。Eureka 是希腊语 εύρίσκω 的转写。Eureka 成了人们欢呼作出重大发现时的呐喊。历史上,高斯曾写下过“EUPHKA,number $=\Delta+\Delta+\Delta$”(这里的 H 还是希腊语中的用法)。——译者注

② 这里的 2π 的引入是因为数学上的方便,没有什么深层意义。组合 $h/2\pi$ 常常表示为 $\hbar$(h-bar). 据说理论物理学家的中坚分子没有这一杠就不会写字母 h 。——作者注

是单位虚数，由数学家定义为 -1 的平方根①。令人惊奇的是，h 就是控制光子能量的同一个常数。

为了理解为什么是这样，我们必须首先体会 qp 不同于 pq 的一个结果是谐振子能级的量子化。在经典力学中谐振子的能量可以为任何正的值：我们可以说图 60 中所有等能量的轮廓都是允许的轨道。而 q 和 p 的非对易性，对易子正比于 h，允许的能量被限制到只能取 $(n+1/2)h\nu$ 这样的值，此处 ν 是谐振子频率而 $n(n=0,1,2,\cdots)$ 是个非负整数。或者，我们说图 60 中 q-p 平面上只有某些特殊的环路是允许的粒子轨道，即所围面积为 $(n+1/2)h/2\pi$ 的环路。这个限制意味着频率为 ν 的谐振子能量改变只能是 $h\nu$ 的整数倍。能量的获取或损失只能是大小为 $h\nu$ 的包，此包不可以再被分成更小的部分。

现在到了对我们信仰的真正考验。记得一个平面波的电磁场等价于谐振子，电场和磁场之空间梯度分别扮演 q，p 的角色。我们可以大胆地相信从经典谐振子得到的量子条件同样适用于用 E，B 定义的抽象谐振子吗？如果那样，我们就该有勇气预言频率为 ν 的电磁波的能量只能改变 $h\nu$ 的整数倍，必然存在一个大小为 $h\nu$ 的电磁波能量量子，由一个单一的“光粒子”或者“光子”所携带，任何波的有限能量状态由一个整数 n——出现在那个状态中的光子数——表征。如果这些想法是正确的，则光子的能量必定是通过关系 $E=h\nu$ 同其频率相联系的，其中 h 是在 q 和 p 的对易子中出现的比例常数。

这是否听起来象是不会成功的理论？无疑是这样。而且，我很抱歉地说，光子不是以这种方式被发现的。事实上，这些想法在二十世纪二十年代中期形成的时候，有大量证据指向光是以能量 $E=h\nu$ 的块被产生或吸收的。普朗克早已引入他的常数 $h=6.63\times10^{-34}\ \mathrm{J\cdot s}$，定义为假想中的光子能量同其频率间的比例常数。爱因斯坦早已经借助光子的概念解释了

---

① 此刻关于这个神奇的单位虚数怎么来的还不清楚，如果想让 q，p 有实的值则 i 的出现是不可避免的。更多内容见第 8 章。——作者注。这个 i 是海森堡基于谐振子计算跃迁几率时，将谐振子解看作傅里叶变换得到的 $qp-pq$ 中出现的。确切说是玻恩先看出这个对易关系的。——译者注

光电效应①。所以量子力学的创造者们早已经知道 $E = h\nu$，他们建立 q，p 之间的对易子去重构已知的结果。那个时候不知道，也不能够知道的是这个“正则结构”以及 h 的值能够预言比谐振子或者氢原子更复杂的系统——多电子原子、分子、液体以及固体——的激发谱。它以惊人的精度做到了这一点，即使那些因为哲学的原因而不喜欢量子力学的人也不得不为它的预言能力折腰。怀疑论沉寂了，从那时起没有一个实验表明量子力学是错的。

今天，量子力学无可争议地左右着我们对微观世界的理解，尽管许多物理学家怀疑这还不是定论。毫无疑问的是，这是知识领域的泰姬陵，但是泰姬陵的极致的美是它为新泰姬陵提供灵感。本章中，我试图表明这个难以置信的理论是如何根植于一个抽象的、从对经典力学的仔细研究——始于类似单摆这样的简单系统——中逐渐发展出来的几何结构的。该几何结构是那样的基本，它包含了场和粒子，连接了光的缥缈世界与物质的沉重世界，它有可能仍然是任何未来理论的本质部分。

麦克斯韦想把电磁波解释成遵从力学定律的介质的振动。他绝对是对的，但是他梦寐以求的介质是电磁场本身——一个不可见的谐振子的无限集合。

① 普朗克为了解释黑体辐射谱引入普朗克常数是在 1900 年，爱因斯坦为了解释金属的光电效应引入光量子概念是在 1905 年，而光子，photon，这个词是 Gilbert Lewis 于 1926 年才引入的。——译者注

第 9 章

量子力学:抽象的胜利

亲爱的先生,我总想看到
事物来到我面前之前的样子,
它们一定是特别的美丽和祥和。

——卡夫卡(Franz Kafka),《与祈求者的对话》①

驾驶舱里

大学二年级结束的时候,我急切地开始了量子力学的学习,那年我已经修了关于经典力学的绝妙课程,我被告知哈密顿量、相空间变换、泊松括号都是为了跨入量子力学这一巨大跳跃的准备。我的感觉象是年轻的飞行员第一次走进现代喷气机的驾驶舱,对仪表板上的仪器充满崇敬。“我想,

① *Conversation with the Supplicant*, 同名电影摄于 2008 年。——译者注

飞螺旋桨小飞机的日子算是过去了。飞那种小飞机你用体重差不多就能操控,而且还能一边盯着地面上你的朋友。从现在起你将升入高耸的蓝天,那里别的什么都没有,除了仪表——尽管周围都是暗夜和迷雾,仪表会告诉你你的方位、你正飞往哪里。你最好学会充分利用这些仪表,你的生存全靠它们了。波动方程和算符的数学表达将让你浮在那个看不见但可以想象的微观世界之上”。

量子力学是二十世纪初期由一群想解决原子现象的理论中一些扎眼的矛盾的年轻人发明的。物质的原子理论那时候已经建立起来了——原子的存在已被广为接受。一个基本问题还没解决,即如何解释原子的稳定性及其性质恒常的问题。一个氢原子相对于所有实用目的来说是永恒的。再者,任意两个氢原子都是绝对全同的:它们有同样的“半径”,同样的电磁波谱,同样的一切。经典物理不只是无法解释这些事实:它预言了截然相反的行为。

根据牛顿的力学和麦克斯韦的电磁学,氢原子,被看作是一个迷你版的太阳系:质子好比是太阳而电子好比是地球,应该在千亿分之一秒内火光一闪就坍缩了。进一步地,没有明显的理由原子的性质应该是恒常的;理论上,应该能找到各种尺寸的氢原子,或大或小的,有些其中的电子离原子核远一点,有些近一点。但是,事情不是这样的:如同我们的想象,自然选择了许多可能性中的一个——在无穷的时间中坚持不懈的那个。

为了理解原子,从而在世界留下他们的痕迹,这伙年轻人开始发展一种新的力学。他们的答案在科学史上没有先例,永远地改变了做物理的方式。他们发明了一种新的行为模式,奇怪但是自洽,不是波的,也不是粒子的,不是那时已知的任何事物的。他们给出了预言实验结果的精确的数学规则,这些规则那么微妙,同时又惊人地带有人工的味道,关于其诠释科学家和哲学家到现在还争吵不休。模仿那个时代伟大的德国诗人里尔克(Rainer Maria Rilke)的话说,只是当我们不再理解微观世界的时候我们才开始理解它。

谜团

尽管量子理论的教学最近取得了很大的进步，对量子行为的最好的介绍之一还是费曼关于“双缝实验”的描述①。当费曼撰写他的讲义时，电子的双缝实验还停留在想象中，尽管实际的观察已经让所有的人相信，如果做了实验的话，结果一定如费曼描述的那样。

如今双缝实验已经做了，量子力学成功地经受了考验。此外，还能够观测比电子更大的粒子，比如原子的量子行为，证明了那十有八九是物质的普适的行为。

让我们考虑一束“粒子”，比如电子，打到其上刻有两条狭缝 1 和 2 的屏上。在屏的后面是一个可移动的探测器记录到达的粒子，记录方式为产生一个电脉冲，然后被放大为扬声器的“咔哒”声。通过计数咔哒声我们记录下每秒钟到达屏后指定位置上电子的数目。建议实验如下：先是狭缝 1 打开，狭缝 2 关上；然后是狭缝 1 关上，狭缝 2 打开；最后是两个狭缝都打开。三次实验的结果如图 63 所示。

在前两次实验中，在后面的屏幕（就是图中安装探测器的）上会发现一个宽的粒子分布，打到屏幕上的最大电子数目就在狭缝的后面。这里已经有个小意外了。在狭缝后面粒子的密度最大，这点好理解，但为什么分布那么宽？对于穿过小于波长之孔径的经典波，“淘选”效应是已知行为的一部分。不管是电磁波、声波还是水面上的波，它们在孔径后面不可避免地扩展——此现象为衍射。所以粒子束在孔径后的扩展已经暗示我们的“粒子”或许带有某种波动性。

可是，当两个狭缝都打开时，更大的惊奇出现了。任何还没有暴露在

① R. P. Feynman, *The Feynman Lectures on Physics*（《费曼物理学讲义》），卷Ⅰ，第 37 章。——作者注

各种量子奇异之下的头脑正常的人肯定会这样考虑:一个到达后面屏幕的电子要么是穿过狭缝 1,要么是穿过狭缝 2,但不是同时通过狭缝 1 和狭缝 2。这种推理导致如下预期:两个狭缝都打开时观测到的分布是单个狭缝被打开时的分布之和。这样预期的分布在图 63 中用点划线给出。而观测到的分布是如图 63 中的实线所示的具有极大值、极小值的引人注目的花样。花样有明显的峰值,其中电子数是预期的两倍;在峰值之间有盲点①,电子不想打到那里。

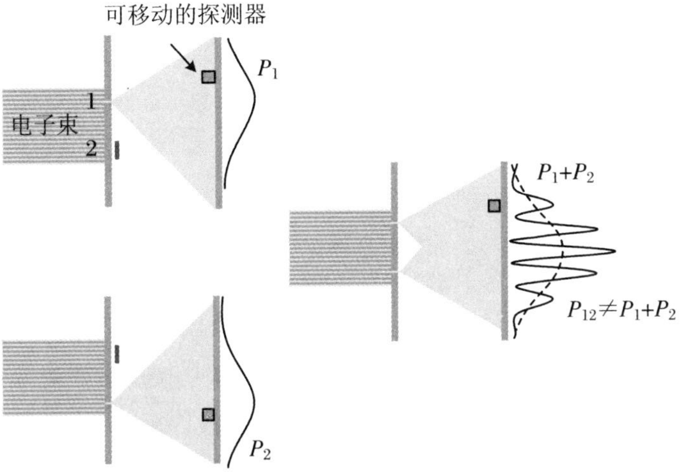

图 63　双缝实验图解。

这个花样对于遵循常规的非此即彼逻辑,即要么从狭缝 1 通过要么从狭缝 2 通过的粒子来说是绝对不可理喻的。可是,对于波来说,就绝对是自然的了。早在 1803 年托马斯·杨(Thomas Young)就演示了波同时通过两个孔径产生了严格如图 63 中实线所示的干涉花样。这里的过程是,从两个狭缝过来的波在屏幕上叠加:当波峰遇到波峰,你得到两倍高、四倍强的波峰;当波峰遇到波谷时什么都没有了——一个盲点。再一次,电子表现得象经典的波。除了我们那么长时间认真地错把电子当作粒子,还有什么奇怪的?

① 实际情况是,那里只是极小值而已,不是盲点。——译者注

如同狡黠的侦探在走出房间时突然转过脚后跟说“我还有个问题”去质疑可疑的不在现场证明（嫌疑人还在长舒一口气呢）那样，你也应该转过身来问，如果电子总是作为一个整体打到屏幕上，它们是怎么表现波的行为的？为了看一看波的论点是多么诡异，设想你减少电子的流量到了每次只有一个电子通过设备的水平。若耐心足够我们依然能够绘制出到达屏幕上的电子的分布，而且我们发现它仍然如图63所示那样有极大和极小。但是我们无法把我们看到的解释为两个波的干涉：在任何时刻设备中只有一个电子。

非常奇怪……一个经典的波，不管多弱，总是在空间分布：想象拍打海岸的波。可是，对电子来说不是这样。我们有一小坨物质，在指定时刻，这里或者那里——无疑地它是个粒子。奇异的是，探测到电子的几率①看起来由一个波控制。但是一旦电子被探测到，波动性就消失了，揭示出的是个粒子。经典物理关于两个大谜团——波和粒子——的失效不能比这更具戏剧性了。前者不能揭示被探测到的块状(lumpiness)，后者困扰于如下证据：认定的粒子不是通过这个或者那个狭缝，而是通过了两者。

发生什么了？没人知道。目前为止所有试图用波或者粒子的语汇找到合理答案都失败了——或者说答案还是严格保守的秘密。就我们所知，电子顽固地拒绝被纳入经典粒子或者波的模子。所有现代物理里的基本粒子都这样。它们挑战传统概念体系，如同摩斯布鲁格事件挑战奥地利的司法体系（后者据穆希尔的说法，参见第2章）。面临这样的挑战，你既可以坚持“赝现实”（即传统的粒子和波），由此有效地丧失了现实；或者拥抱不可思议，抛弃常规，认识到自然也许以与我们所想的不一样的规划在运行，从而到达更高级的某种程度上我们不完全理解的现实。第二种方式是量子力学的方式——量子力学是一个神奇的理论，其发明是为了让旧思想的网兜装不下的现实显得有道理。

---

① Probability汉译为概率、几率。在量子力学语境中，几率的用法较普遍，尤其是在谈论量子态的时候，几率的说法可能更好一些，因为往往还会涉及几率幅、最可几分布等词。本书根据具体的语境选择概率或者几率的译法。——译者注

刺探谜团

为了更好地理解电子是多么深刻地不同于经典的粒子或波,让我们试着构思如果我们尝试刺探双缝实验的秘密会发生什么?我们可能要在屏幕后面放置一个光源,希望能捕捉到电子在进入本实验设施时的踪迹。一旦电子通过狭缝之一——或许是同时通过两个狭缝——一束光就会揭示其位置。这理论上是个好主意,但只有实验设备满足如下两个要求时才能有效实施。

第一个要求我称之为“严密性”,意思是每个电子在进入实验设施时马上被一个光子击中。这类似机场的被严密防守的大门:每个人都必须被审查,没有例外。为此,光的强度必须足够大。

第二个要求是“明锐度”。这是分辨经过狭缝 1 的电子和经过狭缝 2 的电子的需求:我们不想把它们混淆。为了实现令人满意的明锐,光子的波长必须比狭缝间距短。

如果做不到严密,许多电子会溜过而未被看到。如果明锐度不够,我们会看到模糊的闪光同时从两个狭缝到来,因此我们不能判断电子到底走了哪条路。如果两个条件都满足,电子监视设备如愿工作,但结果却让人极度失望:电子被发现完全如同普通的经典粒子那样作为。事情是这样,闪光只在某个狭缝后面被发现,而不会同时在两个狭缝后面被发现。所有打到后面屏幕上的电子可以根据它们是被观测到通过狭缝 1 还是狭缝 2 的而被明确地分成两组。粒子的非此即彼逻辑又完全回来了,告诉我们打到屏幕上电子的总数就是各自通过每个狭缝的电子数目之和。简单地说,被观察的电子不干涉:同样的电子,在“未观察”版本实验中显示了类波干涉的电子,现在的行为却象常规的粒子。

所以,取决于是否被观察,粒子具有不同的行为模式?是的,但这仅是中度惊奇。再说,我们是在比较两个不同的实验,发现不同的结果并没有逻辑上的矛盾。我们都知道观察的过程会产生预料之外的附带效应，特别是被观测物体如同电子一样小和脆弱。更坚实的物体也可被观测影响。即便是对电子轨道很小的改变也足以摧毁脆弱的干涉花样。

是的，所有这一切都是真实的、熟悉的，好的实验家的功夫恰在于她会轻触设备，具有把扰动减少到可忽略水平的能力。但是，对于电子，这个轻触是不可得的。不管你是多么好的实验家，不管你多么用心建造你的设备，你不能发现电子通过哪个狭缝而不破坏干涉花样。干涉花样只出现在实验设备既不足够明锐也不足够严密以至于无法确定电子通过哪个狭缝的情形。

在一定程度上，最后的论断可以从我们曾表述过的光的本性来理解。当一个光子同电子发生碰撞，它(电子)不可避免地会晃动轨道。减少这个晃动的唯一方法是让光子“软一点”，即减少光子的能量和动量。这可以通过增加光子的波长来实现，但是这样做我们不可避免地会损失明锐度(清晰度)。波长太长的光子无法分辨两个狭缝。

费曼是这样夸张地描述这个变迁的：

让我们试着用长波做实验……一开始，好象没什么变化，结果是一样的。而后，可怕的事情发生了……当我们使用的波长比(狭缝的)空间距离还长时，则当光被电子散射时我们看到一大团模糊的闪光。我们不再能分辨电子是通过了哪个狭缝……只是用这种颜色的光我们发现给电子造成的晃动足够小……因此我们开始得到一些干涉效应①。

实际上，不能在电子自干涉(或者同时出现在两个地方)的时候捕捉它，其含义要比本节涉及的更深。它远不是我们无法消除扰动(那么简单)。不，任何使得我们能确定电子通过哪个狭缝的过程都摧毁干涉，不管电子是否被晃动。例如，我们改造我们的探测器使得只有狭缝 1 被照明。现在，当电子通过狭缝 1 时我们会(如前)在那个狭缝后面看到一个闪光，但若电子通过狭缝 2 则什么都不会发生。你可能觉得这个探测器比前一

① R. P. Feynman, *The Feynman Lectures on Physics*(《费曼物理学讲义》)，卷Ⅰ,37－6。——作者注

个要好,因为它不影响通过狭缝 2 的电子,所以至少我们能看到这些电子的干涉。但是不行!原因是新系统与前一个提供了同样的信息——足以判断电子走的是哪条路径。如果你在狭缝 1 后面没看到任何闪光,这肯定意味着电子通过的是狭缝 2。只要你获得了这个确定性,你就看不到干涉花样。例如,你可以减少光子源的强度,这样部分电子会溜过狭缝而不会泄露路径的秘密。不过,这些电子会表现干涉,而且确实会。

所以,中心问题是对于给定的实验设施能够收集的关于电子的信息量。如果提取了太多的信息,足以分辨电子是通过狭缝 1 还是狭缝 2,干涉花样就会被破坏。来自两个地方的两个闪光之间的差别,或者是一个闪光一个没有闪光之间的区别,是"清晰差别"的范例。记录这样的差别在量子力学语境中称为测量。一个测量无须扰动电子:但是它必须创造条件以使得对"电子通过了狭缝 1 还是狭缝 2"这样的问题给出一个明确的答案成为可能。

根据量子理论,除非你拥有一个设备可以回答电子是通过这个或者那个狭缝的问题,否则这样问是没有意义的。如果你有了这样的设备,则如逻辑要求,你就看不到干涉。如果你没有这样的设备……嗯,你就无法知道发生了什么,你将不会浪费时间操心无法回答的问题。

但仍然有人为这个危险的逻辑感到不自在。他们感觉电子在其内心深处的深处必须知道它在干什么,虽然我们不知道。一个电子在狭缝 1 后面的未观测影响那个电子未受干扰地通过狭缝 2 的行为,这个思想在那些人的头脑中行不通。一个物理效应如何会是由未发生的事情引起的?但是,根据量子力学的规则,仅仅电子在狭缝 1 后面可以被观察的可能性——即便这个观察并没有发生——就构成了巨大的不同。另一种表述是,在量子力学中是整个的实验设备决定了实验的结果,而实验设施一般来说是不可分割成小的部分的。所以,在我们的例子中,通过狭缝 2 的电子的行为,如果不计及狭缝 1 后面的光源,是无法正确描述的。这样的理论被称为"反事实的",因为那里仅仅是可能性就同实在的事实一样重要:穆希尔会喜欢这样的理论。

神谕

往高里说，量子力学的规则包含高度发展的神圣（教条）体系。图 64 显示的是古代最著名的神示所：特尔斐神庙中阿波罗的神示所。希腊各地的王都来到这里，就生死问题，包括征战、婚姻、逊位等，祈求神的指示。问题必须以仪式的方式表述和询问。女祭司，被称为皮提亚（Pythia），会倾听，走下神坛，表演祭祀的动作，仰面出神，然后在尖叫和歇斯底里的抽搐中间用晦涩的词语给出答案——答案可以这样或那样曲解以迎合问询者的愿望。

图 64　希腊特尔斐，阿波罗神殿的神示所。

一定程度上，这和量子力学一样。你带着关于一个实验的结果的精确问题来到它面前。问题必须用适当的语言——数学——表述出来。只有这样理论才屈尊回答你，答案是一串表述不同输出的概率的数字。不象皮提亚的答案，量子力学的答案是简明的、清楚的。你可以自己整理出答案而无需高级祭司的帮忙。答案没有欺骗，但你永远不能知道物理系统内发生了什么。概率替代了模棱两可。

现在谈规则。假设你想知道一个飘忽不定的量子粒子在空间某点被发现的几率。对你问题的答案被编码在称为波函数的抽象场中。表面看来，这看似以前我们遇到的其它的场，例如电场和磁场。

假设空间充满无穷多的箭头，都垂直于一个“竖直的”轴，但有可变的长度方向。空间中任意一点都被赋予了一个自己的箭头，所有的箭头的集合就构成了波函数。波函数象所有力学系统一样随时间演化，意味着箭头的长度和取向按照严格的、事先确定的规则改变。在这个演化的过程中没有不确定性，没有几率之类的东西。它如同经典力学中最好的钟表一样是决定论的。几率只当我们用箭头作预测时出现。可以这样说，在指定时刻指定位置上发现量子粒子的几率正比于那点上的箭头在那一时刻的长度的平方。

图 65 中笔者试图将电子的三个特殊状态的波函数加以可视化。中间的图 65(b)表示的是氢原子中的电子被一个质子束缚的正常状态(基态)。所有的箭头指向同一方向(方向不是固定的，但对所有箭头来说必须是相同的)，它们的长度在离开质子的距离上指数衰减。“指数衰减”意味着当自质子的距离增加一个特征长度，对于氢原子这个长度约为十分之一纳米，即一百亿分之一米，箭头的长度减半。因此，几无可能发现电子会远离质子，比如说，5 nm。这样的态是空间中局域的。但是，请注意即便是这种情形下波函数也是扩展到无穷大处的。很明显，来自质子——位于图中的中心位置——的电吸引成功地拉住了波函数，但也只到那个程度。完全的成功将意味着电子居于质子之上，这正是经典物理预测的原子的终态，则波函数将只包含图中心的唯一的一个箭头，所有其它的箭头的长度为零。此情形如图 65 的左图所示。这样的状态不是不可能的，但是不稳定。我这么说的意思是电子被置于这样的状态——尽管有吸引——将以不可思议的速度飞走，迅速地脱离视线。在阅读了下一节后，此一反直觉的行为将变得清楚。简单地说，正常状态(图 65(b))是能够永远坚持下去的最紧

致的状态。任何想把电子挤入空间一个小区域的企图都会产生将电子自质子推开的“量子压力”。

第三个波函数，如图 65(c)所示，代表以一定动量在空间中自由移动的电子。箭头到处都有同样的长度，表明电子可以在任何位置出现。这非常令人惊讶，甚至比电子不能坍缩到质子上还要令人惊讶。在经典物理中，如同我们的日常经验，一个运动的粒子，在每一时刻，占据空间中一个位置。但是，这个图中表现的波函数却是讲述一个完全不同的故事。粒子的位置是完全不确定的。

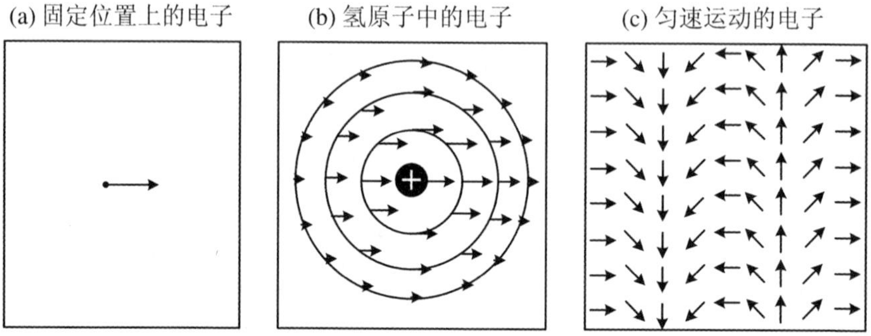

图 65　电子的三种可能状态和相应的波函数。(a)电子被局域于正方形的中心。波函数除了箭头所在处以外处处为零；(b)电子被约束在质子周围(居于正方形的中心)：波函数的值随着离中心距离的增加而减少，但不会为零；最后，在(c)中，我们有一个完全非局域化的电子。波函数的值处处相同，但是其相位“即箭头的方向”在变化，给出关于粒子动量的信息。

从这个图像中，我们如何判断粒子是以一个给定的动量在运动？暗示来自箭头的取向。如我们在图 65 中所见，当我们移向左侧时，它沿逆时针方向转动。这种箭头转动的方式是一个以恒定动量向左运动的量子粒子的“泄露秘密的”符号。运动越快，箭头就转动得越快；运动越慢，箭头就转动得越慢。动量为零的粒子其所有箭头指向同一方向。在所有这些情形中，花样是周期的——这意味着在空间中经历一定位移后箭头又回到原来的取向。这个固定的位移就是电子波的波长。

关于具有一定位置一定动量的理想点粒子，发生了什么？我们遇到了一个很严重的问题。对那个理想的最好的近似是波包:即定性地看起来象图 65(b)的波函数。但是,除非有一个质子拉着电子,那样的状态不是静态的(即非永恒的)。通过把电子限制在空间中的小区域,我们产生了一个量子压力。在氢原子中,这个量子压力被来自质子的吸引所平衡。没有了质子,那个同样的压力会使得波包扩散到远超过其原来大小的地方。波包会多么快地分散,这强烈取决于粒子的质量和波包的初始大小。对于一个初始时被局限在氢原子大小尺寸的波包中的静止的电子,在万亿亿分之一秒内尺寸会加倍。对于初始时被约束于一微米大小波包上的静态的网球,尺寸加倍的时间差不多是宇宙寿命的一百倍。

不确定性原理

波函数,如我此前描述的那样,如果你想要知道在某确定的点上找到粒子的几率会好使,你所要做的就是计算在那点上箭头长度的平方。但是如果带着不同的问题,比如这个粒子具有某个动量的几率是多少,来到神示所,对这个问题的回答依然可从波函数中提取,但要多花些工夫。在最简单的情形——粒子具有确定不变的动量——我们必须看箭头的取向变化的速度(见图 65(c)),在其它状态下,事情变得更复杂了。另一方面,完全可以建立起不同种类的波函数,箭头被贴到任意可能的动量值上,而不是空间位置上。这个箭头的长度的平方直接给出找到以那个固定的动量值运动的粒子的几率。这种新的波函数被称为是“动量表象中”的波函数,和此前的“坐标表象中的波函数”包含同样的信息,但对应不同的实用需求:它在你想知道动量时好使,如同前者在你想知道位置时好使一样。

图 66 重新给出了图 65 中的态:一个局域于一点的粒子,一个束缚态的粒子和一个自由游荡的粒子——不过现在是用动量表象。变化是惊心动魄的:两种极端情形互换了其表现。在普通空间中局域了的在动量空间中变成是蔓延的,意味着大的动量值是可能的。在普通空间中是扩展的现

在被约化成一个单一的箭头——动量空间中的一个点。这个华丽的互换反映的是理论物理最重要的思想:位置和动量之间的共轭。

一个具有特定动量的状态在空间中周期性地出现,因此必须是扩展到无限远的。反过来,一个局域于空间中一点——在氢原子基态的意义上——的状态不能够被赋予一个特定的动量值。动量和位置可以同时地被清晰定义的状态会怎样?它看起来是什么样?这样的状态,如果存在的话,其波函数应该在空间和动量表象中都是局域的。这样你就可以将两种表象组合成一个超级的动量和坐标表象,其中箭头长度的平方会给出同时发现清晰的坐标 o 和动量 p 值的几率。但是看看图 66 会让你相信,这是不可能的。波函数在坐标表象中越局域,在动量表象中就越不局域。你能做到的最好就是一个妥协,其中的位置和动量都不是清晰定义的。这或多或少是图 66 中的中间情形——氢原子中电子的情形。如果你在实空间中压缩波函数,你不可避免地要增加在动量空间中的扩展程度。这是量子压力的物理来源,这个概念是我在前一章中非正式地提到了的。正如气体的压力来自撞击容器的分子的动量,量子压力来自粒子被压缩进空间的一个小区域中所获得的额外动量。

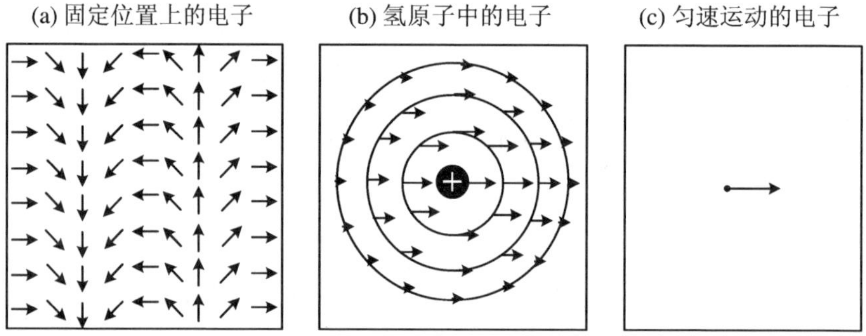

图 66　同图 65 中一样的三个状态,但是现在是在“动量表象”中看的。注意状态(b)(电子被一个质子束缚)的波函数差不多没什么改变,但是(a)和(c)的波函数的形象互换了。图 65 中非局域化的状态现在被一个只在动量空间中一个点上不为零的波函数描述。图 65 中局域化的状态被一个幅度为常数而相位改变的波函数描述。

这里我们有了量子力学的基本原理,即不确定性原理的种子。该原理排除了同时确定粒子的位置和位置的可能性①。原理不是说你不能够分别决定找到某个 q 值,或者 p 值的几率,而是它确保你不能计算 q 和 p 同时具有确定的值的几率,原因就是 q 和 p 同时具有确定的值的状态不存在。这就是为什么氢原子在半径小于某个值时不会坍缩的原因。如果它坍缩,同尺度减少相联系的不可避免的动量增加会使得它又弹回大的半径。结果是它必须落在一个标准尺寸的"妥协"上——氢原子的普适的半径,仅由普朗克常数、电子质量和电荷所决定。类似的论证可以解释为什么在双缝实验中,一旦我们知道电子是从哪个狭缝通过的,干涉花样就不见了。我们很快会讨论这一点。

复数

在这一点我预期有大量的问题会劈头盖脸向我袭来。首先,我们为什么用箭头而不是简单地用数字描述几率?这是一个深刻的问题。答案是我一直在将箭头当作一个某种更抽象事物的符号(或者说表象,如果你更喜欢的话)在用,这个抽象事物是波函数的原料:复数。

一个复数是一对实数 x 和 y,它们一起构成了一个复杂的个体 $x+\mathrm{i}y$,x,y 被称为复数 $x+\mathrm{i}y$ 的实部和虚部,符号"i"是"单位虚数",具有平方等于 -1 的性质:$\mathrm{i}^2=-1$。显然没有实数具有这个性质,因为一个实数的平方总是正的②。

① 哪对变量可以同时被决定,哪对不能,是一个非常迷人的问题。对这个问题的漂亮答复是一对变量 A 和 B,它们的算符(参见第8章,153页,"光的振子"一节)是对易的(即有 $AB=BA$)是"兼容"的,可以同时被确定。但是算符不对易的变量,如位置和动量,是根本不相容的,不能够被同时确定。——作者注

② 但也没必要认为 $x+\mathrm{i}y$ 含有虚的成分。实际上可以把它写成(x,y),这样就无须出现单位虚数了。复数写成(x,y),称为二元数。二元数的乘法法则为 $(a,b)(c,d)=(ac-bd,ad+bc)$,显然有 $(0,1)(0,1)=(-1,0)$,即常见的 $\mathrm{i}^2=-1$ 的二元数表示。——译者注

我坦白,当我童年时一个小朋友告诉我说有一个新的数字,i,它的平方是-1时我笑了。我以为他是在开我玩笑,因为他经常这么干。缺乏我的南欧人的轻灵,穆希尔的同名小说中年轻的托莱斯先生对同样启迪的反应是陷入深深的智力的危机:那个书中一开始引述的只有第一根和最后一根桩子的桥的比喻只是他关于这个主题取乐的例子之一。复数似乎也给布尔加可夫留下深刻的印象,这可从他撰写《大师与玛格丽塔》时放在书桌上的书判断。那本书名叫《几何中的想象》①,是俄国具有神秘主义者、哲学家、数学家、神学家、电气工程师等标签的巴维尔(Florensky Pavel)写的。这位作家因为明确拒绝泄露圣-谢尔盖·拉东涅日斯基(St. Sergii Radonezhsky)隐藏的地点被斯大林的秘密警察于1937年处死。那本书宣称描述运动速度比光还快的相对论所预言的虚几何②是上帝国度里的几何。

就算是这样,很快就清楚了单位虚数不是个笑话,而是非常严肃的事情。很快地,复数和平面中箭头的联系适时地出现了:每个复数都可由箭头表示,其在 x 轴和 y 轴上的投影分别为 x, y;反过来,每个箭头定义一个复数 $x+\mathrm{i}y$。纯的实数有 $y=0$,因此可用水平的箭头表示。纯虚数有 $x=0$,用竖直箭头表示。所有的基本代数运算(加、减、乘、除)以及更多的运算,可以在复数或者箭头的基础上进行。比如,两个复数的和与差可以通过将箭头头与尾或尾与尾相连得到,如图67所示。所以,这节开始时问的问题可以这样重新表述:为什么量子态的函数用复数表示?为什么实数不够用?

对这个问题的基本答案是,一个复数的两个分量(或者等价地,一个箭头的长度和取向)携带两个共轭变量——位置与动量此一理论物理的双螺旋——的信息。两者都被需要来产生时间演化。例如,图65(b)中的波函数,其箭头方向固定而长度变化,描述一个电子局域在质子旁边,具有平均

---

① Lesley Milne, *Mikhail Bulgakov — A Critical Biography*(《布尔加可夫传》), Cambridge University Press (1990)。——作者注

② 这段中出现的"想象的"、"虚的"等词,英文原文都是 imaginary。虚数 i,被认为 imaginary 的数,来自对一元三次方程根的研究,而不是流传的所谓首先作为-1的平方根被引入的。——译者注

为零的动量。另一方面,图 65(c)中的波函数,其对应的箭头长度不变而方向变化,描述一个以恒定的动量向左运动的粒子。箭头的长度告诉我们哪里能找到粒子,变化的方向告诉我们以多快的速度运动。

复数还帮助我们理解波函数在什么意义上是波。波的最重要性质,第7章已经介绍了,是"叠加原理",即两个波可以加在一起——叠加——产生第三个波。当一个波峰遇到另一个波峰你得到更大的一个波峰,当一个波峰遇到一个等量的波谷你得到零;当然还有各种中间情况。简单地说,一个波用两个实数描述——振幅告诉我们波的最大高度和"相位"告诉我们是在一个周期的哪个点上——波峰、波谷还是中间的某点。叠加原理也是量子力学的基本原理。波函数可以因为它们是由复数构成的这个简单原因加到一起,复数是有振幅和相位——对应箭头的长度和方向——的东西,可以象波一样相加。

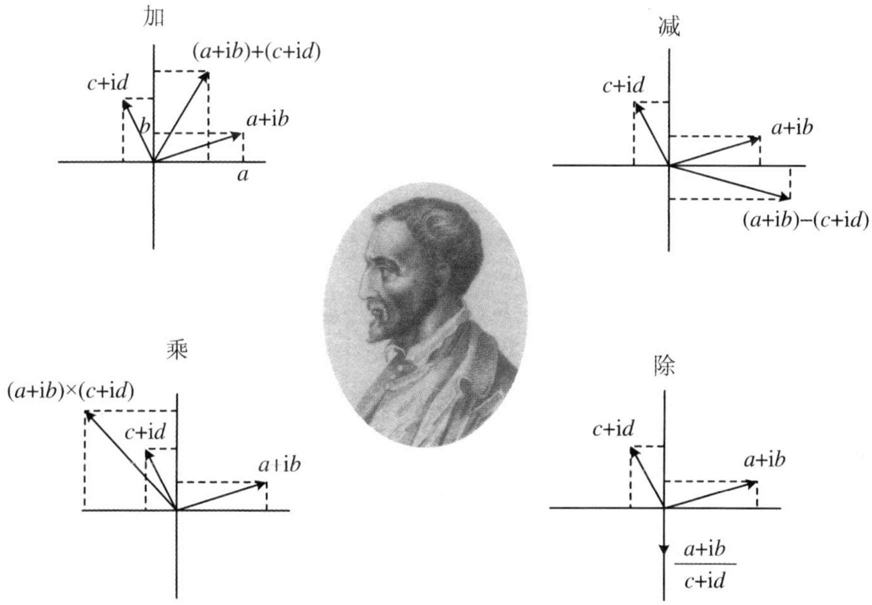

图 67 复数 $a+ib$ 和 $c+id$ 的四则运算。中间是卡尔达诺(Girolamo Cardano),他关于三次方程解的公式第一次显示复数如何可以形成实量之间的桥梁。

波函数在行动

考虑双缝实验中自两个狭缝发出的两个波的叠加为例。当一束具有一定动量的粒子，用如图 65(c)所示的平面波函数描述，穿过有双缝的屏幕后，这种情形就发生了。只要设备不揭示电子通过哪条狭缝，我们就必须假设电子是处于来自两个狭缝的两支波的等量叠加。每支波有自己的一组箭头/复数，其在每个点上的复合振幅是来自两个波的箭头的矢量和。观察图 68 中沿着后面屏幕上的点。在屏幕的中心，两支波的箭头指向相同，它们的相加使得长度加倍。打到中心点上的几率和结果的箭头的长度平方成正比，因此是只有一个狭缝打开时电子打在该点的几率的四倍。接下来考虑在“死角”*N* 发生了什么。这里，来自两支入射波的箭头方向相反，抵消了。电子打到屏幕 *N* 点上的几率因此为零。这是量子力学对双缝实验结果的“解释”。

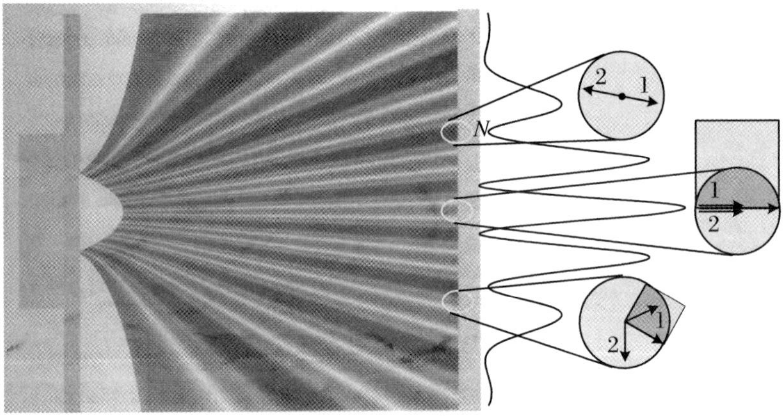

图 68　双缝实验的解释。

图 69 展现的是一个更复杂的设备——马赫-岑德尔(Mach-Zender)干涉仪——的杰作。此处我们有一个粒子(常常是光子，但不必须是)打到镀

银的半透镜上。镀银的半透镜以各一半的几率让光子通过或者将之反射到与原方向垂直的方向上,但是直到你观察之前你不知道哪个可能变成了现实……一旦你不观察,光子的波函数就保持是两支的叠加,分别为透过的部分 T 和反射的部分 R。波函数透过的一支无干扰地通过玻璃。反射的一支波函数除了镜子的反射造成了箭头的额外逆时针 90°的偏转以外,也是正常传播的。两支波,T 和 R,各自继续传播一段距离后(图 69),被正常的镜子反射——都遭遇一个 90°的偏转——在第二个镀银半透镜处相遇。在这一点上两支波又继续被分剖:T 被分为 TT 和 TR,取决于是通过还是被反射了;类似地,取决于是通过还是被反射了,R 被分为 RR 和 RT。最后,RR 和 TT 在光子探测器 1 处叠加,与此同时 RT 和 TR 在光子探测器 2 处叠加。但是,RR 支的箭头遭遇两次 90°偏转——两次反射——因此指向 TT 支箭头的反方向:这意味着两者的贡献抵消,光子到达探测器 1 的几率是零。理想状态下这个测量的结果是 100%确定的:探测器 2 能探测到信号,尽管镀银半透膜对光子施加了一个无法预知的影响。

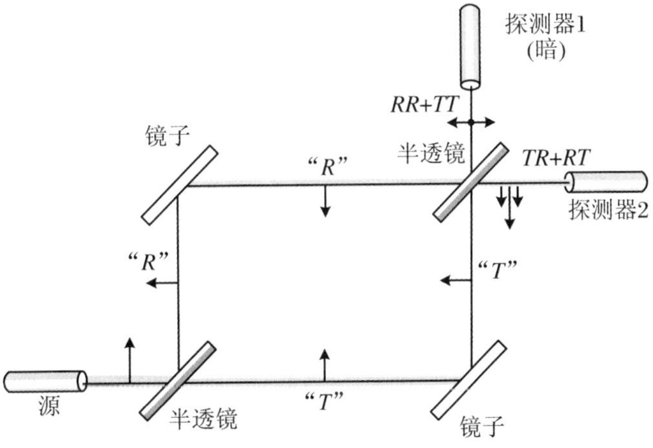

图 69

吊诡的是,只有在你没有关于光子到达终点是经过路径 R,还是 T 的时候你才有确定性。设想你沿路径 T 插入一个障碍物。现在你确知到达探测器的光子必须沿着路径 R,因为路径 T 被阻断了。但是恰恰是这个原因，你不再能够判断哪个探测器能探测到光子：每个都有50%的几率。

在没经过的路途上一个障碍物的出现是如何根本地改变了沿另一条途径经过的光子的行为的？光子是不知道障碍的存在的。这正是量子力学奇异之处所在。我无法说出什么能消除这个奇异之处。用言语达到这个目的的企图都失败了。

经典的波代表能量在空间的分布，所以在 A，B 点放置的两个探测器可以同时探测到波的到达。但是量子波函数代表的是一个且仅只是一个粒子在一个位置上和时间点上出现的几率①。放在不同位置上的探测器不能同时探测到粒子的到达。实际上，如果一个探测到了，你可以肯定另一个没探测到。波函数以一种神谕的能力存在。它的目的是预测未来观测的可能性。观测一旦作出，原来的波函数就坍缩了——事儿干完了——它就被描述新状态的完全不同波函数所取代。

如果，比如说，粒子在 A 处被探测到，则探测后的新的波函数就只由在 A 处的一个大箭头组成。所以一个量子物体的时间演化被描绘为一系列被突然不可预测的跳跃——称为测量，其中波函数坍缩到一个经典的可能性②——所间断的光滑的转动。

对于一个在某时刻充满整个空间下一时刻会坍缩到一点的事物，很难赋予其客观的实在性。好象只能指望可获得的信息的数量，而不是粒子本身。但是对于年轻的量子力学奠基者，客观实在性的存在不是一个好理论的重要特征。对他们来说，波函数之好象是神谕的优点是真实的奇迹。

---

① 实际上应该是几率幅。——译者注

② 物理学家至今仍在为“量子跳跃”问题，也叫测量问题，而纠结。量子跳跃的想法在一些杰出的物理学家中引起了强烈的、多样的反应。有些人讨厌这种想法，比如爱因斯坦就宣称：“上帝不掷骰子”；而薛定谔则说，“要是这些跳跃保留着，我宁愿没发起这扯淡的事情(指创立量子力学)”。另一方面，对狄拉克来说，这些量子跳跃则构成了“自然现象不可计数的部分”，且是解释宇宙复杂性的关键。——作者注

量子态

此刻关于量子力学是否允许客观实在性应该变得清楚了,我们不能指望在波函数本身找到实在性。一个波函数,最多就是关于潜在的实在性的一个方便的表示——多种可能的、等价的表示之一,其发明是为了强调系统的这个或那个性质,比如位置或者动量。所以如果有什么客观实在性可言,那一定是在那个所有可能的波函数之下的抽象量子态中。这个抽象的态可以看作是无限维空间中的一个矢量。这里你必须把你的想象力扩展到类似具有无穷多个互相垂直的(!)轴的空间那样的东西。矢量由沿着轴的复分量所确定,正如普通矢量是由沿着三个互相垂直的轴的实分量所决定的那样。这些分量的集合构成一个波函数。例如,无穷多互相垂直的轴可选择为对应一个粒子在空间中的无穷多可能的位置,则状态矢量沿这些轴的分量给出普通的波函数——一组复数,每个位置对应一个。如果互相垂直的轴选择为对应粒子动量的可能值,则沿着这些轴的状态矢量的分量给出动量波函数——一组复数,每个动量对应一个。选择不同的互相垂直的轴的集合类似改变坐标系的取向:这改变波函数,但是不改变状态本身——就象绕一个物体走动改变其外观但是不改变其本性。

一般来说,不容易将在前一段所说的内容加以可视化,但是有一个例子,其中的量子态的抽象空间幸运地同平面上的矢量空间相吻合。我现在谈论的是光子极化①态。

让我们暂时回到第 7 章讨论的经典的电磁波。有两类独立的、基本的电磁波:一个是电场"上下"振动,磁场相对纸面"进出"振动,如图 49 所示;另一个是电场"进出"而磁场"上下"振动。这两类电磁波分别被称为是垂

① 英文的 polarization 被译成极化和偏振等词。按说极化的译法较好,偏振的说法应该抛弃,但本书还是照顾一般习惯,在涉及光束的 polarization 时译成偏振。——译者注

直偏振(V)和水平偏振(H)的。每一个电磁波都可以由这两类电磁波组合而成。例如,一个电场在垂直和水平方向半中间(各成 45°)振荡的电磁波可以表示为 $V+H$。一个电场绕传播方向作圆周运动的电磁波——圆偏振波——可表示为 $V\pm \mathrm{i}H$,其中 + 号和 - 号取决于转动是顺时针还是逆时针。

我刚才说的关于电磁波的内容对单个光子,即光的量子,也成立①。一个 V 光子由定义,具有这样的性质:它会 100% 地确信被一个垂直取向的偏振片放行而会以同样的可信度被水平取向的偏振片吸收(图 70 右)。一个 H-光子有互为补充的行为方式:它会 100% 地确信被一个水平取向的偏振片放行而会以同样的可信度被垂直取向的偏振片吸收。另一方面,一个($V+H$)-光子则会被水平或垂直放置的偏振片各以 50% 的几率放行和吸收。偏振片的每一个取向都定义光子的一个偏振态,即是说,一个肯定会被放置在那个方向上的偏振片放行而肯定会被垂直取向的偏振片吸收的状态。在这个意义上,你可以说这些态由(V,H)平面上的矢量所描写,当然这里是只就矢量的方向而言,而不是它们的长度甚至实际的取向:V 和 $-V$ 代表同样的态。

但是我们怎么知道光子是在,比如,V 状态?下一节我们会看到唯一的能知道这一点的途径是仔细地把它准备到这个态上。一个来路不明的光子有可能是在 V-状态,但我们不能证明它是。没有额外的信息我们应该假设它是"非偏振"的,可以不用箭头表示它。只有当光子成功地通过一个 V-滤波片,H-滤波片或者($V+H$)-滤波片我们才能充满信心地说:是的,它现在是在 V-状态,H-状态,或者($V+H$)-状态。从那一点起,我们可以基于光子态的知识作预测。一些预测完全出乎意料。例如,我们早已看到一个 V-光子是没有机会通过一个 H-滤波片的,但是如果你在 V-滤波片和 H-滤波片之间加上一个($V+H$)-滤波片,出乎意料的事情发生了:现在光子有 25% 的可能通过 H-滤波片。这发生的方式是这样的,V-光子有

① 此观点值得商榷。光子只能选 $l=\pm 1$ 这两种自旋态中的一个。用线偏振的语言讨论光子似乎不太合适。——译者注

50%的可能通过($V+H$)-滤波片。如果它通过了,则其新状态是一个($V+H$)态,有50%的可能通过H-滤波片。两个通过事件的组合概率是50%×50%=25%。

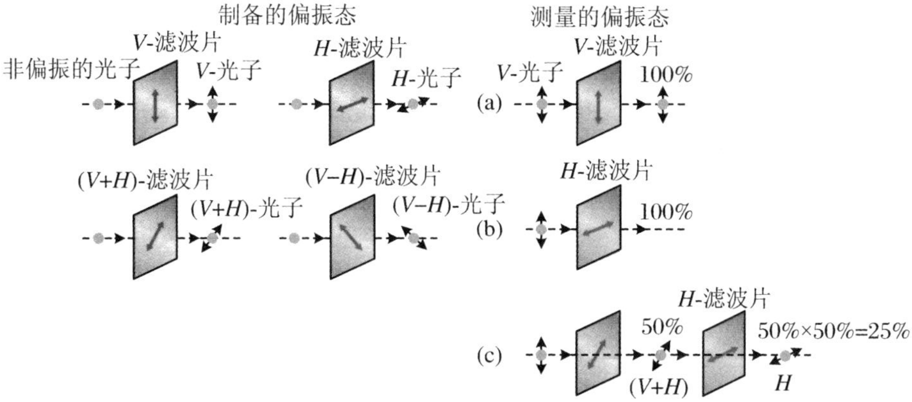

图70 (左图)一个线性偏振光子的态由让光子通过的偏振片来准备。偏振片有一个"容易"轴,其取向决定出射光子偏振的方向。例如,垂直极化的光子(V-光子)可由让光子通过"容易"轴在垂直方向的偏振片(V-滤波片)产生。类似地,水平极化的光子(H-光子)可由让光子通过"容易"轴在水平方向的偏振片(H-滤波片)产生。(右图)V-光子100%通过V-滤波片,其通过H-滤波片的几率为零。但是,如果一个V-光子通过一个($V+H$)-滤波片,即滤波片的"容易"轴和垂直轴与水平轴成45°,则它的偏振方向被重置到($V+H$)方向上。此状态下,光子有50%的可能通过V-滤波片或者H-滤波片。

如今已是确定无疑的了,量子态不会告诉我们我们想知道的一切。大多数问题没有清晰的答案,而是只有概率性的答案。不确定性原理为我们能实现什么施加了恼人的限制。例如,试图制备一个能确切地通过一个V-滤波器和一个($V+H$)-滤波片的状态是徒劳的,因为那样的态不存在。尽管受制于这样的限制,抽象的量子态看起来还是我们关于"客观的量子实在性"最好的赌注。惊讶还在后面。

不可克隆定理

设想某人递给你一个光子，而不告诉你她从哪里弄来的，她要拿它干什么。有什么办法能搞清楚光子处于什么状态吗？答案是：不，不可能。你可以操控光子，强迫它进入某个你选定的已知状态，但是你没办法找出它被递给你时的状态。

不难看出为什么会是这样。假设我们将光子通过 V-滤波片，而且它穿过了。这是否意味着光子原来是在 V-状态？不是这样。最可能的是，它是 V 和 H 态的某个叠加，碰巧通过了 V-滤波片。只有对同一个光子做大量的实验我们才能够以足够的确定性获知那个光子的状态。

让我给你举个例子。如果我戴着眼罩掷一个骰子，而你，我信任的朋友，告诉我结果是 6，我没有理由感到惊讶。如果我再掷一次，你告诉我结果还是 6，怀疑骰子有什么不正常可能没什么道理。但是，如果我扔了 100 次我总是掷出 6，我就有正当理由得出结论 6 是目前为止最可能的，也许是唯一可能的结果。但是，因为我是蒙着眼的，我不知道发生了什么——也许骰子被灌铅了，也许某人在骰子的每个面上都印上了 6。但是我有理由说“骰子处在数字 6 的状态”，意味着一掷的唯一可能结果是 6。

我们为什么不能沿着这个路径揭示光子的状态呢？因为在第一次测量后，量子态就变成了和原来不一样的别的什么，没有办法重复测试，除非我们碰巧知道初始状态，而这种情况下整个这档子事就是无厘头的了。对量子对象的基本问题是我们只有一次机会去猜测它们的状态——就是简单一掷就要确立骰子是否所有的面都是 6。

但是，你看，有一个办法绕过这一点。我们为什么不制备一个光子的备份，然后另一个备份，然后另一个，不停地发送不同的备份通过 V-滤波片或者 H-滤波片，直到我们获得足够的信息作有意义的统计分析？这是一个好主意，但是有一个陷阱——非常严重的陷阱：一个量子态不可以复制，复制量子态的机器原则上不存在,更别说实用了。这个该死的事态在量子力学里有了定理的地位:不可克隆定理。

图 71 中,我试图解释为什么是这样的。关键点是量子复印机要遵循量子力学的定律。根据这些定律,状态矢量的未扰动的时间演化是某种在无穷维空间中的转动——专业术语叫"幺正变换"。如同每一个转动,量子演化也保持状态间的夹角。所以,如果两个状态初始时夹角为,比如 45°,则它们会永远,或者至少在被扰动之前,保持这个姿态。量子复印机的问题是它不可能做它想做的事情而不改变两个态的夹角。你看,量子计算机不知道要复制的是什么态,一点也不比普通复印机关于你放到玻璃板上的文件到底写的什么知道得多。不管输出是什么,机器进行一系列机械的操作,其最终结果是在初始时空白的纸上复印一个文件的拷贝,而原件不会改变。类似地,量子复印机的任务是在初始为"空白的"光子(即在常规的参照系中制备的一个光子)上再现"原件"光子的状态,而保持"原件"光子的状态不变。可是,这种情况下一系列操作不可避免地归结为对"原件"光子和"空白的"光子之组合状态的转动。关键点是对所有的输出转动角必须是相同的。但是,这样的盲目操作同空白光子必须被转过两个不同的角度以忠实地产生两个不同输入的复印件的事实是不相容的(见图 71)。这就是为什么量子复印机不只是很难制造而是根本不可能被制造出来的原因①。

这是一个清醒的结果。我们刚刚确认了量子现实的承载者——量子态,我们就发现我们不能复制它,因此不能够可靠地知道它。不是因为我们不够聪明以至于不能够构思出来;不,是因为它自身不可动摇的律条因

① 为什么在每个办公室都能见到常规的复印机?量子力学对它们不适用吗?答案是这些常规的复印机用量子力学的标准就不能看作是复印机。如果你要比较在微观层次上(我意思是,逐个原子地)比较原件和复印件,你会发现它们是完全不同的。当然,这些不同不会影响文件的宏观水平的外观。这是在第 4 章、第 5 章中思想的另一种表示:不可克隆定理在宏观层次上被打破了。不是量子力学被违反了,而是在宏观层子上复制有了完全不同的意思。作为对这个脚注的脚注,我想增加一点:虽然不可能完美地克隆一个量子态,但是却可能高保真地复制一个给定的态。多高算高取决于我们拿这个态要干什么,即取决于表述的层面。——作者注

而是不可知的。关于量子态有一些奇异的、秘密的东西，一些只有量子态自己知道而永不坦白的东西，象艾略特诗中的猫[①]。

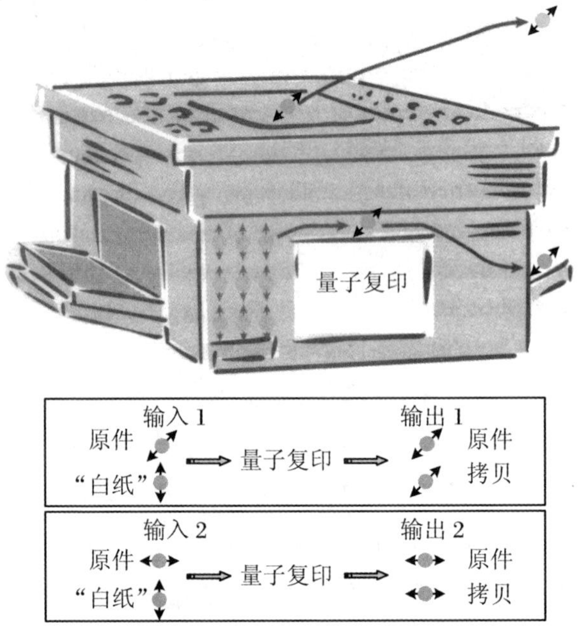

图 71　不可克隆定理图解。两个不同的输入(原件＋白纸)不能被忠实地拷贝而不改变输入之间的“夹角”。这样的改变，却是被支配量子力学状态演化的基本规则所禁止的。

量子实用主义还是量子实在性?

我们又回到“客观实在性”的问题，现在请让我跑点题。首先，我想说基于粒子、波、涡旋、天球等等概念的老理论并不比量子理论更具实在性：它们只是看起来更具实在性，因为它们基于大家更熟悉的概念。那些熟悉

① T. S. Eliot，在 *Old Possum's Book of Practical Cats* 中的“The naming of cats”。——作者注。由其改编而来的戏剧名字就叫 *Cats*(《猫》)。——译者注

的概念,如果仔细分析,变成了从未曾完备地描述了的实在的抽象、极限或理想化。确实,那些理论不存在类似不确定性原理的暗角;它们也不引入客观实在的存在性问题;它们不强迫我们去走逻辑的吊索,从那上面掉下来可能会摔断脖子。但是这些优点被如下事实大大地给比下去了:当用到微观世界,它们会导致和实验强烈冲突的预测。另一方面,量子理论,尽管哲学上很烦人,却有极为出色的预测成功的纪录,到目前为止从来还没在任何应用中发现过是错的。事实上,实用上的成功是它唯一存活的机会,因为如果不是在每一个预测中都是那么引人注目地正确,谁愿意拥抱那么个危险的理论?从这一点上来说,量子力学可以被称为"实用主义的胜利"而不是"抽象的胜利"。

实用主义在科学史上具有悠久的、显赫的传统。当1573年哥白尼在去世前一天最终出版了行星运动的日心说时,编辑因为这个理论同已有观念相抵触而闹心,于是加了个前言,本质上是宣称日心说模型后面不存在物理的实在性。书中的每项内容都被看作是"数学假设",但也被看作是能更好地描述行星运动的高度实用的方案。这被证明是聪明的策略,因为它使得科学能迅速、顺利地前行而无须同真实性与权威性的问题相纠缠。或许如果不是针对伽利略这样的头脑坚强的人物,其坚持日心体系必须是真实的,月球不是由玻璃组成的,木星有自己的卫星(月亮)等等,就没有与日心体系的尴尬的冲突。那位杰出思想家的命运——被迫收回自己的理论,终生软禁——肯定给科学家上了很好的一堂课,在一定程度上克制自己采取同权力相抵触的坚定立场后,科学家们自此就很自在了。所以当量子力学登上二十世纪的悲剧舞台,它的双脚根植于取得过令人瞩目进展的300年传统中,但依然奇怪地同现实脱节,如同传奇工匠代达卢斯——拥有非同寻常的创造自由,但是被幽禁在一座塔里,所以不能逃脱到世界上传播他的知识——的那些作品①。不可见的电磁波被预测,而后被探测到;不可见的原子被假设,而后被表明是物质的多重外形的原因;时间本身被重塑以便遵从协变性的重要原则——所有这些都不触及引得百万人排着整

① Ovid, *Transformation*(《变形记》),卷8。——作者注

齐队伍敲着鼓点前行的偏见和冷漠誓言之坚硬外壳。如今,量子力学把一直是隐含的东西直言不讳地说出来了:没有要坚持的客观实在性,我们无助地迷失于 歪曲真相的游戏中,迷失于一个我们或许可以控制却永不能理解的一个宏大而毫无疑义的宇宙中。

但是真就应该是这样的吗?或者,量子力学不是一个人类思想史上新时期的开端吗——此时期科学想象应时而生,它认识到自己从幻想中产生事实的能力;它扯掉狭隘的实在主义的紧身衣,升入空中,一如代达卢斯依靠自己的翅膀飞起来。你肯定知道我认为的答案是什么。所以我将把下一章都用于描述量子力学的正面的、释放性的内容,不再谈论限制和约束。我将告诉你量子实在性之扩展而不是去限制可能性边界的特征。我称之为量子实在性的传说。

第 10 章 量子实在性的传说

在黑暗中摸索

在其《GEB——一条闪光的金带》①一书的前言中，霍夫斯达特提到一个电“黑匣子”，其唯一的功能是关上它本身。这个玩具激发他终生投身于自我指涉体系的研究。可是，对我们大多数人而言，鲜有比一件我们想用它时它就自毁的器件更令人沮丧的东西了。这类器件包括理论物理学家厄黎策（Avschlom Elitzur ）和维德曼（Lev Vaidman）引入的超灵敏炸弹。它的引信是如此的灵敏，一个单光子就足以引爆它。但恰恰是因为这个原因如果不实际引爆——这是一个如果你是将军就没炸弹用，如果你是个设计它的科学家就没有饭碗的动作——就不可能知道炸弹是否好使。但是，厄黎策和维德曼让我们看到有一个无需摧毁就能测试炸弹的聪明方法。该方法使用一个精巧的、可以描述为“在黑暗中看见”的量子力学效应。本节的主题是他们著名的炸弹测试问题的明显非军事版本及解决方案。

设想经过一番痛苦的找寻你发现了能治疗恶性胶质瘤——一种致命

① Douglas Hofstadter, *Gödel*, *Escher*, *Bach*: *An Eternal Golden Braid*（1979），有中译本。——译者注

的脑组织肿瘤——的有机分子 TTF-TCNQ 的一种特别的形式。这个分子的特别形式在自然界很少发生,所以有必要发展出有效的程序把有用的分子从普通的、无用的分子中分离出来。直接 X 射线分析又慢又昂贵,化学方法又使得它们欲筛选的分子变性。一个你团队的成员发现该分子的有用形式吸收特定波长的光子,而普通形式的不吸收。这是个激动人心的消息。问题是光子的吸收开启了一连串事件,结果是把分子反转成了无用的形式。你为此感到很闹心。现实给了那么大的希望,却又没打算允许其实现,这看起来很不公平。然后,你想起了你年轻时学过的量子力学的奇异特性,你想起了一个漂亮的解决方案。

将该分子以每次一个的方式插入如图 72 所示的单光子干涉仪的下臂。这个干涉仪在第 9 章中被讨论过(图 69),你还记得当干涉仪的两臂都是自由的时候,光子 100% 到达探测器 2。在干涉仪的下臂出现一个分子

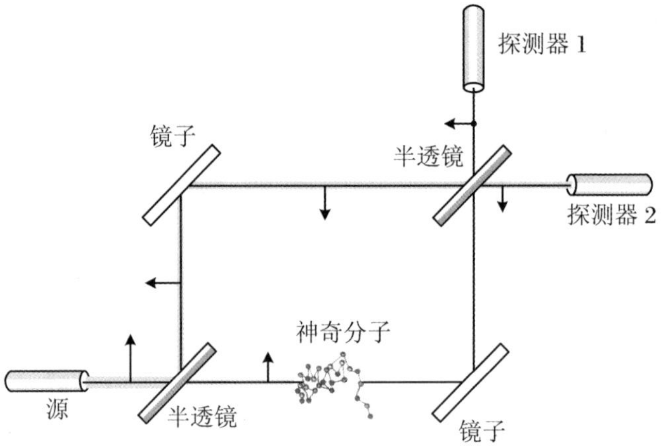

图 72 马赫-岑德尔干涉仪使得我们能够“在黑暗中看见”。

会强烈改变(实验)情形。如果分子是普通的,什么都不会发生,因为这个分子不吸收光子,也不改变传输的方向;但当分子是有用的那种时,几个有趣的事情发生了。第一种可能是分子吸收光子,这样做就预示它的死亡,因为吸收一个光子开启了一系列摧毁其结构的事件。这将会以 50% 的几率发生,即当光子在沿干涉仪下臂传播时被捕获。在余下的 50% 情形中,光子不会被吸收,分子也不会被影响,但是它出现在光路上,它可能吸收了

那个光子的事实，足以摧毁阻碍光子到达探测器1的精巧的干涉花样。当然，仍然没有保证光子会到达探测器1，但是如果它到达那里了——这个发生的几率又是50%——你就有绝对把握知道被测试的分子是有用的那种，你可以自信地把它储存起来。简单地说，每一次探测器1的响动都预示着干涉仪下臂上出现了一个有用的分子。你明白了为什么我将这个效应称之为“在黑暗中看见”。

具有讽刺意味的是，量子力学被描述为不确定性的理论，是关于不可避免地干扰被观测状态之观察的理论。真有趣，你会发现一个让理论反对它自身的方法，在不干扰其状态的前提下获得关于一个分子的确切信息。

“被照看的壶永远烧不开”

没人会注意不到一个不断被看顾的壶里水要烧开会慢得折磨人，但是只有物理学家会想起把这个经验的事实同芝诺佯谬——飞行中的箭头在任一时刻却是不动的这一卡夫卡式噩梦（见第3章）——联系在一起。在量子版的芝诺悖论中，一个放射性粒子，正常情况下会在几分之一秒内裂变，但如果你，或者一个无心（没头脑的）的设备，经常检查它的状态，它会拒绝分裂。多经常？两次检查之间的时间间隔应该比一个被检查粒子的正常衰减时间要短得多①。

为了理解为什么会这样，注意当我检查一个不稳定粒子——一个可能会突然不可预料地分裂的粒子——的状态时，我们实际上是在问一个问题，粒子可以这么回答：(i)“我仍然在这儿”；(ii)“对不起，我已经走了”。如果粒子刚被放到位置上就被讯问，第二个结果绝无可能，所以你实际上

---

① 一些专家不相信这章中描述的景象能够实现。他们争辩道，恰恰相反，经常的测量，不断重置粒子的内钟，会实现反面的效果：加速粒子的衰减。“被照看的壶开得快”——这些专家说。争议来自技术层面，关键在于一个实际的测量做了什么或没做什么。——作者注

可以肯定第一次检查,如果做得足够早的话,会得到答案(i)。这样的论证可以应用到接下来的每次问讯,因为根据量子力学原理,每次观察邀来“是的”答案,重置了粒子的状态,抹去了此前的历史。所以一千次核查后,每次答案都是“是的”,粒子跟新的一样,准备好了去迎接下一千次核查。无须说,这只有你不停地核查才会这样运作,因为每次核查都重置粒子的状态。一旦你停止核查,粒子就被交付于其自身的策略,会在一个特征时间内衰变①。

如何分享秘密

当基德船长,传说的加勒比海盗,被迫埋藏他的藏宝箱然后仓惶出逃时,他发现记住埋藏宝藏(还有替他埋宝的人的尸骨)的地方的最好办法是草草地秘写一张纸条,其开始部分照录如下:

53‡‡†305))6*;4826)4‡.)4‡);806*;48†8¶60))85;|‡

(;:‡*8†83(88)…… ②

对他来说不幸的是,纸条落到了聪明的勒冈(William Legrand)的手里,他马上破解了谜语。这位天才的英雄是这样推理的,如果密码是英语的简单映射,则最高频率的字母(“8”)应该对应最常见的元音“e”。下一步,他注意到那种语言中,最常见的字是“the”,由此他推定“;”代表“t”,“4”代表“h”。这样,一步步地,直到字条的全部象放到火上的隐形墨水那样被

---

① 这个奇怪的效应同“在黑暗中看见”问题有一个预料之外的相关。厄黎策-维德曼方法聪明但是效率低,因为有75%的情况是无效的。量子芝诺效应允许我们改进这个方法到它的无效率只为百分之几。这个改进的方法有点太复杂,这里就不介绍了。但其基本思想是利用量子芝诺效应保证光子不“衰变”,即它实际上永不会进入干涉仪。“实际上永不”和“永不”不同。仅只是光子可以进入下臂的事实足以让干涉仪可以象个探测器。这个方法被 P. Kiat, H. Weinfurer 在文章 *Quantum Seeing in the Dark*, *Scientific American* 275, November 1996, p.72 中描述。——作者注

② Edgar Allan Poe, *The Gold-Bug*(《金色甲虫》)。——作者注

解译:A good glass in the bishop's hostel in the devil'seat……

基德船长对密码学不在行。他受过良好的教育,他应该明白接近反映人类语言的密码都容易被统计攻破:为了免除风险,银行、政府、犯罪团伙使用的密码是基于打破任何同人类语言相似性的数学变换。这些密码的韧性源自解某类数学问题的极端困难性,比如一个大的指数的分解因子(以后再详谈)。加密程序相对简单,逆操作是如此困难,最强大的计算机在一百万年中也无能为力。

可是,解决问题的困难性是一个试图为保密提供绝对保证之方法的非常危险的弱基础。很可能就存在目前谁也没能注意到的因子分解的有效算法,但却不会逃过勒冈这样超级智慧的家伙的注意。他可能享受很多快乐,积累比海盗藏宝箱更多的财富,就在别人认识到出了什么事并开始采取补救措施之前。一个真正安全的密码也许应该建立在绝对不可能性之上,而不是我们的方法之现实的甚至只是暂时的局限上。

量子实在性提供了实现绝对不可能性的可能性。我们已经看到,除非在一些我们拥有其状态是怎么产生之过程的全部知识的平凡案例中,一个量子态是不可以被可靠地识别的。在别的情形下,状态的身份不可能被可靠地揭示,在这个不可想象的深度我将埋藏我们的秘密,它的绝密性由量子力学本身保证。

我们开始把一段信息的英文根据某些传统的密码翻译成一串 0 和 1。除了现在字符是 0 和 1 的短字符串,这可能象基德船长使用的一样好破解。加密可由把我们信息中的 0 和 1 加到密钥上得到,密钥是一串加密者根据她自己的意愿选定的、随机的 0 和 1。由此,加密者把信息的第一位数字加到密钥的第一位数字上,信息的第二位数字加到密钥的第二位数字上,以此类推(显然,密钥至少应该和信息一样长)。这里的加法不是常用的算法,而是特别设计的,它根据下列规则给出 0 和 1:0 加 0 或者 1 加 1 得到 0,0 和 1 以任何顺序相加得到 1①。加密的信息相对统计分析是安全的,因为原信息的每个字母被转化成一个随机的不可预测的 0 和 1 的字符

① 有人会坚持说:事实是 1 加 1 等于 2。——作者注

串。可是，如果你知道密钥，信息可以很容易被解密。你需要做的就是从加密的信息中减去密钥。

通讯开始于密钥自发送者（传统上称为艾丽斯）的传输，她用它加密信息，发给接收者（传统上称为鲍勃），他用它给信息解密。但是，这里明显地有个大问题：如果密钥不是加密的，其在空中自由传递，则任何人都能接听，给信息加密还有什么意义？我们需要一个安全的途径传递密钥，至少，我们必须保证可能的窃听者（传统上称为夏娃）不能够复制密钥而不被注意到。这用北美的话说就是“军规二十二条的局面”①：我们需要一个安全通讯的渠道去建立一个安全的通讯渠道。我们该怎么办？

对经典方法失去了信心，我们转向量子力学。作为第一个尝试，我们用垂直偏振的光子（V-光子）代表 0，用水平偏振的光子（H-光子）代表 1。我们的密钥现在包括一串随机在水平或者垂直方向上偏振的光子。不幸的是，这不解决问题，因为窃听者可以偷窃光子，分辨它们是 V-类型的还是 H-类型的，一旦你知道它们只能是 V-类型的或者 H-类型的，这很容易做到——然后用同样的光子取代它们——而不会留下任何痕迹。为了防止这事发生，我们应该隐藏我们的光子只能是 V-或者 H-类型的事实。缺少这个关键信息，窃听者将会陷入黑暗中，当然你的信息的接收者也面临同样的问题。我们该如何面对这一点？

问题可以通过选择两种可能方式中的一个表示密钥的每一位来加以解决。一个 0 可以用一个 V-光子（⇑）或者一个 D_1-光子表示。D_1 是对角方向上偏振态 $V+H$（⇗）的缩写，见图 70。类似地，一个 1 可以用 H-光子或者 D_2-光子表示，D_2 是对角偏振状态 $V-H$（⇖）（也见于图 70 中）。这样关于 0 和 1 我们有两种可能的表示，我们称之为（H，V）基，或者（D_1，D_2）基。我们的想法是在两种表象中随机地切换，用这种方式潜在的窃听

① 奇怪的是，类似 Gödel 的 G-定律（见第 2 章），当一个程序因为执行它的条件是自相矛盾的无法被执行的时候，一个“第二十二条军规式的局面”出现了。在 Joseph Heller 的小说《第二十二条军规》（Catch-22）中，局面是这样发生的：当一个空军飞行员申请心理测试时，飞行员希望被判断为失去理智的，这样他就不用参加战斗了，但是他申请心理测试此一事实本身证明他是理智的。——作者注

者(夏娃)将永远不确定是该把从艾丽斯飞到鲍勃处的光子在(V,H)基上还是(D_1,D_2)基上诠释。不知道制备的光子是在⇑,⇒,⇗,⇖四种状态中的哪种,她不可能可靠地解读信息。

但是,你会说鲍勃不会遭遇同样的问题吗?是的,当然会,但假设艾丽斯愿意合作的话,他有个很妙的办法解决这个问题。这个过程在接下来的叙述以及图 73 中会得到解释,它以 BB84 协议而闻名。如下是鲍勃和艾丽斯要做的。

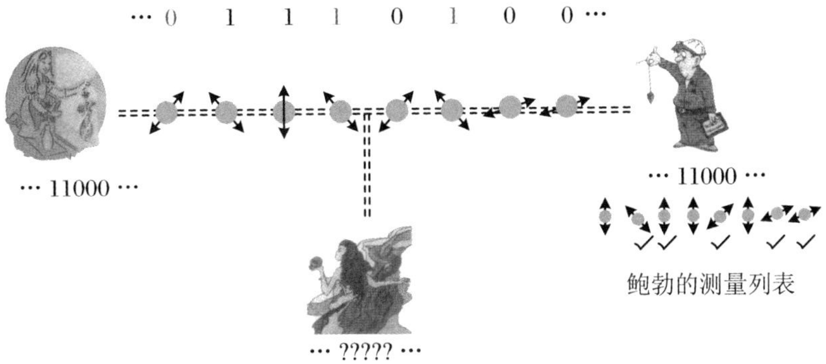

图 73 BB84 协议允许艾丽斯和鲍勃共享一个秘密的数字串。第一步,艾丽斯发给一串加密为有时是 V-或者 H-光子($1=V$, $0=H$),有时是 D_1-光子或者 D_2-光子 ($1=D_1$,$0=D_2$)。对一个给定的光子用的是两个加密方案的哪一个,可用掷硬币的方式决定。鲍勃可以通告每一个光子的接收,用他愿意的方式(即随机地)解读,或者用(V,H)基或者用(D_1,D_2)基。第二步,艾丽斯公布加密方案的序列(而不是实际的数字),她和鲍勃保留的只是那些写在鲍勃正确地解读了的光子(本图中被检验的光子)上的数字。最后,为了确认数字在飞行中未被改动,艾丽斯和鲍勃检验一个从密钥中随机选择的数字子集的自洽性。

首先,鲍勃必须通告每一个光子的接收:这一步保证光子不会落到夏娃的手里——每一个必须“有交代”。第二,他根据一个硬币随机掷出的结果决定用(V,H)基还是(D_1,D_2)基解释每个到达的光子(例如,如果硬币正面朝上,就用(V,H)基,硬币反面朝上,就用 (D_1, D_2)基)。当然,他的猜测有 50%的机会是错的,但是他不停地读取和记录下一个可能的字符串。第三,艾丽斯泄露她写信息时任何一个她发的且鲍勃收到了的光子所用的基。例如，她宣称：第一个光子我用的是(V,H)基，第二个光子是(D_1,D_2)基，等等。这一步无需保密。即便夏娃窃听，信息对她来说也是无用的。那些光子永远过去了，被鲍勃的设备给处理了，销毁了。第四，鲍勃检查他的记录，分辨出哪些艾丽斯用的基是他猜对了的(这将会是所有事例中的50%)。他把这些信息公开地发给艾丽斯，同样是对夏娃没用的方式。例如，他可能会说，第一个光子我猜对了，第二光子我猜错了，等等。你看在这一步也没有有用的信息泄露给夏娃。可是，艾丽斯和鲍勃现在已经共享了一个秘密：他们都知道 鲍勃从那些他碰巧用正确的基解读的光子所读到的数字。这组数字，他们且只有他们知道，将作为他们的密钥——他们将来通讯的基础。

最后一点要小心的是确信现在拥有的密钥的两个拷贝确实是相同的，即艾丽斯发给鲍勃的光子在中途未被扰动。为了确认这一点，艾丽斯和鲍勃可以比较密钥的一些数字。比如，鲍勃可以说我的第127位是1，第262位是0。艾丽斯在她的拷贝中检查她的第127和第262位。当然，她也发现分别是1和0。这个测试可以重复很多次，如果每次都符合，则可以肯定地得出结论：两个拷贝是相同的。是的，测试的第127和第262位不再是秘密的了，但那又怎样？它们可以被扔掉，因为剩下的数字可以安全地当作密钥用。

如果你跟我一样，上面这一段你可能要读几遍才能够完全理解，明白此方法的高明处。你可能问，我们什么时候用到量子实在性了？我们为什么在这个方法中不能用经典实在性？答案是在经典现实里夏娃可以拷贝流过的光子，仔细地窃听艾丽斯和鲍勃之间的讨论，她用鲍勃一样的举动，伪造自己的密钥拷贝。但是量子态不可以拷贝。核心的信息隐藏在光子的量子态中，不能被拷贝，这就是密钥之秘密得以保护的诀窍。

同体的两半

全同孪生体阴和阳出生时背靠背。他们享受最亲密的生命体验直到有一天一把柳叶刀将他们分成两个。因为长期的相连,他们从未曾完全分离过。如同同一体的两半他们在一定距离上保持对对方的感觉,甚至有谣言说他们能读懂对方的心思。这是现实,或者只是一个有诱惑力的想法?

下面是一个判断是否是这样的冷血实验。这对双胞胎分别坐在屋子里,之间没有任何常规意义上通讯的可能性。让其中一位看到一堆牌中随机抽出的一张。那张牌是红的呢还是黑的?双胞胎(之一)必须集中精力回答这个问题,我们将问题标记为 X。如果牌是红的,答案的值为 $X=1$;黑的,$X=-1$。另一间屋子里,双胞胎中的另一位被要求猜他的兄弟刚看到的那张牌的颜色。他的答案,X',对于红牌是 1,黑牌是 -1。但是他没有任何物理的方法看到他的兄弟刚看到的那张牌。他只能靠运气,或者靠读懂他兄弟心思的能力。实验要进行很多次以剔除运气成分。对每一张牌我们记录乘积 XX',当 X 和 X' 相同时为 1,不同时为 -1。如果没有超距感应,XX' 的平均值,记为 $\langle XX' \rangle$,应该为零。即是说,两个答案吻合的案例同答案不同的案例数目相等。如果我们的结果 $\langle XX' \rangle$ 显著不同于零,有理由相信某些超感觉的通讯发生了。如果我们发现每次都是 $XX'=1$(吻合),那将是存在超距联系的排他性证据。

就我所知,在普通现实中这个实验的结果是 $\langle XX' \rangle = 0$(没有超距感应)。但是,量子现实中存在一个现象,相当怪诞地和超距感应相像,尽管最终缺少真正超距感应的一些基本特征。爱因斯坦指责其是“鬼魅般的(spooky)超距作用”,强烈地讨厌它。今天,此现象被当作一个被称为量子纠缠的微妙条件的正面验证。

与超距感应测试的量子类比开始时要制备一对纠缠的光子——我们

故事中的暹罗双胞胎①。当激发态原子从激发态跃迁到低能量态时会发射光。一般地,跃迁产生单个光子,但是在某些情况下,有可能在单次跃迁中产生两个光子。因为起源相同,尽管它们空间上分得很开,这两个光子将永不会独立。它们的线偏振将总是相同的:如果一个光子被发现是在 *V*-状态,那么另一个保证也在 *V*-状态;一个在 *H*-状态,那么另一个保证也在 *H*-状态。类似地,对任何可能用来测试的取向,比如 D_1 或 D_2,也是如此。此一关联比乍看起来要深刻,且很容易误解,所以让我们努力弄懂它。

你可能注意到,我没说任何一个光子处于特定的偏振。我不是说,例如,两个光子,每一个都在 *V*-状态。如果是那样,它们将总是能通过在 *V*-方向取向的偏振片(*V*-偏振片),总是被 *H*-偏振片吸收。但是这不是发生的那样。真实情况是,每个光子都有相同的几率通过一个 *V*-偏振片或者 *H*-偏振片,或者被吸收。本质的一点是没有一个光子,就单个来说,处于确定的偏振态。两个光子的状态,若当作一个整体考虑,既不是 *VV*(↑↑),也不是 *HH*(→→)(第一个字母指代第一个光子,第二个字母指代第二个光子),而是两者的叠加态:*VV* + *HH*(↑↑ + →→)。令人迷惑的地方是,这个叠加可以写成无穷多等价的方式,任何一对互相垂直的取向都算一个:例如 *VV* + *HH* 也可以写成 $D_2D_2 + D_1D_1$(↖↖ + ↗↗)——这是使用 D_1 和 D_2 加上一点代数演算就能得到的表达。这种状态被说成是纠缠的,因为它们不能够表示为两个独立部分的乘积。生来就是纠缠的,两个态有能力对随机的问题给出紧密联系的答案,即便问题是在相隔很远的地方—之间没有通信的可能性——独立发问的。所以如果在一个房间里一个光子能通过一个 *V*-偏振片,则在另一个房间里另一个光子也通过 *V*-偏振片;如果一个被吸收了,另一个也会被吸收(图 74)。但是,我们不能事先说出这两种景象的哪个会出现。

我们看看对纠缠光子的"超距感应测试"会怎样进行。两个光子可以在相反的方向上直到到达一块大陆两端的实验室(我可以叫它们关塔那摩

① 指 1811 年出生在泰国的一对连体兄弟。Siamese twins 现在是"连体人"的代名词。——译者注

和恶魔岛①吗?),那里它们被特殊的光子阱(例如,一对平行的镜子中间)囚禁,那里它们可以被无限期地羁押和审讯。现在两个实验室的审问官总是用电子邮件通讯,就要问的问题达成协议。要问的问题是光子是否愿意通过一个偏振片:就偏振片的方向他们达成一致。

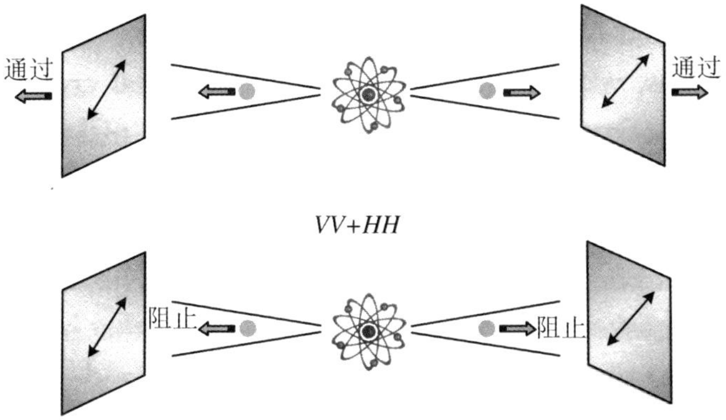

图 74　两个纠缠的光子对相隔很远的地方独立发问的问题给出严格关联的答案。本例中,两个光子要么都通过,要么都不能通过两个全同的偏振片。

根据这一选择,第一个审讯者在他的光子的光路上加上一个滤片。如果光子通过滤片,答案是 $X=1$;如果被吸收,$X=-1$。此后马上(实际上,快得没有任何信息能够在两个实验室间传递)第二个审讯者对他的光子进行同样的操作。一样地,如果光子通过滤片,答案是 $X'=1$;如果被吸收,$X'=-1$。测试重复许多次,对不同的光子对,只当所有的讯问结束后两个审讯官才开始比较答案。令人惊奇的是,他们发现总是 $X=X'$(因此 $XX'=1$)——和量子力学的预测完全符合。

我说"令人惊奇"是因为光子无法知道事先会被问到什么样的问题,它们给的答案是什么。在问题在第一个实验室内被问了、被回答之后,两个实验室之间也没有通讯的可能。可是,两个实验室内得到的答案却总是一

① Guantánamo 是古巴南部关塔那摩省的同名省会城市,被美军占领。*Alcatraz* 是一部科幻电影的名字,中文译为《恶魔岛》。两地的共同点是都有关押特殊人犯的监狱。——译者注

样的。一个审讯者从他的光子处得到确切答案时，他知道另一个光子一定已经跃迁到一定偏振状态，才确保他的同事在另一间实验室得到同样的答案。尽管难以置信，但看起来好象一间实验室内进行的测量不知怎么就改变了另一间实验室内光子的状态，两者之间有物理的相互作用是不可能的。两个光子好象是作为一个个体对扰动反应，尽管它们远离对方。这就是爱因斯坦所谓的鬼魅般的超距作用。

我从我想象的读者中已经看到许多人在举手要说出他们的反对意见。在真实的远程传输测试中所问的问题是关于客观实在性，比如卡片的颜色，实验对象对它是无法控制的。实验对象是没有办法操纵对这种问题的答案的。但是在光子远程传输测试中我们要求光子显露它自身的什么东西，我们不知道但是光子本身却可能知道很久了且早准备好了答案。有可能每个光子在内心的内心深处隐藏了一些私密信息——一个隐藏了的变量——如果我们知道的话会清楚地决定所有实验的结果。如果是这种情况，量子力学的概率特征不过反映我们对现实的无知而已，而不是本身就是现实。或许光子携带不同的隐变量，会对同样的问题有不同的回答。因为不知道隐变量，我们被诱导去把实验结果解释成概率行为，而实际上所有事情都是确定的。则当两个光子有共同的起源，如在我们的远程传输实验中那样，它们的隐变量从一开始就是关联的，则令人惊奇的纠缠会亮出真实的颜色：不过是两个隐变量之间早就存在的关联的平凡后果——确实是个被操控的游戏。

这本质上是爱因斯坦的观点。他认为量子力学不是错了而是不完备，如果能够紧紧地追踪隐变量的演化则其预测之不确定性会消除。更重要的是，隐变量的存在能够帮助他拒阻那个半神秘的超距作用，自从牛顿之后在大多数物理学革命进展刚被唤醒时这个超距作用就不断奇怪地还魂。不管隐变量是什么或者做什么，它们只能局域地决定粒子的命运。对爱因斯坦来说，这是不容商量的一点，这是给他的相对论创立以灵感的强大偏见之一(见第 6 章)。定域性意味着光子必须是自持的，它必须自己携带决定它命运——被吸收或者通过——所需的全部信息，这命运不应该被发生在远处另一个光子身上的事件所影响。所以，虽然量子力学的声望与日俱增,可近代物理之父——一个引入了光子的概念并革新了时间观念的人——却死抱着客观实在性(隐变量)的老式观念不放,断然拒绝一体之分开两部分无需任何中介就能互相直接影响的可能性。

贝尔不等式

如果不是一位年轻的物理学家,贝尔(John Bell)(就是图 37 阐述相对论悖论时提到的同一个贝尔①),想起一个主意去测试是否量子纠缠可以或者不可以用局域隐变量之间预先存在的关联解释,天知道关于这件事的无聊争论还要持续多久。贝尔的主意非常简单但是也非常微妙。

让我们回到光子远程传输实验,但是现在假设每个实验者只问两个问题中的一个。第一个实验者被允许问的问题是:(1) 光子,你愿意通过垂直取向的偏振片(V-滤片)吗? 或者,(2) 光子,你愿意通过和垂直方向成 45°取向的偏振片(D_1-滤片)吗? 对问题(1)的答案为 X,其值分别为 1(是)或者 -1(不)。类似地,对问题(2)的答案记为 Y,其值也分别为 1(是)或者 -1(不)。

第二个实验者被允许问的问题略有不同。问题(1)是问光子是否愿意通过一个在 D_1 和垂直方向半中间取向的偏振片。问题(2)是问光子是否愿意通过一个在 D_1 和水平方向半中间取向的偏振片(这些方向如图 75 所示)。对这些问题的回答分别被称为 X' 和 Y',取值分别为 1(是)或者 -1(不)。实验重复很多次,其间两个实验者可以随机地、独立地问出他们的问题:一长串的答案 X, Y, X', Y' 被累积起来,并计算出平均值 $\langle XX'\rangle$, $\langle XY'\rangle$, $\langle YX'\rangle$, $\langle YY'\rangle$。最后,量 $S = \langle XX'\rangle + \langle YX'\rangle - \langle XY'\rangle + \langle YY'\rangle$ 被计算出来,这当然不过就是 $XX' + YX' - XY' + YY'$ 的平均值而已。

这通演算要干什么? 假设某时刻游戏被操控,每个光子都事先知道答

① 在关于图 37 的脚注中。——译者注

案。这如同说 X, X', Y, Y' 都已经预先被赋予了 1 或者 -1，则上面定义的量 S 只能是 2 或者 -2(请验算!)，这意味着平均值 S 不可能大于 2 或小于 -2。这个简单的观察是贝尔不等式的一个案例。它的重要性在于它为通过局域隐变量操控的关联设置了一个上限。没有任何局域隐变量方案能产生一个小于 -2 的 S。任何不落在 -2～2 范围内的关联都不是经典实在性能产生的。让人大吃一惊的是量子力学以可观的余量违反了贝尔不等式。例如，如果上述实验是用严格纠缠的光子进行的，量子理论预测 $S = 2\sqrt{2}$，大于 2.8，这显然违反贝尔不等式。

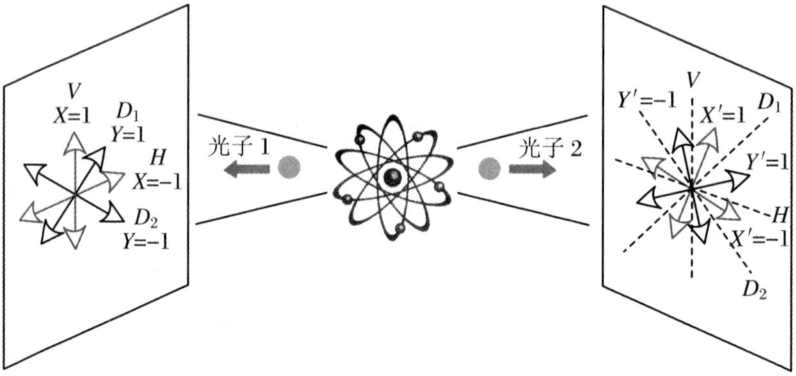

图 75　在一个为验证爱因斯坦关于可能存在隐变量而设计的实验中，一对纠缠的光子对中的一个被让通过一个 V-滤片（垂直偏振的可以通过）或者一个 D-滤片（和水平轴成 45°偏振的可以通过）。与此同时，另一个光子被让通过一个置于 V 和 D_1 半中间的滤片或者置于 D_1 和 H 半中间的滤片。因此，关于这一光子对有四种可能的测量。如同一组秘密的方向设定，隐变量会从一开始预先决定四种测量中任一个的结果（通过-通过，通过-通不过，通不过-通过，通不过-通不过）。贝尔表明，不存在可以解释存在于量子纠缠对伙伴之间强烈关联的方向选择方案。

实验做了，发现大自然毫不害臊地站在"诡异的"量子力学一边，处在隐变量和它著名的拥护者的对立面。换句话说，明显大于 2 的 S 被测量到。这意味着就我们所知，没有隐变量（确切地说，没有局域的隐变量）。答案 X, Y 等不是事先决定的，而是以一种奇怪的方式当问题被问了以后才取值——是或者不。最大的惊奇是对系统一部分问的问题会决定另一部分的答案，尽管在实验的时间框架内体系的两部分相距很远，不存在相互作用的可能。

对一些人来说，远程关联的存在是量子力学的一个恼人的特点。对另一些人来说，我们是一个深度联系的宇宙之一部分的想法是无穷想象的源泉。但不管你喜欢不喜欢，事实是量子纠缠早已开启了计算和通讯的现实可能性。通讯领域最引人入胜的成就是实验演示了量子传输——一个量子态脱离实体传递的技术。现在我开始讲这个问题。

远程传输

我们已经看到，一个没有关于其制备过程描述的量子态既不能被复制也不能被可靠地辨认。看起来把这样的量子态从一地移到另一地唯一的方法是把它物理地带过去。你必须把量子态寄居的物理系统小心地拿起来，放到一个贴有"极为易碎"标签的盒子里，希望它能到达目的地还没有被破坏。好象没有替代的传输方案。你肯定不能把你拷贝的东西传真走或者当电子邮件发走，更别提用语言描述。但是表象是欺骗性的。有一天才的办法可以把一个未知的量子态发走而无需其物理载体。这个方法被称为远程传输，其创造性地利用了粒子的纠缠态。

假设艾丽斯想向鲍勃发送一个未知的量子态，开始时是写在光子 P 上的。远程传输的前提是艾丽斯和鲍勃已经分享了一个纠缠光子对，分别为 A 和 B，且他们俩可以通过电话交谈。这是合理的，毕竟如果人们不分享一些共同的东西，如语言，任何形式的通讯都是不可能的。艾丽斯的想法是让光子 P 和她的纠缠光子对成员 A 作用。其结果是 P 的初始态被摧毁，但是其状态会通过超距相互作用在鲍勃的光子 B 上留下印痕。实际上印到 B 上的不是严格的 P 的初始态，一般是它的一个转动了的版本（请注意，一个量子态如同抽象多维空间中的矢量）。通过查看 P 和 A 作用后的组合状态，艾丽斯可以电话通知鲍勃。最后，在他的实验室里，鲍勃可以平

静地逆旋转恢复 P 的本来状态。远程传输完成。

你将注意到，尽管有超距量子作用的瞬态特点，远程传输也不是瞬态的。一些关键信息要电话告知鲍勃，这当然需要时间。这同相对论相吻合，它为信息传输的速度设了上限。它和第 9 章中的不可克隆定理也是吻合的，因为过程的最后只有印在 B 上的一个拷贝，而且初始时印在 P 上的态仍然是不知道的。

远程传输线的图解如图 76 所示。它确实是一个元量子计算机(见下节)。A 和 P 之间的作用在这两个光子间强加了纠缠。实际上有四种纠

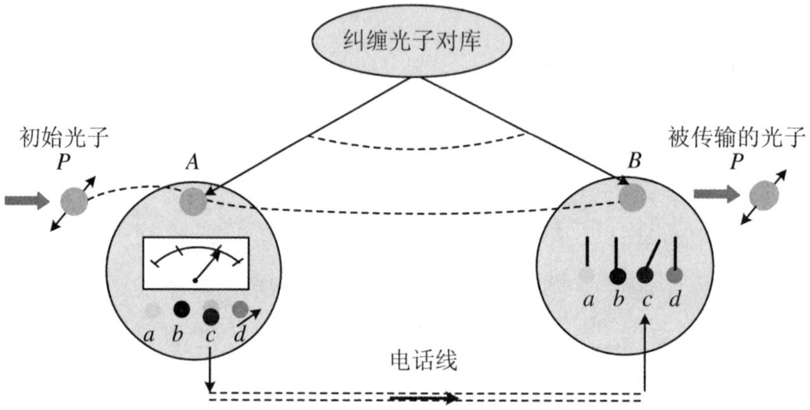

图 76　量子远程传输在一个遥远的距离上摧毁和重建一个不能够完全描述或者复制的对象。在本卡通图中，原来的状态未知的光子 P 被强迫同一个事先纠缠的光子对(A,B)发生纠缠。尽管 P 的初始状态在过程中被摧毁，但关于那个态的信息被印在光子 B 上。B 的拥有者，假设她知道初始光子和 A 之间纠缠的特性，可以重构初始的状态。四种可能的纠缠类型在图中被标记为 a,b,c,d。本例中，c 类型纠缠发生的信息被通过电话线发送到 B 的拥有者那里。

缠，在图 76 中用不同字母表示①。因为 A 开始时和 B 纠缠，P 和 A 之间的关系强迫 P 和 B 发生纠缠(任何一个被卷入三角关系的人都能理解这一

① 有四类被名为贝尔态的纠缠：(i) $VV+HH$；(ii) $VV-HH$；(iii) $VH+HV$；(iv) $VH-HV$ 在光子间的关联形式上显示出不同。(i)和(ii)或者(iii)和(iv)之间的差别特别微妙，只会被既不是垂直也不是水平的滤片所揭示。贝尔态可由同时作用到两个光子上的巧合测量所产生。——作者注

点)。这一纠缠的形式完全取决于 A 和 P 之间的纠缠——比如,艾丽斯的仪表板上亮灯的颜色。一看到灯的颜色,她就跑向电话,冲着电话大叫红色的。鲍勃马上就知道了她的光子和初始的 P 态之间的纠缠,通过推拉他的状态转动机器上的操作杆,他就能恢复初始状态。

量子计算

我说过,量子力学能产生无法破译的密码,我忘了说物理学家更有兴趣揭露而不是保护密码。对我们的精英理论物理学家费曼来说,大自然本身就是个等待打开的保险箱。作为一个年轻的物理学家在洛斯阿拉莫斯实验室为原子弹秘密工程工作时,他就用开保险箱来娱乐自己——我想,那对他的上司来说可是不愉快的事情。

量子计算机——一个优雅的理论想法①,费曼是作出过主要贡献的——(作为成就之一)提供了新的破解密码的可能性。你记得现代加密方案是如何基于哪怕是对相对较小的数——例如只是几百位的数字——其因子分解所遭遇的极大困难的②。我早已指出这种方法是有风险的,因为也许某人就有有效地做分解的方法。现在我要指出这样的方法已经存在,而且可以马上用,只要他拥有量子计算机这样的未来设备可用。

但是,什么是量子计算机?计算机有各种尺寸、形状和设计,但是在最深处却是同一种抽象想法的实现:普适计算机器。这个理想的计算机器是工作在由两项组成的输入上的:(1) 一串成为输入数据的 1 和 0;(2) 同样是表达为一串 1 和 0 的操控数据的指令。第二项就是程序。"操控"一词

---

① 尽管量子计算的理论相当成熟,还没有人成功地制造出一台哪怕与我们熟悉的计算机功能根本没法比的量子计算机。——作者注

② 素数是只能严格地(没有余数)为自身,当然还有 1,整除的数。例如,3 和 7 是素数,21 就不是,因为它可以被 3 和 7 整除。但是,$21=3\times7$ 是两个素数的乘积,没有别的方式可把它表示成两个素数的积。这是个一般性的事实。任何一个不是素数的数可以表述成素数的积,但只有一种方式。找出这种方式就是所谓的分解成素数因子。——作者注

描述任何作用于数据上的操作，比如复制、擦写、把 0 变成 1、1 变成 0 以及写下新数据，等等。

机器假设有无穷多的资源做这些事，在现代计算机里这意味着巨量扩展微开关：它们可以开或关，开的时候表示 1，关的时候表示 0。在程序执行过程中，机器决不会被搁置在疑惑接下来该干什么的状态。这样的疑惑，如果出现了，会被当作程序的一个致命错误。程序设定的指令、输入的数据以及机器的当前状态，必须明白无误地决定下一步干什么。

上面对计算机的描述尽可能是经典的：输入的每一比特、每个开关，只能处于两个状态之一：开/关或者 1/0。是什么使得量子世界里的计算机不同的？答案是基本的量子开关，被抽象地命名为量子比特，不必然是或者开或者关，而是可以为这两个状态的任意叠加态。例如，若我们的量子比特是偏振的光子，我们知道两个基本的偏振态 V 和 H 不是仅有的两种可能：$V+H$ 和 $V-H$，或者 V 和 H 的任意组合，都是等价的、合法的可能性。更重要的事实是不同的量子比特可以纠缠产生成对的、三个的、四个的比特，一群对外部作用作为一个整体反应的量子比特。这就是量子计算机的最大潜能，因为叠加和纠缠这两个特性使得它可以同时操作到海量数据的每一个元素上——此特性称为量子平行性。

为了理解上句的含义，我们设想我们计算机的量子比特是光子，我们同意偏振态 V 代表 1，H 代表 0。现在如果你有 N 个光子，你可以用一个特殊的 V-光子和 H-光子序列表示 0 和 2^N-1 之间任意的整数（包括两端）。例如数字 0（就是零，不要和逻辑状态 0 混淆了）由一个有 N 个 H-光子的序列表示，2^N-1 由有 N 个 V-光子序列表示。以这种方式任何 0 和 2^N-1 之间的整数都可以只用一个 V-光子加 H-光子的序列表示，根据整数的二进制表示法①。计算机会对输入光子进行一系列操作，产生一个作

① 数字的二进制和十进制表示近似，除了只有两个数字 0 和 1 以外。在十进制中一个字符的值依赖于它的位置：最右边的数代表自身，往左一位要乘上 10，再往左一位要乘 $10^2=100$，以此类推，则数字是每一位上字符贡献的和。类似地，二进制中最右边的字符代表本身，往左一位的要乘上 2，再往左一位乘 $2^2=4$，以此类推。这样，数字 97 就表示为 1100001，意思是 $97=1\times2^6+1\times2^5+0\times2^4+0\times2^3+0\times2^2+0\times2+1$。——作者注

为输入的某个函数，比如输入的平方的输出。

到现在为止，一切都是经典的。但是，光子可以是 V 和 H，即"逻辑 1"和"逻辑 0"的任意叠加。这开启了新的可能性。从一行 N 个 H-光子开始，我们将每个光子的偏振旋转 45°，这意味着每个光子被置于 $V+H$ 态。相应地，输入 $HHHHH\cdots$（对应数字 0）变成了 $(V+H)(V+H)(V+H)\cdots$。扩展这个乘积我们得到了 V 和 H 任意顺序的所有可能叠加。换句话说，这个输入是表示 0 到 2^N-1 之间所有的 2^N 个整数输入的叠加。这个巨大的输入叠加（2^N 项的）是用少量的操作（转动每个量子比特 1 次）得到的。任何可应用到单一数字上的计算（例如，计算平方）可以同时应用到 0 到 2^N-1 之间所有的整数上：输出将是 2^N-1 个计算的叠加。这就是量子计算机"煽情的"威力。

用"煽情的"这个词特别合适。作为对其好吵闹的惩罚，坦塔罗斯①被罚站在枝条很低的一棵果树下面的水池子里。当他伸手去摘果子时枝条就抬起。当他弯腰要喝水时，水就消退。类似地，只能从一次量子计算输入包含的巨量信息中得到一小滴。诅咒是读取输出状态包含一次"测量"，导致那个状态的波函数坍缩到巨量经典可能性中的一个且仅有一个。我们知道了许多平行操作的运算之一的结果，但我们完全丢失了全部其它的内容。一个潜在知识的无边宝藏蒸发了。

在某些幸运的情况下，有可能确定一个输出状态的全局性质，这个性质碰巧包含对一个重要问题的答案。目前最惊人的例子是肖（Peter Shor）发明的大数素数因子分解的算法。这也是全局性质——如穆希尔所谓的现实的谱分量，它同关于事实的点状知识正相反——之威力的一个漂亮案例。我不能详细介绍量子计算机是如何让我们能够短时间分解大数的，但我可以试着传达其基本思想——非常迷人的哦。

首先，我们必须认识到大数分解问题同另一个问题有奇怪的联系，那个问题初看起来没有任何实用性，只是飘雨的周日下午打发时光的游戏。选取两个没有公素数因子的数，r 和 N，r 小于 N，比如 7 和 9 就满足这个要

---

① Tantalus，希腊神话里的人物。——译者注

求。接着考虑 r^2 除以 N，即 49 除 9，得 5 余 4。继续考虑 r 的高阶幂，r^3 除以 N，即 343 除以 9，得 38 余 1。但是如果朝前一步，计算 r^4 除以 N，即 2 401 除以 9，得 266 余数又是为 7。从这点起，r 幂的余数开始周期性重复。我们一遍遍地得到 7,4,1,7,4,1,7,4,1,…。这个周期的长度(在这个情形中为 3)称为数 7 相对于数 9 的秩。每一个数 r 相对于任何别的数都有一定的秩。神奇的是这个秩(周期的长度)同 N 的素数因子分解有关。在本例中，周期长度是 3,3 是 9 的素数因子。

结果是，大数因子分解问题可以用相对简单的方式解决，假如能找到求 r 相对于 N 的秩的有效方法。不幸的是，如果我们手头只有经典计算机的话，没有那样的方法。但是，如果有量子计算机，故事就不一样了。关于寻找秩的问题的美妙之处在于不管周期中出现哪些数(本例中是 7,4,1)，只有周期的长度才是重要的。这个余数集的全局性质可以在不知道余数是什么的情况下就能确定。

为了计算 r 相对于 N 的秩，量子计算机首先产生一个内部包含 r^n 除以 N 的余数的叠加态。得益于量子平行，其允许我们一下处理所有的幂指数 n，这可以在不多的几步做到。结果是两个寄存器的纠缠态，第二个包含 r^n 除以 N 的所有余数。现在，如前所述，不可能从这个态提取余数的值。任何检查第二个寄存器的企图强迫系统选择，由此只有一个 n 的值和相应的余数会存活。但是，余数的值是不需要的。需要的是余数出现重复的周期长度。通过一个简单过程，即数学上等价于将一束光通过玻璃尖劈将之分解成分量的颜色——彩虹色——的过程，这一点几步就能揭示出来。

为了看看这个类比是怎样的强烈，记住被我们的大脑看作颜色的是光的波长，即一个电磁波的一个周期在空间上的长度。余数的周期长度类似那个数集合的长度。可是，在这个情形里，我们事先知道集合是周期的，类似于说我们知道我们的光是单色的。但是，如同牛顿第一次演示的那样，将单色光通过玻璃棱镜不会产生额外的颜色；而是在一个特征角度上将光偏转。类似地，当前情形下对第二个寄存器的谱分析产生一个特征的输出，由此数 r 相对 N 的秩可以得到。由此，一个 N 的质数因子被提取了。

少年的物理学

量子力学曾被称为“年轻人的游戏[①]”，在其早期岁月里（1925年之前），它曾被贬为少年的物理学[②]，因为许多贡献者的年龄都不足30岁。海森堡24岁，泡利25岁，狄拉克23岁，约当23岁；37岁的薛定谔和42岁的玻恩都算是老家伙了。这是可以理解的。他们需要年轻人的不管不顾来颠覆旧的思维方式，去把物理定律握在自己的手中，相信他们在房间里用铅笔和纸创造的游戏与外部的现实一样真实。量子力学之父们就不是什么父亲，他们是一群可怕的孩子，纵情于无尽的真实与想象的交织中。

因为他们对抽象的数学和天然大脑的威力的信仰，他们最终人性化了理论物理的原理。在经典物理学家的手里，自然变得同安徒生童话中的机械夜莺相似，一个不管国王活着还是死了都一样鸣响的钟表。量子理论的处理方式缺少透明性，但比经典物理更显得是人类指向的。它是一种思维方式，而不是更多地关于自然本身：比如在给定的语境下，即针对给定的实验设施，自然会为我们做什么。这种思维方式充满人择性的概念如不确定性原理、几率、信息等。当新信息被获取时，一个系统的状态允许突变[③]。观测者允许同观测的对象相纠缠。

有一次，在散步的时候，爱因斯坦——量子理论的公开批评者——问他的朋友派斯（Pais）是否他相信月亮只有在他看着它时才存在。对他来说答案是明显的——如同量子理论同它相矛盾一样明显。

九百年前波斯诗人、天文学家卡延对爱因斯坦的问题就写下了一个漂

---

① J. Metha, *The Birth of Quantum Mechanics*（《量子力学的诞生》），CERN report 76-10（1976）。——作者注

② 用的是德语 Knaben-Physik。——译者注

③ A. Pais, *Subtle is the Lord: The Science and Life of Albert Einstein*（Oxford University Press, 2005）。——作者注。它有《上帝是微妙的》或《上帝难以捉摸》等不同中译本。——译者注

亮的答案(我这里引用的是菲茨·杰拉德的英文翻译):

啊,月亮,赐予我喜悦的不会亏缺的月亮。

天上的月亮再次升起,

它还会多么频繁地升上天空

将月光徒劳地洒向我身后的园子。①

有必要停下来考虑一下在两个科学家曾于其中争论过的园子之上高贵地升起的月亮。但是卡延看到有两个月亮:让我喜悦的月亮,主观的、人性的、同人类的希望和命运难以割舍的月亮;"天上"的月亮,遥远的、冷冷的、注定会超出人类存在极限无数个年代的月亮。这种类型的二象性也存在于量子理论的深处。

类量子的效应广泛存在于人类心理中。我们都经历过这样的情形:不到最后一刻不能作出决定,我们的选择只在作选择的过程中才变得具有实质内容。我们大多数人都知道又爱又恨的苦痛,我们说的绝大部分内容都非真非假,而亦真亦假。心理学,如同量子力学,因反事实的存在而兴盛。仅仅是意识到可能性就影响我们对整体形式的感知,你只要走在一条窄梁上,或者靠近地面或者架在两座摩天大楼中间,就能证实这一点。类似地,人类对形势的响应是情景依赖的:依赖于大量的事实,远的和近的,当下的和过去的,真实的和想象的。这个情境可以当作一个整体研究,但不可以分开。你不能绕一个人画个框子,说对这个人行为有意义的都在这里,在框子圈定的范围里。因为量子实在性是密切地由人类思考定式所塑造的,人类行为可以很好地用量子力学比喻来描述还有什么好奇怪的吗?

---

① Omar Khayyam, Edward Fitzerald, *The Ruyaiyat of Omar Khayyam*, 第1版。——作者注

第 11 章
自旋的电子及其它比喻

一个比喻有两个道理方面的意思，
感觉方面却只有一个。
一个把世界当成比喻来生活的人，
世俗的眼睛中看到的
具有两个完全不同意义的事物
他感受到的却是一回事。

——穆希尔，《少年托莱斯的困惑》

双线

故事开始于一条彩虹——钠的发射光谱。象别的碱金属元素一样，钠原子有奇数个，确切地说是 11 个，电子，其中一个是特殊的：它处在最外侧，结合最松散，在化学反应中最先失去或被共享。当其它 10 个电子一起挤在原子核周围的时候，这第 11 个电子却在电子云的边缘过着危险的生活。打个比方，它可以同一个具有反常地放大了的“原子核”，包含 10 内层电子的氢原子之单电子相比较。

正是这第 11 个电子决定了钠的光学性质。例如，钠灯的黄光就是当这第 11 个电子，一般情况下处于所谓的“3s”态，被因为加热或者通电流暂时激发到称为“3p”的较高能态上而产生的。当电子回到 3s 态，多余的能量会以黄光光子的形式释放出来。在二十世纪二十年代初期光谱学研究者早已理解这一点了，但是当他们更仔细地察看光谱的颜色，发现谱线还具有精细结构：黄线是由两条线构成的。两色深浅略有差别的黄光，因为太近，肉眼一般看不出来，但又不太近，因此一个好点的谱仪可以将它们轻松地分辨开。

钠黄线奇怪地分成两条线是一个关于偶尔能分成两半的双体之迷人传说的开始。钠的黄色双线揭示了电子波函数的基本二值性——一个今天我们用比喻的手法称为自旋的二值性。本章中我们将看到电子波函数的二值性是如何不得不进行第二次倍分以便同相对论的原理相调和，以及让大脑感到发怵的扩展电子波函数的四值性如何被漂亮地解释为一个新粒子——反电子，如今被称为正电子——的表现的。最后，我们将看到这些漂亮的理论发现是如何导致用量子场——关于场的场——来描述基本粒子的。整章中，数字 2 神秘地不断出现。一次又一次，当我们被意料之外的观测逼入死角的时候，一个凑巧的加倍——一个理论结构到自身的折叠——又恢复了我们的理解，或者说由其而来的幻觉。

有更好答案的好问题

当一些人开始怀疑自旋可能是理解原子光发射中的精细结构的关键时，关于电子可能象陀螺一样绕其中心轴自旋的想法有些时日了。这个想法最初是作为对物质磁性的可能解释出现的(见第 4 章)。电子带电荷，快速自旋的电子，类似一个微小的电流环路，将产生一个磁场。因此大量的电子，若所有的都在同一方向上自旋，就会产生天然磁铁中观测到的那样强的磁场。

值得注意的是，同样的想法能够解释钠原子能级的劈裂。将最外层电子看成一个带负电的绕原子核作圆周运动——就象地球绕着太阳运动——的自旋陀螺。现在以电子为中心观察这个迷你太阳系。把电子放在图的中心（图 77），让原子的核心（即原子核加 10 个跟随着一起运动的电子）作圆周运动。这个亚里士多德式的描述的优点是我们能清楚地看到有两个电流环路：原子核心划过的大的外层环路和自旋电子划过的较小的内层环路。当这些环路产生的磁场指向相同的方向时，系统感到“放松”，能量较低；当指向相反的方向时，系统处于“紧张”的状态，能量较高。这两种可能性同在钠黄线中看到的能级双重劈裂很好地吻合。

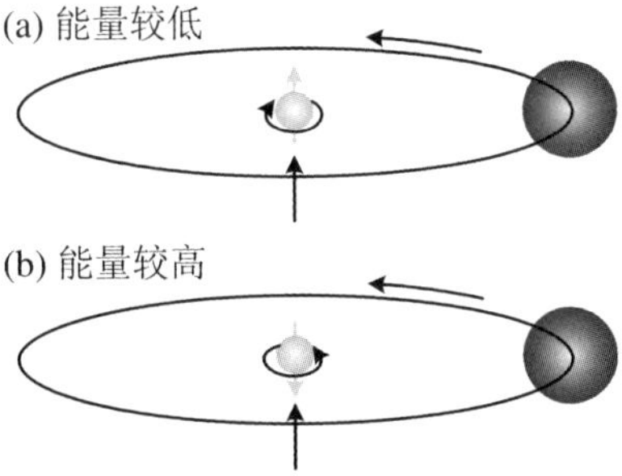

图 77　钠原子能级劈裂的电子中心经典模型。最外层电子（图中央自旋的粒子）“看到”原子核和 10 内层电子绕其转动。当自旋电子产生的磁场同原子核心（黑色箭头）产生的磁场相同时能量较低，两个磁场指向相反方向时能量较高。

不幸的是，这个自旋作为随意旋转的经典图像遭遇了困难。第一个困难来自效应的大小。为了解释钠黄光的劈裂，需要普朗克常数（$\hbar = 10^{-34}$ J·s）①大小的自旋角动量。直到人们试着问“为了获得这么个角动量电子的自旋应该多快？”时，这个值看起来很小。问题的答案取决于电子的大

① 一般来说，普朗克常数指的是 $h = 6.63 \times 10^{-34}$ J·s。这里，$\hbar = h/2\pi$。——译者注

小。现代物理赋予了电子“点粒子”,即半径为零的粒子的荣誉。但是,在经典意义上这样的粒子是没有角动量的。在经典物理中,关于电子经典半径的基于已有知识的猜测是 10^{-15} 米——和原子核的半径可相比较①。为了有 $\hbar$ 那样的角动量,那么大的电子绕其轴转动的速度应为 10^{24} 圈/秒,则其表面上的线速度超过光速的 10 倍以上。显然,这和相对论相矛盾,强调了经典物理在小的长度尺度上不成立的事实。

当人们试图解释(钠)精细结构只有两条谱线,而且出现在一定的波长时,出现了更基本的问题。为了解释这一点,必须假设角动量的大小是固定的,且自旋只能绕轨道顺时针或逆时针进行(因此有二值性)。要设想一个经典的物体会有这种行为方式,如果不是不可能,那也非常困难。一个经典的陀螺可以在任何方向上自旋,角动量可以取任意值。相应地,人们预期有连续的发射光分布,而不是只有两条明锐的线。更闹心的是,经典陀螺的角动量同另一个物体碰撞后会改变,而尽管电子不停地和电子、原子核等碰撞,电子的自旋却不改变;这是一个不可思议的、不可停止的陀螺。此情景让人想起原子等尺寸的悖论,此悖论被用量子理论出色地解决了:探索在这里会以更奇妙的方式被重复。

电子量子化自旋的概念——一个内禀的沿任何事先确定的轴只能取唯一值 $\hbar/2$(逆时针,或向上)或者 $-\hbar/2$(顺时针,或向下)的自旋角动量——是由荷兰物理学家乌伦贝克(Uhlenbeck)和古德施密特(Goudsmid)于 1926 年引入的(下节中我们会讨论这个无比重要的因子 1/2)。他们的猜测为斯特恩和盖拉赫于 1922 年所做的划时代实验所支持,该实验明白无误地揭示了银原子磁化的二值性(该实验在图 78 的解释中被简短地描述)②。

相当奇怪的是,乌伦贝克和古德施密特的大胆而且有点不太合理的建议几乎是立马就被接受了。几次在火车站在换车的间隙进行的匆匆讨论,好象就说服了泡利和海森堡这样级别的科学家。这些年轻人充分认识到,

---

① 估算基于一个可疑的假设,即电子的爱因斯坦静止能量,$E=mc^2$,完全来自电子不同部分之间的静电排斥能。——作者注

② 请读者注意这里的年代哪个在前,哪个在后。——译者注

自旋不可以用转动的词汇作字面上的解释，它不可能出现在经典世界里。但对他们来说，经典世界早已是一种约定，从过去继承的传统，比他们正在建立的新世界更少真实性的小说。所以，如果自旋不可以从字面上解释为物理粒子的转动会怎样？粒子缩到一个点从而无法绕其转动会怎样？在量子力学的语境中，这些异议同宗教语境中关于耶稣能不能在水面上行走一样无聊。如同理想的圆和完美的正方形，自旋的不存在是其存在的最好保证。不久，泡利就证明了自旋不过是引起电子波函数在转动下的某种行为的比喻，半整数自旋意味的变换性质要求"不相容原理"——没有两个电子允许处在同一个量子态——它解释了元素周期表的结构以及宇宙中物质的稳定性。

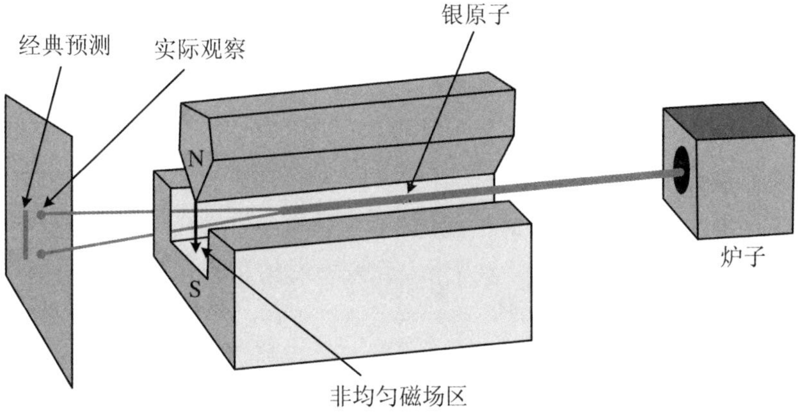

图 78　在斯特恩和盖拉赫 1922 年的关键实验中，一束银原子通过一个非均匀磁场。经典物理预期会沿着南-北方向向上或者向下被偏移一个可变的、随机的位移量。事实上，银原子都利索地落在两个点之一中，好象它们的磁矩只能有两个值之一似的，向上或者向下。此一观察被广泛接受为电子自旋的现代理论的实验基础。一般来说，无法预测一个带自旋的粒子在斯特恩-盖拉赫设备中是被向上还是被向下偏转，但是一个被向上偏转的粒子进入一个特殊的状态——自旋向上的状态，在经过第二个斯特恩-盖拉赫设备时肯定会向上偏转。类似地，一个被向下偏转的粒子进入一个特殊的状态——自旋向下状态，在经过第二个斯特恩-盖拉赫设备肯定会向下偏转。

让许多潜在的批评家闭口的原因是，自旋概念的引入使得为钠这样的原子的光谱线提供解释变得相对容易。这不只是个简单的解释，而是具有格外细致的细节的解释。让我们再回到钠发射光谱的双线。你可能要问的一个问题是，为什么是双线？设若每个能级分裂成两个能级，这取决于轨道和自旋转动的相对取向，但这应该对电子的初态和终态都适用，结果是四条而不是两条谱线——四重线才对！量子力学为这个问题提供了很好的解释。钠黄线来自术语称为 3s 和 3p 的两个状态。3p 状态具有轨道角动量——电子绕原子核或者原子核绕电子转——因此有自旋时会分裂成两个。但是，3s 状态的角动量为零，电子不(绕原子核)转动，它围着原子核乱飞，形成一个由“量子压力”支撑的电子云——这样的状态没有分裂。原因是能量不是取决于自旋的绝对取向，而是和轨道角动量之间的相对取向。但是 3s 态没有轨道角动量，无法分辨自旋的向上或者向下，也就没有分裂。

没有比把一个理论应用到与初始时促进其发展完全不同的情境中更好的验证它的方式了。一个原子在转动下的整体对称性可以经由施加一个磁场而破缺。这引入了一个择优的空间取向——磁场的方向——以及总角动量(轨道 + 自旋)同磁场之间的不同取向会有不同的能量。可以预期我们的双线会分裂成许多条线。多少？答案是令人窒息的：双线的上一条分成六条，下一条分成四条，总数是十条。图 79 中画出了这一复杂的情景是如何从钠原子最外层电子的初态和终态分裂中产生的。

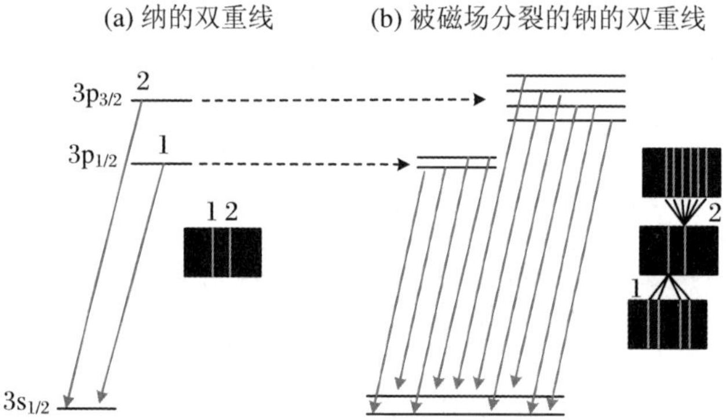

图 79　钠的双黄线(a)如何在弱磁场下分裂成十条线(b)。两个顶部的能级分别分裂成四个和两个，底部的能级分裂成两个。

我刚描述的效应在量子力学发展中扮演过关键角色。今天,它还时常被称为反常塞曼效应,尽管从量子力学的角度来看它绝对正常。回到二十世纪二十年代,如何理解磁场在不同的组态产生不同的分裂绝对是个挑战。没有自旋,所有的能级组态应该以相同的方式分裂,那么应该只能观测到六条谱线——每一个双线成分贡献三条。而观测到十条而不是六条线说明角动量的轨道分量和自旋分量可能是以不同的方式对磁场响应的。更确切地说,好象是自旋角动量与磁场的相互作用是轨道角动量两倍那么强—差不多是大自然故意因为给了电子角动量量子 $\hbar/2$ 而不是整个量子要加以补偿似的。这个区别只要把自旋当作字面上的转动就是一个深深的谜团,一旦经典想象的枷锁被打碎,把自旋看作是量子粒子的一个抽象特征,它就是完全自然的。

这是泡利和他的同时代人选择的道路。他们给予电子一个经典模型预测值两倍的内禀磁矩①,并进而详尽解释反常塞曼效应(代数太复杂了,这里就不介绍了)。凭着年轻人的大胆,他们对起初看起来致命的矛盾,即两倍的磁矩会在钠双线中产生过大的劈裂置之不顾。他们确信仔细的计算会处理这个问题——他们的乐观主义得到了回报。此后不久,狄拉克发展了划时代的理论,一把解决了磁矩的正确值和自旋-轨道劈裂问题,解决了反常塞曼效应和原子双线之间表面上的矛盾。我们在这里能瞥到马基雅维利信条的扩展:不仅是运气,就是大自然也会向年轻和大胆低头。

旋量

但是,如果自旋不是真正的转动,那它是什么?泡利的回答是,它是一颗具有惊奇精确性的宝石:自旋是电子的各向异性,是电子波函数不是如

① 磁矩是决定电流环路同磁场相互作用强度的量。类似地,电子的内禀磁矩决定电子同磁场间相互作用的强度。——作者注

温度、压力那样的纯数字的场而是具有内部结构使得其自不同角度观察会看到不同景象之比喻。

想法本身不是革命性的。比如电场有特定的方向;它是个可以指向你、远离你,或者指向中间的任何某处的矢量。量子力学中,光子的波函数也有方向,它被称为偏振。这个方向决定了一个光子被线性偏振片吸收或者放行的概率。表面看来,电子的自旋就象光子的偏振:是一个决定被图78中的斯特恩-盖拉赫设施向上或者向下偏转的内在取向。你还记得实验中携带自旋的粒子通过一个强烈非均匀的磁场被向上或者向下偏转,但是没有中间可能性。光子可能会被偏振片吸收或者放行,又是没有中间可能性。两个互相排斥的输出决定了粒子的特殊内在状态。对于光子来说,这是些肯定通过垂直取向偏振片的 *V*-状态,和肯定能通过水平取向偏振片的 *H*-状态。对于自旋来说,这两个状态分别是会被斯特恩-盖拉赫设备向上偏转的"向上"的状态,以及肯定会被向下偏转的"向下"的状态。

目前为止一切都相同,但是经过仔细的检查我们认识到转动操作下自旋的行为与极化的行为非常不同。第一个线索是自旋的"向上"和"向下"是通过平常空间中的转动180°相联系的,而光子的水平偏振和垂直偏振是通过90°转动相联系的。我们看到自旋在转动下的行为,在确切的意义下,是在转动下保持不变的标量(如温度、压力)和象是空间中迈出的步子一样变换的矢量(电场、偏振)之间的某种东西。

标量和矢量为同一个抽象变换群,即空间中的转动,提供了不同的表示。在标量表示中,所有的转动都用单位元表示,即变换不改变其作用的对象,这被称为自旋-0表示。在矢量表示中,转动被它们对取向箭头的作用来表示,这被称为自旋-1表示。但是,电子的波函数既不是标量也不是矢量,它属于称为旋量的第三类,为空间转动提供了另一个表示。转动下旋量的行为介于标量和矢量之间:这些对象所支撑的表示可以恰当地称为自旋-1/2表示。说电子的自旋为1/2(以 $\hbar$ 为单位)恰恰就是说其波函数是旋量。

让我试着解释什么是旋量。我将借助同矢量,即光子的偏振,比较、对照着进行。两者都可以用箭头表示,但是你必须时刻记住,现在尤其该如此，你在平常空间中看到的同你在量子态的抽象空间——旋量就存在于其间——中看到的这两者之间的关系。看得见的同看不见的之间的关系是本书的主题之一，是这个关系的变化造就了旋量箭头和矢量箭头之间的不同。

让我们用一个肯定能通过垂直取向的偏振片的 *V*-光子开始，它的类比对象是一个自旋向上的电子，即一个肯定会被一个垂直的斯特恩-盖拉赫设施向上偏转的电子。两个态在图 80 中的上部都用“向上”的箭头表示。这些箭头表示极化或者自旋在空间——我们可以称之为“真实空间”，

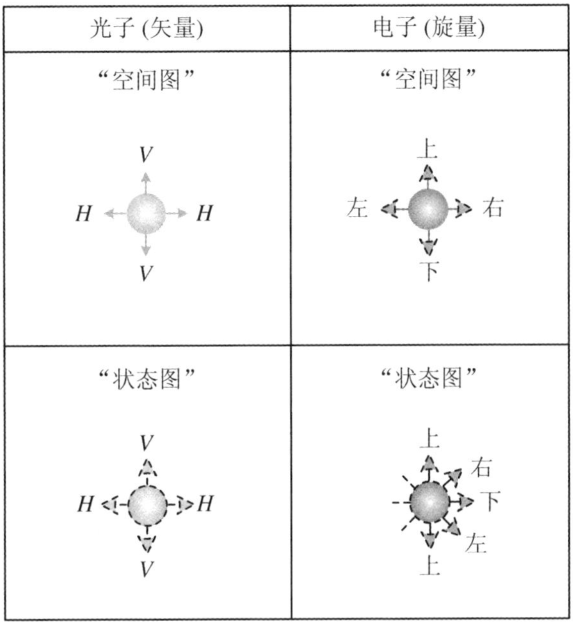

图 80　左：光子的偏振方向和其在光子量子态抽象空间中的“状态矢量”的取向。右：对应的电子在真实空间中的自旋取向同其在量子态(旋量空间)空间中的状态矢量取向之间的关系。注意观察在真实空间中 360°旋转是如何只对应旋量空间中的半圈的(有符号变化)。

如果“真实”不是被赋予太多意义的一个词的话——中的取向。现在我们顺时针旋转箭头。我们当然是在转动偏振和自旋的取向。转过 90°后我们评估一下结果。尽管偏振箭头和自旋箭头还是指向相同的方向，它们在量

子态意义上却是相当不同的。此处是你必须想象屏幕后面另一个现实的地方:为了方便,我在图 80 的下部多画了两个图,我称之为状态图,因为它们表示的是量子态空间里发生的事情。在光子的情形中,状态箭头和偏振箭头重合。所以偏振轴水平的状态是 *H*-状态,同初始时的 *V*-状态正交。对于电子,情况就是另一样了。当空间图中自旋箭头水平指向右方时,对应的电子态是具有被斯特恩-盖拉赫设备等几率向上和向下偏转的状态。在这个意义上,电子的状态类似光子的 D_1 态-光子偏振方向同水平方向成 45° 角,因此有相同的几率被 *V*-偏振片和 *H*-偏振片放行。这是为什么我把电子态画成指向对角线方向的箭头的缘故。

以上观察暗示有一个一般性的规则:每当自旋箭头在平常空间转过某个角度,对应的状态箭头只转过一半的角度。你看一个 1/2 表象的思想初露端倪。为了更清楚地理解这个想法,我们继续转动,直到偏振箭头和自旋箭头都指向下方。现在光子又回复到初始的 *V*-状态——一个肯定能通过 *V*-偏振片的状态。但是自旋出现"向下状态",一个肯定会被斯特恩-盖拉赫设备向下偏转的状态。这个状态对应光子的 *H*-态。它和自旋向上的状态正交,如同光子的 *H*-状态和光子的 *V*-状态正交。换句话说,自旋的"状态箭头"只转了 90°,尽管自旋的物理取向转了 180°。

到此你可能看到了半角规则的原因。关键点是一个旋量的两个正交态,自旋向上和自旋向下,是通过正常空间中转动 180° 相联系的。而一个光子的两个正交偏振态,垂直的和水平的,是由通常的 90° 转动相联系的。这就是为什么我先前说旋量是介于标量和矢量之间的。一个矢量,比如偏振,忠实地追随每一个转动——它的行为提供了转动的一个自然表示。但是一个旋量"半心半意地"追随转动,只转过空间转动角的一半。

当我们转动我们的自旋或者偏振方向一满圈,即 360° 时,更奇怪的事情发生了。现在空间轴又回到出发点的指向上,但是自旋的状态轴只转了 180°,所以我们得到了负的初始自旋状态。这非常非常奇怪。我再重复一遍,在 360° 转动下,表示自旋量子态的箭头不是回到初始取向,而是指向初始取向的反方向。

认为反向箭头代表物理上与初始的箭头同样的状态有点让人不自在。

我们小时候就学过转动 360°等于没转动。为什么这样的等于没转动却要求自旋态的表示上的变化？在试图回答这个问题之前，你应该注意到空间转满两圈即 720°后，状态箭头回到了初始时的取向，因为 720°的一半是 360°，这才是状态空间中的一满圈。所以我们的迷惑可以重述如下：为什么旋量转两圈才等价于没有转动，而一满圈却留下了痕迹——状态箭头的符号变了？

当务之急，我们必须检查一下认为转过 360°等于没转动此一偏见是从哪里来的。首先，这看起来是颠扑不破的真理。如果我转过 360°一整圈，我回到了开始的地方——关于这一点毫无疑问。但是真正的问题不是转动前后物理状态是否是相同的（它们是相同的）。问题是转动一个物体 360°的物理过程是否与什么也没做有某种不同或者可以分辨。

年纪足够大、在年轻时曾同电话绳别扭过的人可能早就理解了现在脑子中要说的事。把听筒转了 360°，你会扭曲了电话绳，这是曾经有过一次 360°转动的明证。用一个带子会更容易地这样做：按住一端，转动另一端（带扣的）360°，带子的扭曲是明显的，一端相对另一端转了 360°。这是可以预期的。不为大家知晓的是如果你第二次扭曲带子，这次转动带扣子的一端 360°且是沿同一方向，你实际上解扭了带子。我必须提醒你这不是不言自明的。第二次 360°扭曲带子看起来比以前更扭曲了。但是如果你移动带扣子的一端，绕带子一周，注意这时不要翻转你的手腕——因为这造成欺骗——你会看到在路径上某处扭曲掉落了。好象变魔术似的，你又恢复了直直的带子①。由此得到的教益是转一整圈和转两整圈（或者更一般地，转过奇数圈或者偶数圈）是有本质区别的。前者是纠缠的过程，会在环境留下永久性的痕迹，而后者是同没有转动等价的。

图 81 和图 82 提供了对转两圈和转一圈之间差别的比较抽象的解释。每一个转动被半径为 1 的球内部或表面上的点表示。一个球内的点代表绕一个通过球心和该点的轴的逆时针转动。对球面上的点，转动角度为 180°，从球心到球面的一半为 90°，对球心来说转动角为 0°，如此等等都是

---

① 这一段很绕。R. Penrose 的 *The Road to Reality* 一书 p.205 上有图解。中译本为《通向实在之路》。——译者注

正比于从点到球心的距离。这在图 81 的图解中被进一步地加以说明。凭借此约定,一个在球面上的点表示 180°的转动,径直相对的点表示绕反向的轴的 180°转动。但这两个转动是相同的,可以轻松验证。因此在径直相对的两点同样的转动,应该被当成同一个点。我们可以在其表面的任一点,比如 P 点,出离球面在径直相对的点 P^* 再进入球内,好象这两点是紧密相连的。

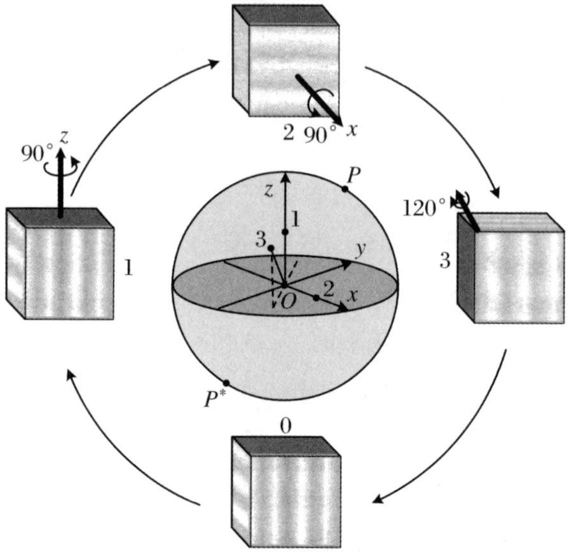

图 81　三维物体的转动同一个球的内部是一一对应的。例如,点 1 代表绕垂直(z)轴 90°的转动,点 2 代表绕 x 轴 90°的转动,点 3 代表绕立方体对角线 120°的转动。点 O 表示没有转动。球表面上两个沿一条直径相对的两点,P 和 P^*,代表同样的转动。

转动一个物体 360°的过程可以看作是循着一个闭合环路:始于球心,沿着一条半径往外到达表面,光滑地交到径直相对的点,再回到球心(见图 82(b))。这条路径是闭合的,它仍然是同一条完全包含在球内的闭合路径本质上是不同的(见图 82(a))。图 82(a)中的闭合环路可以连续地约化成接近球心的无穷小的环路,代表全同点,即完全没有转动。但是对应 360°转动的路径(图 82(b))却不可以约化。为了约化,你必须首先在它穿过球面的点上剪开,把两点向内弯曲然后再粘回去。只有这样做了以后你才可以开始朝着球心的连续约化过程。但是剪切和粘接不是合法的操作，求助于它们像是用先使之解体然后又正确地再组合的方式解决魔方问题：所以360°转动和没有转动是有本质区别的。

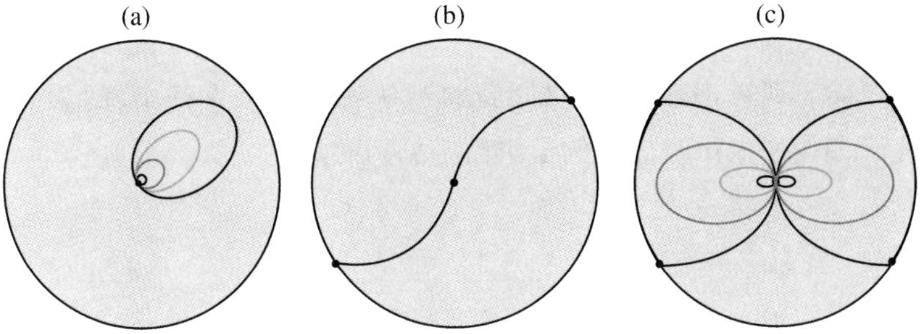

图 82　图 81 中的“球转动”的三条闭合路径代表改变物体取向且初始和最终取向重合的三种方式。在(a)中物体被带着沿一个可以连续地约化为球中心一个点的环路，这等价于没有转动；(b)中物体被带着转过 360°，路径刺破球的表面，从对面径直出来，这个环路不能够被连续地约化成一个点；最后，图(c)中物体转动了 720°，路径刺破球面两次。如同(a)，这个环路可以连续地约化为一个点，表明 720°转动等价于没有转动。

但是，你可能会说，转动一个物体 720°会怎样？描述这个过程的闭合路径在回到球心之前要刺破球面两次。为什么我们不会遭遇阻止我们把360°转动约化为没有转动的同样困难？我们会发现我们不会遭遇困难，是因为在两个点上我们的路径刺破球面，这给了我们不打破游戏规则进行约化的途径。办法是将路径变形使得和球面的两个交叉点越来越接近直到它们合在一起。允许路径光滑地进入球内(见图 82(c))。从这一点起，路径变成了完全包含在球内的闭合环路，可以连续地收缩到可以对应没有转动的单一的中心点。这就是为什么 720°转动等价于没有转动，而 360°转动不是的原因。

经过这段离题进入数学家称为拓扑学的领域以后，我们回到旋量和矢量的性质上。已经确定了 720°转动等价于什么都没做以后，我们能够推论360°转动要么什么也没做要么改变量子态的符号。这是因为 720°转动可以看作是两个 360°转动的组合。如果每个 360°转动产生一个符号改变，则

720°转动不会产生符号变化，因为两个负号的积是正号。当然，如果每个360°转动不产生符号的改变，则720°转动也不会产生符号变化。如果认定状态在720°转动下必须是不变的，就没有其它可能性。因此，每一个合理的转动表象必须要么是整数表象，这使得物体在360°转动下是不变的；要么是"半整数"表示，它的对象在360°转动下改变符号。矢量是第一类，旋量是第二类。两者都表示抽象的转动群，两者在自然界都出现，如我们已经在光子偏振和电子自旋的例子中已经见到的那样。

不相容原理

关于电子，很难高估那个自旋在360°转动下负号的后果。考虑一对电子，现在将它们交换。不可避免地，两个自旋中的一个相对另一个转过360°，如你在图83中所见，这在电子对的波函数上乘以一个负号。所以任

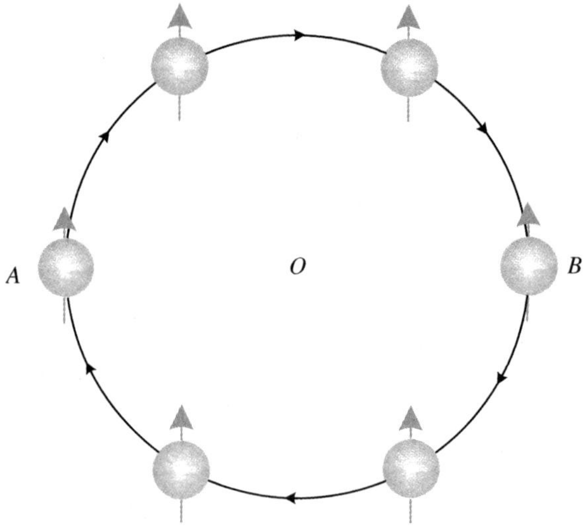

图83　交换两粒子 A, B，意味着 A, B 间的连线绕过 O 点的轴转动180°，或者说一个粒子相对另一个转动360°。

何两电子体系的波函数在电子交换时必须改变符号。这意味着你不能将两个电子放入同一个量子态——此事实即大家熟知的泡利不相容原理。

你很容易看出为什么是这样。假设你能做的就是那样——把两个电子放入同一个量子态,则电子对的组合态对于电子的交换是完全对称的。为什么？两个电子是绝对全同的;无法将它们分辨开,也就是说只要它们处于相同的量子态,没办法说它们是否被交换了。但是这样的对称状态,就“对称”的定义而言,当两个电子交换时是无法改变符号的。所以我们有两个互相矛盾的要求:一方面两个电子的组合状态在交换时必须改变符号,另一方面它又不能改变符号。唯一避免矛盾的出路是认识到两个电子永不能处于同一个状态。如果一个电子处于绕原子核的某个运动状态,第二个电子只有在具有相反的自旋取向的前提下才可以被允许出现在同一个状态,第三个就决不允许(占据这个态),它将被强迫去占据不同的态,尽管这要花费相当的能量。

正是这个铁一般严峻的必要性要求,电子才能构造出令人惊讶的化学元素多样性。我们已经遇到过氢,宇宙中最丰富的元素——富有参与愿望,活性的,总是急切地融入化学键。氦,多一个电子,就是完全不同的类型——一种“高贵气体”,冷漠,化学惰性。锂,有三个电子,具有活泼的性质,是许多结构和化合物之父。碳(炭),六个电子,世界最有成就的网络构造者,造成了金刚石的硬、石墨的软和膜的灵活性。每增加一个电子就带来新的特性,新的化学以及能聚集成物质——变成生命的物质,生命支撑着意识——之分子的多样性。所有这些都建立在泡利不相容原理之上,而该原理是妙不可言的电子自旋的半整数值的直接结果。

狄拉克的空洞

到 1926 年,自旋的电子,以泡利不相容原理为支撑,被坚定地确立为物质最重要的粒子。终于,人们理解元素周期表是原子中电子状态壳层的系统填充。但是,一个问题的解决总是产生新的问题:建立了电子在化学中主导地位的同样进步也触发了一连串事件,进一步地侵蚀了量子力学建立于其上的“量子粒子”的概念基础。

朝此方向上关键的一步是狄拉克迈出的。我们首次遇到他是在第6章,作为“不变量”的拥护者,而后在第8章,在看到了泊松括号和对易子之间关系后试图保持“酷”的样子。在将他那个时代的两个最伟大的理论:量子力学和狭义相对论——联系到一起这件事上,没人比狄拉克的贡献更大。这两个理论物理支柱之间的张力在量子力学繁盛到成熟时更显著了。不只是一种新的思考方式和旧思想之间区别的事情:新量子理论的关键方程同相对论理论的意义相矛盾。

为了“相对论性正确”,一个理论应该平等地对待时间和空间,即看作一个硬币的两面,它们也确实是那样的。不幸的是,量子力学在时间和空间之间设置了明显的差别——此差别深植于粒子的概念。时间是一个标示不同时刻的数字,同粒子的性质没有任何联系,空间则不同。确实你可以定义一个空间的位置无须涉及粒子,在这个意义上“位置”就是不同点的标示。但是,在量子力学中,这个标示也是一个设计用来决定粒子位置的实验的许多可能结果之一,这显然是一个物理性质。有了这个区别,则量子力学最重要的方程,描述粒子波函数 ψ 随时间演化的薛定谔方程,严重地打破了空间和时间的等价性,也许就不是那么令人惊讶了。薛定谔方程的形式为

$$\mathrm{i}\mathrm{D}_t\psi = -\mathrm{D}_x\mathrm{D}_x\psi$$

这里 D_t 是计算随时间变化率的数学算符,D_x 是计算随空间变化率的数学算符,i 是单位虚数。即便不明白它的数学,你也看到空间(x)和时间(t)在方程中是不对称的:空间算符 D_x 出现两次,而时间算符 D_t 出现一次,因此薛定谔方程不能满足相对论原理,即在所有以恒定速度相对运动的参照系中保持形式不变。

狄拉克对这个基础性难题的解决方式是一个人如何既成功又失败的典型案例:赢了一场战斗同时又输掉了它。第一个挑战是找到薛定谔方程的正确的相对论性推广。这应该仍然是 $\mathrm{i}\mathrm{D}_t\psi\propto\mathrm{D}_x\psi$,因为根据力学的一般

原理，ψ 代表的状态包含决定未来所需的所有信息——特别地，它随时间的变化率。但是现在我们也有了相对论原理告诉我们，如果空间和时间的等价性能得以保持，方程右边正比于 ψ 的项必须只包含一个算符 D_x。类似 $D_xD_x\psi$ 或 D_x 的高阶项是不被允许的，因为这会破坏这个等价性。最后，这一点是关键的，正比于 ψ 的项必须来自能量算符 H 作用于波函数的结果。这是因为力学中能量是时间演化的生成元(见第 8 章)，而薛定谔方程说的就是这一点。

这些要求是高度麻烦的。量子力学中算符 D_x 对应粒子的动量 p，上述讨论说到底是说能量算符 H 必须是 p 的线性函数，即单一的 p，而不是 p^2，p^3…。但是一个非相对论粒子的能量是正比于 p^2 的，而相对论粒子的能量更糟糕：类似 p^2+m^2 的平方根，m 是质量。显然，不用魔法或者妖术，很难看出如何将 p^2+m^2 的平方根写成相对论原理所要求的只包含 p 项的形式。

我琢磨狄拉克首先看到了玩魔术的可能性，经过许多次摆弄数学以后，他认识到 p^2+m^2 的平方根确实是 p 的线性项，假如愿意增加 p 作用于其上的状态空间的维度的话。波函数 ψ 出现在薛定谔方程是一个单复数，对每个 x 和 t 有一个值。如果把它升级到两个复数，一起形成一个旋量如泡利建议的那样形式，会怎样？这可能奏效的原因是在两分量波函数增大的空间中，会有一些非平凡的操作，当两次运用后，得到全同算符，即让一切都不改变的操作。例如，考虑交换波函数两个分量的操作 X，如果你连续运用两次，即交换波函数分量两次，显然你回到了初始状态。表达这个事实的好玩的方式写为 $X^2=I$，X^2 就是 XX(即 X 运用两次)，I 表示全同操作。就改变波函数第二个分量符号而不涉及第一个分量的操作 Z，这些同样适用。连续运用两次你不会造成任何变化，因此有 $Z^2=I$。进一步地，如果你先运用 X 然后运用 Z，得到的是先运用 Z 然后运用 X 的结果的负值(请试试)。这意味着有 $ZX=-XZ$；或者等价地，$ZX+XZ=0$。利用这些结果你可以验证 $(pX+mZ)\times(pX+mZ)=p^2+m^2$。这意思是说 $pX+mZ$ 是 p^2+m^2 的“平方根”，且它只包含 p 的线性项。所以我们在两分量波函数的空间中数学上可能有一个只包含 p 而不是 p^2 表达能量的公式——但这能行吗？它真能导致一个自洽的相对论性正确的理论吗？

在一个只有一个空间维度的假想世界里，前述的两分量波函数将令人满意地运作，但在我们的三维世界里却不行。在三维空间中，我们至少还需要两个 X，Z 那样的算符去容纳两个互相垂直的动量的方向。狄拉克发现能容纳两个额外算符的一个简单的方案要求的不是二分量，而是四分量波函数。这样他引入了一种新型的波函数，包含两个以一种不易说明的方式结合在一起形成双旋量的两个旋量。这样，掌握了双旋量，狄拉克能够构造一个漂亮的方程，它对称地处理时间和空间，在坐标系相对论变换下是不变的，预言了内禀角动量 $\hbar/2$（自旋），预言了原子双线的劈裂和反常塞曼效应——一切都是正确且一蹴而就的。用任何标准都是格外的成功……除了一个小的细节：

从那太阳开始它的反光的地方
能打翻船的风暴和可怕的雷电滚过
从那送来舒适的泉水里
不自在在膨胀。①

天才刚打进相对论量子力学的城堡，现实就回以新的可怕鬼脸：负能量解。因为狄拉克方程有无穷的负能量解：对每一个正能量 E 的解，有一个负能量 $-E$ 的解，且在两边的能量都没有极限。数学上，这发生了是因为 p^2+m^2 的平方根——能量是由其得到的——可以有符号相反的两个值，正如 4 的平方根可以是 2 或者 -2（两个数的平方都是 4）。所以，你不只是有两个可能的自旋指向，而且还有两个可能符号的能量，这后验地解释了为什么波函数有四个而不是两个分量。

负能量解（或者，精确地说，具有任意大负能量）的麻烦是在物理上它们没有意义。资本主义经济的领导人可能会欢迎它们的存在，因为它提供了能量需求的最好解决方案：他们可以把任何物质扔入负能量状态引出新鲜的正能量。可是对科学家来说，这好象意味着宇宙是不稳定的，会迅速地沉入负能量态的深渊。

① 莎士比亚，《麦克白》，第一幕，第二场。——作者注

公平地说，负能量在经典相对论中也可能出现，且出于同样的原因（p^2+m^2有两个符号相反的根），但是那里它们立马被当作数学产物给扔掉了。可以安全地这么做是因为正能量态和负能量态分得很开，不会混在一起。我们为什么不能在量子力学中也这么做呢？

原因是微妙的、深刻的，同粒子的定义有关。记住粒子是可以局域化的东西，总是作为整体出现在一点——它们从不会同时出现在两点。这在经典力学和量子力学中都是一样的。但是在量子力学中你可以形成局域态，只能通过无穷多不同能量状态的叠加。在相对论量子力学中这个叠加必须包括负能量态。不给出处于负能量态的一定几率就无法完全局域化一个粒子。对一个相对论性量子粒子的存在来说，负能量及其非自然的效果，不仅是可能的，而且是必须的。

这会让我们的船长们，

狄拉克和泡利，感到沮丧？哦，是的：

就象麻雀遇到了鹰，或者兔子遇到了雄狮。①

检视一下由此而来的解。狄拉克说，负能量态就在那，但总是被电子所占据——每个电子一个态，如图 84 所示——别在意宇宙会因为电子间的排斥的结果而爆炸，因为我们将这看不见粒子的海洋称为空洞，黑暗的宇宙背景，世界从其中产生的无。空洞是能量最小的状态。相对于空洞任何状态都有正能量。为什么？当然了，因为泡利的不相容原理。没有两个电子可以占据同一个量子态。所以任何通过减少电子的能量降低空洞能量的做法都不奏效，因为低能态已经被一个电子占据了，不可以被二次占据。

下面是我们能做的其它事情。将一个电子从空洞中拉出，放到一个正能量态上。这样我们产生的不是一个而是两个粒子（见图 84）。首先，我们将一个看不见的电子从空洞中提升到真实世界，其中它表现为正能量电子；第二，我们在空洞里留下了一个“空穴”，有正能量的空穴，因为缺失的负能量就是正能量。空穴表示一个一点也不比电子不真实的粒子。例如，

① 莎士比亚，《麦克白》，第一幕，第二场。——作者注

一个空穴可以在狄拉克空洞中从一个状态跳到另一个状态：它需要做的就是狄拉克空洞里的一个电子填充空穴，在它来的地方留下一个空位。这个过程是正能量区域内真实电子从一个态到另一个态迁移的映像。还有另一个重要的差别。当空穴从点 A 挪到点 B，真实的过程是电子——看不见的电子之一——从点 B 挪到了点 A。说一个负电荷——看不见的电子的电荷——从点 B 移到了点 A，同一个正电荷从点 A 移到点 B 是一样的。简单地说，就所有实际目的来说，空穴行为上象一个具有正电荷的电子，在各个方面都象电子一样真实或者虚无。这个新粒子现在被称为正电子——是第一个被预言的反物质①。

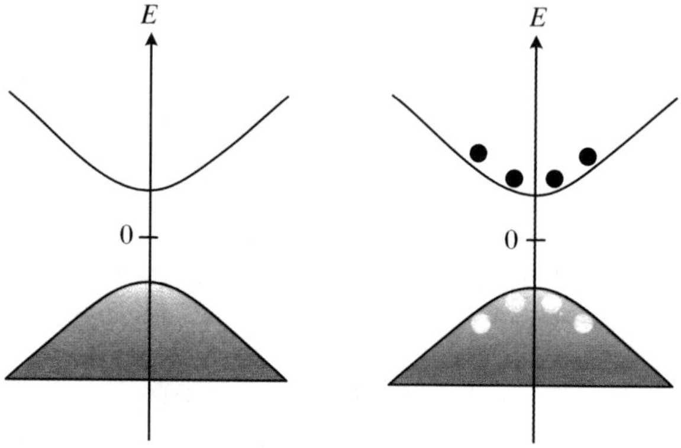

图 84　左：狄拉克空洞。所有的负能量态——狄拉克海——被占据，而正能量是空的。右：一些电子被激发到正能量态，在负能量海中留下了空穴。空穴被解释为反电子，更是以正电子为大家所知。

其它一些激动人心的事情还可以发生。例如，当一个电子遇到正电子，两个粒子会湮灭，发射电磁辐射。电子落入空穴，就是正电子所比喻的那种存在。此后，没有了电子也没有了空穴。丢失的能量被一个光子所携带②。

① 狄拉克本人对 1932 年正电子被观察到这件事并没有赋予多少重要性，他也没鼓励实验工作者们去寻找新粒子。对他来说，得到正确的方程是真正的成就。——作者注

② 一个光子可不行，那样无法满足动量守恒。——译者注

那么，在空间某个位置上定位一个粒子的问题怎么样了？要我说，不利用负能量态是不可能的。初始时这些态看起来是疯狂的、非物理的。这关于局域态的特性能告诉我们什么？嗯，它告诉我们就没有严格局域态粒子这回事：如同所有的物理思想，局域粒子的想法只是作为极限才有意义。

应该注意到空洞中的背景电子占据有限动量状态，因此是空间完全非局域的（见第9章）。一旦我们试图通过施加一个力场约束其中的一个电子，我们在空洞中在那个粒子周围就引入了“张力”。空洞不再是均匀的，结果一些虚的电子-正电子对开始出现。它们之所以是虚的是因为在现实中未能完全表达，如同一个光子的偏振在观察揭示它之前未完全表达一样。但是，因为粒子是局限在空间非常小、非常小的范围的，张力增加直到在一个尺度为 10^{-13} 米的临界长度上空洞被破坏，真实的电子-正电子对自发产生。它们从我们寄希望能作为工具定位粒子的同一个力场获取能量。骇人的结论是，粒子数不再是一个完好定义的量。我们开始于一个粒子，但当我们将之局域化时，结果产生了很多粒子。严格说来，说“这里有个粒子”是没有意义的，因为量子态总是包括冒出越来越多粒子（电子-正点子对）的可能性。

所以字面意义上单粒子不存在，它只是作为一个比喻，描述远要复杂的无穷多粒子态。但如果用某种宽松的观点看它的话，比如不是太深入地刺探它的内部结构，这个复杂的状态行为上也类似一个单粒子态。这样的一个状态专业术语称为准粒子，意思是在足够大的尺度上看似粒子，但置于足够强大的显微镜下会展露其复杂特性的那么一种存在。

由此得到的启示是大自然里没有真正的粒子，只有准粒子。你现在明白了我说狄拉克既赢得又输掉了他的战斗的意思了。他得到了相对论正确的波动方程，但也发现它不再是描述单个量子粒子的。

量子场论

读过前面几节后，没人再会认为物理学家不如小说家或者诗人那么想象力丰富了。但是，艺术不单是靠想象力，形式也同样重要。法国画家、雕塑家德加(Edgar Degas)对诗人玛拉麦(Stefan Mellarmé)抱怨说："你那是糟糕的行当。我没法跟你说清我要什么，但我满脑子是想法……""哎，德加"，玛拉麦答道："人们可不是用想法作诗的，而是用字。"①

好的形式常常意味着思想的简约。狄拉克关于看不见的粒子海的想法，尽管抓住反物质的概念因而它是有用的，但是给我们以难以接受的、反经济原则的巴洛克作品的印象。为什么为了解释一个正电子的存在要用无穷多的电子填满宇宙？为什么要给空洞塞入无穷多的物质？为什么当少数几个手段足够的时候要用尽许多手段？

这个批评是量子场论的起点。不是讨论单个的电子和正电子，量子理论家们想象一个全面铺开的电子-正电子场，意思是无穷多量子力学算符的集合，其在每一个时空点上都能产生、摧毁电子或者正电子。全局的量子场态由每个时空点上一个波函数来描述——因此有先前的说法认为量子场是"场的场"。这个波函数决定在这里或那里，此时刻或彼时刻，找到一个电子或正电子的几率。但是这些电子和正电子只是泡沫，或者幻觉——它们是可以在一点产生在另一点上摧毁的东西。只有场是永恒的。场有自己的空洞(空无)，即没有任何电子或者正电子的态。但这不意味着场本身不出现在空洞里。虽然，平均来说场为零，但场以对平均值随机偏离，称为涨落的形式连续地出现。图解这些涨落的一个方式是想象粒子对——电子-正电子对——从空无中冒出来，在那里逗留片刻，在任何人或

---

① 这段对话见于 Paul Valèry 的 *Poetry and Abstract Thought*(《诗与抽象思维》)。——作者注

物有机会探知它们的存在之前又回到空无。这些粒子只在不被观察的情况下存活了涨落的短暂时刻,被称为虚粒子以有别于确切地能被观察到的真实粒子。虚空中不停地沸腾着这样的看不见的泡沫。另一个场——电磁场——可以附着在电子-正电子场的涨落上,从虚空中产生真实的粒子。例如,电磁场的一个光子可以转化成一个真实的电子-正电子对,以后它们可以合并(湮没)产生一个真实的光子。粒子来了又走了,但场是永恒的。

量子场论的一个最引人入胜的特性是自然地解释了为什么电子是全同的。当你把它们想成是一个处处存在的场的局域展示的时候,这一点变成完全是显而易见的。往下说不利的一方面,量子场运动方程要比一个粒子的运动方程要难解得多。即便是相对简单的量子电动力学,只包含电子-正电子场和电磁场,也没有精确解。是的,是有一些强大的方法让物理学家以华丽的精度计算和预言一些事实或者数,但这些方法包含一些摆脱计算中出现的无穷大的数学把戏。重整化理论就是这套把戏的名称。狄拉克抱怨过它,甚至因对量子电动力学的贡献获得诺贝尔奖的费曼也以自己的风格宣称:"我认为重整化理论只是把电动力学遇到的发散(即无穷大)的困难扫到地毯下面①。"

尽管有这些困难,量子场论确实提供了许多深邃的、出色的见解。我将只说一个例子,即反粒子存在的原因②。考虑一个电子通过和电磁场相互作用从初态跳到("跃迁"到)终态的过程。在量子场论的表述中,不是电子从一个态到另一个态,而是场毁灭了一个处于初态的电子,在终态上产生了一个电子。某种意义上我们回到了芝诺的运动是幻觉的旧思想:首先,你有一个处于这个状态的粒子,后来你有了一个在那个状态的粒子——但是你说不清它是怎么从一个状态到另一个状态的。图 85 的左幅描绘了从初态到终态的最直接路径:场毁灭了时空点 A 上的一个电子,马上在同一点上产生了出射的电子。但是这是唯一的简单路径。

图 85 的中幅描绘的是更复杂点的过程,其中在时空点 A 上产生的电

---

① 费曼,诺贝尔奖获奖演说,1965 年。——作者注

② 本书接下来的几节摘自费曼的 *Elementary Particles and the Laws of Physics*(《基本粒子与物理学定律》)(Cambridge University Press)。——作者注

子传播到时空点 B 上，在那里被出射电子替换。有许多可能的路径——实际上，无穷多——要用更复杂的图来描述，但这里我们关注这一条就够了。在 A，B 间传播的中间粒子是虚粒子的例子，入射而后出射，前一个来自遥远的过去，第二个去到无穷远的未来。虚粒子与能被观测到的真实粒子可以清楚地区别开来。虚粒子有些让其有异于真实粒子的奇怪性质。例如，它不受制于速度必须低于光速的一般规则。事件 A 和 B 在空间上可以任意远——实际上远得没有任何物理信号可以在这段时间 $t_B - t_A$ 内将它们联系起来，但这路径依然是"合法的"且对总的跃迁几率有贡献——不太多，但也不为零。这个悖论是单个粒子概念垮台的缩影。虚粒子在点 A 的产生和在点 B 的湮灭没有因果关系，而是电子在点 A 的产生瞬间改变了在点 B 湮灭的几率。这是爱因斯坦谴责的"鬼魅般的远距作用"。这里它又突然出现了，但是与相对论不冲突，因为在点 B 被毁灭的电子不是那个在点 A 产生的电子。

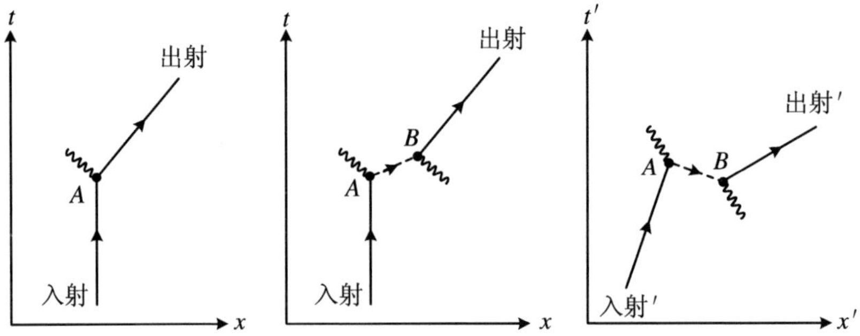

图 85　左：一个电子在空间点 A 同电磁场作用直接从初态过渡到终态。中：电子经过两次同电磁场的相互作用从初态过渡到终态，中间产生一个虚电子(虚线所示)。右：在一个向左运动的坐标系中观察的同一个过程。虚电子从时间上向后传播，意味着我们有一个时间上向前传播的正电子。一个观察者的虚粒子是另一个观察者的虚反粒子。

虚粒子的非因果性传播是反粒子不仅可能而且必须存在的最终理由。为了理解为什么是这样，再考虑一下图 85 中幅所描绘的过程，但是假设你以恒速向左运动。你肯定记得图 33 中两个匆忙的步行者相对运动，对过去和未来有不同的看法：对其中一人来说，灾难性的恒星大爆炸还在未来，而对另一人来说那已经是过去。对实在（现实）的这两个表象可以和平地共存，因为没有一个步行者有办法了解关于这个悬而未决的爆炸的任何事情。

类似的事情发生在这里。对一个向左运动的观测者来说，事件 A，B 之间的时间顺序可以是倒过来的，即事件 B 发生的时间要早于事件 A 发生的时间。图 85 的右幅画的是另一个观测者眼中的过程。差别是明显的：虚粒子在时间上在倒退。理解虚粒子如何能比光速还快就够难的了。现在我们必须解释它如何在时间上倒退。

但是相对论原理保证这个情形不是它看起来的那么荒诞，我们只需要从另一个角度去看待这个问题。这个不同观点的关键是在时间上退行的虚电子表示一个在时间上前行的虚正电子。有了这样的见解，让我们试着用适当的方式解读图 85 的右幅。从事件 B 开始，在那时刻一个电子-正电子对从虚空中冒出来——这是同一直在那里的电磁场作用的结果；电子马上在终态上出现而正电子是虚的。但是，电子和正电子都在时间上前行。在晚些的事件 A 的时刻，虚正电子遇到了到达的电子，两者湮灭了。这个事件序列完全讲得通，最终可观测的结果和左幅中的一样，尽管过程的描述在虚的层面上是完全不同的。相对性原理说两个观测者都是对的：他们只是用不同的话语描述同一个实在。这意思是如果电子存在则正电子也必须存在，因为我们看到一个人的虚电子正是另一个人的虚正电子。相对论和量子力学的结合是这个论证的关键。没有相对论我们不能把虚粒子变成虚反粒子。但是，没有量子力学我们就没有虚的粒子或反粒子来开始这个故事：那样只有不能变成实的反粒子的实粒子。

超导电性

在几页之前我答应过要谈谈超导电性，即某些金属在低温下失去电阻的现象。用了结这个愿望来结束本章是很合适的，不是因为别的，而是（超导的）故事突出自旋和泡利不相容原理这两个孪生主题，赋予狄拉克的虚无一个新的、更加可信的形体。

让我们从头开始，问为什么通常在金属中电流是那样一个非自然的状态——一个靠外部电源（比如电池）驱动的且一旦电源切掉就很快消失的状态。以前我让你们把金属画成一个电子海，其中电子在所有方向上无规运动且对外部电场施加的力极度灵敏地作出响应。那是个经典的描述。在量子力学中这个图像一样成立但有两点重要的不同。首先，因为泡利不相容原理不可以有多于两个的电子处于同一个运动状态上。处于同一个运动状态上的两个电子必须自旋相反。第二，电子的运动状态由动量表征，在一个有限尺寸（一个很大的箱状物）体系内的动量在每个方向上只能取有限的分立值①。

现在假设金属中有 N 个电子，我们想把它们分布到不同的运动状态上，使得系统的总能量最低。因为电子的能量随动量的大小增加，我们将首先填充低动量态，只有当低动量态被完全占据后才考虑更高的动量态。

为简单起见，假设电子只能沿直线向左或者向右运动。前面两个电子将进入零动量态，携带能量为零。接下来四个电子进入两个最低非零动量态，其一向右运动，另一个向左运动。又有四个电子进入动量和能量略多一点的两个状态，以此类推，直到所有的电子都被安置了。显然，有大量的电子（约为 10^{23} 个/立方厘米）要被安置，做完这件事后我们认识到我们已经把动量在 $-p_F$ 与 p_F 之间、能量低于 E_F 的所有状态给填满了。把占据状态同空态之间分割开来的那个特殊动量 p_F 被称为费米动量（见图 86(a)），对应的处于分布顶端的电子的能量 E_F 被称为费米能②。这个紧凑的占据方案产生了金属中电子的能量最低状态，也称为基态。注意基态没有净电流，因为对于每一个向右运动的电子，都有一个以同样速度向左运

---

① 当箱子的体积趋于无穷大时，允许的（动量）值变得非常密集，无法同连续分布分辨开来。——作者注

② 此处关于费米能和费米动量的说法只对金属是成立的。费米能（级）是个统计量，一般地不一定对应体系中实际可占据的能量态。——译者注

动的电子:反向的电流互相抵消了。

金属基态和狄拉克空洞之间的相似性是惊人的:都是由大量的电子占据的、由泡利不相容原理保证其稳定性的能量最低状态①。在两种情形中,电子都可以从占据态海洋中被拉出,留下一个带正电的空穴(见图 86(b))②。但有一个决定性的区别。金属中,电子-空穴对用无穷小③的能量就能产生。与此相对,自狄拉克空洞中产生电子-正电子对需要的能量不小于 $2mc^2$,即电子和正电子的静能量之和。我们看到在超导体中也出现一个(产生电子-空穴对所要求的)最小能量。

现在,如果一块金属的基态不携带电流,那么我们如何得到一个,比方说,向右的电流?明显的解决方案是增加向右运动的电子数,相应地减少向左运动的电子数。新的情形如图 86(b)所示,你马上认识到新的状态是激发态——它比基态的能量高。为什么这样说呢?你肯定可以通过把一些处于顶部的向右运动的电子转移到向左运动的空态上来降低系统的能量。换个说法,这个状态对于把电子从向右运动的集团转移到向左运动的集团的过程是不稳定的。这样的过程因为电子同杂质,或者背景中振动着原子核之间的碰撞不断在发生。对于我们要说的问题,关键点是携带电流的状态包括处于相同能量的占据态和非占据态。因此,一个电子可以通过同杂质或者振动着的原子核碰撞,从向右运动的状态切换到向左运动的状态而不消耗能量。当然,逆过程也会发生。但因为向右运动的比向左运动的多,这些随机的碰撞会造成电子系统地从向右运动的一边转移到向左运动的一边。其结果是,除非有外部电源维持,电流将坚定地衰减为零。这是普通金属中电阻的基本机理。

现在的问题是,让超导体逃过了前几节讲述的衰减过程的特殊性在哪?我说"逃过"时我是真就这么认为的,因为超导体中的电流是几乎永恒

① 那么多电子在金属中和平共处之所以可能,是因为它们的负电荷在平均水平上被构成金属之原子的原子核的正电荷给中和了。——作者注

② 实际情况是,金属中电子海以及空穴概念的引入恰是参照了狄拉克电子海的图像。——译者注

③ 实际金属中这是个小量,但不是通常理解的无穷小。——译者注

的:尽管超导体中有杂质、原子振动等因素,但只要温度足够低,它就能够流动上百万年。

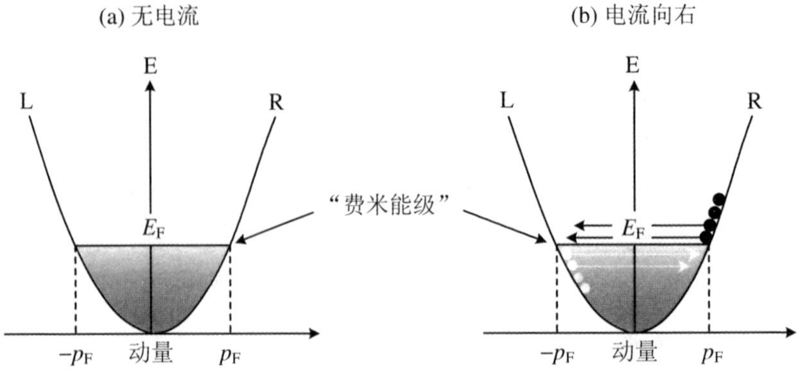

图 86　(a)在常规金属中的电子最低能量态类似狄拉克的空洞;所有动量 k 小于费米动量 k_F 的状态都被占据;因为向左和向右运动的电子数目相同,此状态下总电流为零;(b)为了产生电流,我们把一些电子从向左运动给调整成向右运动的状态。结果电流是不稳定的,因为向右运动的电子可以被切换成向左运动的状态,不消耗能量。在没有外场的情况下,这个过程持续到两边的电子相等,总电流变为零。

关于超导的非常巧妙的理论是由巴丁(Bardeen)、库柏(Cooper)和施里弗(Schrieffer)(合称 BCS)在五十年前提出的,可称为二十世纪物理学的高端成就之一。BCS 注意到在费米能级(图 86 中的 E_F)附近电子之间常常是吸引的而非排斥的①。当吸引主导时,平淡的图 86 所示的自由电子基态变成了一个不同的状态:能携带电流但免除了既有占据态又有相同能量的未占据态的缺点。

图 87 勾勒了 BCS 建议的态的主要特征。远离费米能级的地方这个状态同金属中正常电子状态没有区别:电子占据动量态只受泡利不相容原理的限制。但是,在费米能级附近的不同动量态的占据问题上出现了一种新的关联。精确地说,一个自旋向上的电子占据一个动量 p 的状态当且仅当

① 这个微妙效果的原因是电子经过时造成的晶体微小形变:形变携带一个正电荷,它吸引了第二个电子。——作者注

有一个自旋向下的电子占据一个动量 $-p$ 的状态。实际上,这意味着如果你在一个动量为 p 的状态上发现了一个电子,你无需测试就可以肯定在动量 $-p$ 的状态上有一个自旋向下的电子。如果你在动量为 p 的状态上未发现电子,你可以肯定在动量 $-p$ 的状态上也没有自旋向下的电子。你可能会抗议说这个关联在图 86 所示的正常基态中早就出现了。但是,根本的差别是在正常态下你可以花费几乎为零的能量将顶部的一个电子提升到稍高点的动量态上,那里它可没有动量相反的伙伴。所以你在图 86 中看到的配对关联是偶然的,很容易被小的扰动摧毁。但在超导态,不花费一些有限大小的能量配对是不能够被打破的:这是基态的一个强健①的特色。

与正常态金属不同,在超导体中不会出现这样的情形:一个动量为 p、自旋向上的状态被占据,而动量为 $-p$、自旋向下的状态却是空的。我退一步说:可以出现,但是要花点代价——能量上的代价——好象电子对的成员要想过上单身生活不得不放弃一些有价值的东西,某种"生命保险"。再好好想想,你能看到同狄拉克空洞中的电子-正电子对之间的类比。我们不妨说超导体的基态,有精确配对的电子的海洋,也是个空洞。在超导体中打破一个电子对对应于从狄拉克空洞产生一个电子-正电子对。例如,对($p\uparrow$, $-p\downarrow$)可以通过把 $p\uparrow$ 电子拉出来放到原来为空的 $p'\uparrow$ 上打破。这样你得到的是一个未配对的 $p'\uparrow$ 电子和一个未配对的 $p\uparrow$ 空穴。要点是你必须付出最小为 2Δ 的能量代价产生一对激发态(见图 87),如同你必须提供不小于 $2mc^2$ 的能量自狄拉克空洞产生一个电子-正电子对。这就是正常金属和超导体之间的鲜明的差别。正常金属中电子可以不花费能量就能重组,但在超导体中要打破一对电子对需要付出一定的能量代价。

这些和超导电性有什么关系?毕竟,我刚才描述的电子成对的基态不携带(传导)电流,因为电子对中的成员在相反的方向上运动。这是阐明一个把超导电性解释成电子的某种形式的休戚与共之比喻的好地方。该比喻说,超导体中的电子象排着密集队形迎战敌人的士兵,如果有一个摔倒

① Robust,皮实,不易改变的。——译者注

了——考虑地形的高低不平、疲劳、流弹等因素，这是难免的——别的人会扶起他让他重新站稳脚跟。所以，流会一直持续下去。不幸的是，事实完全不同。不只是士兵们在不同方向上乱窜，而一个对里的成员——本该互相照应的不可分开的兄弟——跑向相反的方向，更想远离而不是遇到他的同伴。当然，可以通过打破一些对，产生一些落单的电子和等量的空穴，如图 87 所示，来产生电流，但这样的电流会在杂质或者畸变的作用下经由惯常的机制衰减。

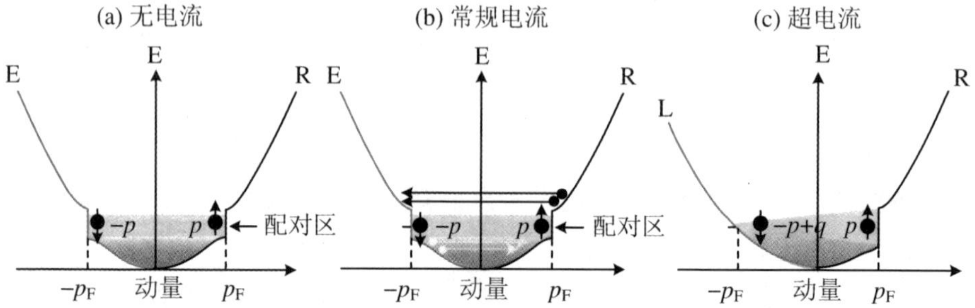

图 87　超导体的三种状态。第一种状态(a)中，动量和自旋相反的电子成对，没有净电流。状态(b)中，有通过打破一些配对将一些向左运动的电子转移到向右的状态从而获得的正常电流。这样的电流是不稳定的。在状态(c)中，电子仍然是成对的，但是一对电子的动量加起来不为零。这个状态携带电流，但电子对未被打破。尽管其能量比基态能量高，但也没有可行的衰减机制。该电流是超导电流，可持久的。

一个真正的超导电流——永不衰减的电流——可以通过强制执行如下的规则建立。每当一个对中的自旋向上的成员，动量为 p，向右运动，它的同伴向左运动，但其动量不是精确的 $-p$，而是 $-p+q$，所以这一对作为一个整体(或者说，那个称为电子对质心的抽象的点)以动量 q 向右运动。现在有一个净电流，如图 87(c)所示，但是这情形看起来有点不实在，也可能会象图 87(b)中的正常电流一样被杂质摧毁。也许，不是这样？

再看一看。在图 86(a)中，一个电子可以和杂质碰撞改变其运动方向而不改变其能量。这在图 87(b)中也是可能的，但在图 87(c)中却不可能。原因是携带电流的状态，如同基态，不包含任何未配对的、可以不花费能量而改变其运动方向的电子。你看，如果一个电子要想反转它的运动方向，

动量从 p 变到 $-p$，必须要打破一个电子对，即产生一个电子和一个空穴，这每次至少需要一个能量 Δ。那能量从哪里来？因为多少和我们不能从大海的波浪提取能量的同样的原因，杂质和原子核的振动无法提供这个能量。电子无法从它们所陷入的“社会契约”中脱身而出。象个要被执行的囚犯无处可逃，缺乏打破锁链和逃跑这两项需要能量的技能。所以，电子的协同行为不是跌倒、被你身边的战友扶起那样的游戏，而是对一个前进命令的不折不扣的遵从——命令可能是在某点一致同意选择的，但是现在必须被每一个个体接受，就算是那些与作出选择无关的个体。

我有点随意地使用社会学的比喻。电子要停止流动的唯一方式是一起停下，换句话说，就它们配对的条款重新谈判。这不是绝对不可能，但如果没有外部干预那是极端地不太可能发生的。可以把这个过程比喻成重新制定一个国家的宪法，只是格外地艰难。历史上，宪法每几十年会改变一次，但是超导电流和宇宙同寿。

协同状态——超导态是其一例——具有如下的共同特征：单个个体（这里是电子）相对于控制其行为的有序处于平等的地位：它们同时是有序的对象、创生者和维护者。如同是一个没有阶级的社会中的公民，他们不服从外部的权威；他们只服从他们自己。通过实践民事的不顺从，一个社会可以超越它的法律，这点是伦理进步的关键。但是，要成为改革的发起者可需要非凡的勇气，因为这主儿在获得足够的附和之前肯定会被摧毁！电子，被囚禁在超导态的谷中，除了随大流以外没有选择。我们人类，被组织在社会里，具有拷问已有法律、构想新的可能性、想象在那限制我们视野的山脊以外新山谷里的道德的义务。因此，幻想和勇气是重要的。

第 12 章
玛格丽塔

如同月亮在其绕地轨道上永远有一面背对着我们，任何成功的理论都对我们隐瞒了一些未明说的假设、未阐明的局限、差点儿躲不过去的矛盾，这些只有敢于去到另一面的人才能看到。只有这些探险者才有内在前沿的感觉——我指的是划定我们理解深度之边界的前沿，如同划定我们知识范围的外在前沿。处在内在前沿的研究者诘问科学的最根本的基础。他们会问，他们是否被老师蒙蔽了，是否在不自觉地蒙蔽自己的学生。例如，他们会问量子力学和相对论会象我们被教导的那样普遍适用还是只不过是更全面的理论之有限情形，或曰阴影？物理定律真如我们作成的那样是永恒的，或者它们也是随时间演化的？

物理学家经常谈论“终极理论”。终极理论将我们关于自然定律所知道的一切都统一起来，从而终结了物理学。我们该相信这个吗？设想有一个世界，其中所有的物理基本定律都已被发现并写入一本烫金的大书①——真正的、名副其实的物理学圣经。如果没有人类的头脑去理解它，没有人类的头脑因它而备受煎熬，这样的大书的意义是什么？在你，亲爱的读者，打开它阅读之前，大书是没有生命的。但除非你能够在脑海中重新创造那些内容，我的意思是实际上你在自己的纸上用自己的笔迹写出你自己的副本，你从那本大书能学到的不多。说到底，是深植于我们内心的东西才构成了真正的知识。

想象你是个刚入道的新手。起先，你怀着谦卑和真诚，怀着对那些写下这本大书的大科学家之权威的敬畏，接受了概念和定义。在这个陌生的领域里你手足无措。任何一个小的地形起伏都能绊倒你。而后，随着你的自信和技艺的增长，你开始了解这领域的形貌，你迅速而自信地沿着道路前行，你不因那些象在地平线上时隐时现的乌云般的或大或小的矛盾所分心或吓倒，有麻烦你老远就能看见而后娴熟地躲过；在这个层次上你是真正的压路机，随时能解决一个又一个的问题……接着，正当你觉得你把一切都弄明白了的时候，麻烦来了：一个简单的问题，说不定是八岁孩子问的，你回答不上来。不是因为需要你不具有的知识，而是因为需要你所不具有的见解。

而后你退缩回到独处的状态。如今你对你的学科如此熟悉，你到哪儿都能带着它，象是个总挂在肩上的背包。你仔细考虑你知道的所有内容——少了点什么呢？你把自己想象成一个巨人，但现在你明白了就是给你的身高加上六英尺你也还是个矮子。然后，突然灵光一现。地平线后退，一个新的思想领域显露出来。

最可能的是，这只是一个人的成就。能让你成为更有深度的科学家或者更好的教师，但不会将荣耀带到外部的世界。所谓“新”见解可能久已为人所见，也许大书的作者们就知道。也许你是唯一一个不知道这一点的人！许久许久有那么一次，如果历史被安排得很好，如果你被命运选中了的话，你的见解会开启思想的新方式——别人可以在其中展示自己才能的

① 这里用的是首字母大写的Book，这是有含义的。圣经(Bible)本意就是书，请参见希腊语的书，βιβλίο，德语的图书馆Bibliothek。实在不好译，只得以“大书”搪塞，请读者见谅。——译者注

新天地。那样，你可能已对科学作出了重大贡献，大书必须重写了。

没有前沿上的最终真理，没有一切风平浪静——只有无尽的创造和不断摧毁自己的创造物的活动。但是，我们所颂扬的、在生命外圈中的任何确定无疑，如果没有内在领域中的活动，都是不可能的。我以为，任何积聚起来的知识，同科学家个人胸中燃烧的火焰相比都无足轻重。我们看到一些展示在学术机构、博物馆、歌剧院供公众敬仰的人类伟大成就。被展示的伟大艺术品看起来是必然的、确定的。但是，一个幽灵居住在歌剧院的地牢里，他是一个纵火犯①。没有什么是确定的，景仰是误解的一种形式。

在第 2 章中，我介绍过大师与玛格丽塔的主角——一个具有惊人精确度的大师。以确切无误的想象他猜中了他从未经历的场景的每一个细节——耶稣被彼拉多审讯，基督被钉上十字架。尽管是这方面完美的艺术家，他却无力完成自己发起的任务。小说开始大师是个虚弱的人，屈服于可怕的压制，发誓放弃他的活计。他是一个被驯服了的人，整日嘀咕谁也不愿意倾听的话。玛格丽塔来拯救他了。

如果大师有艺术天分，玛格丽塔就有让它结出果实的生命力。如果大师是某个习俗的囚徒，玛格丽塔就是灭亡的诱因。被邪恶倾注了能力，她代表的是净化我们的偏见和习俗文化的胜利精神。我认为她是科学事业最终的主角。

也许最有戏剧性的时刻发生在第 21 章的开始，当玛格丽塔，那时她是一位富商的可敬的妻子，被变成一位美丽的女巫。对着“我是隐形的！我是隐形且自由的”的咒语，她飞出了窗子，留下了她的衣服、珠宝和体面。象赤裸的真理一样赤裸裸，她在莫斯科的夜空中骑着笤帚——隐形的——飞行。她漫游在城市和乡村。她惩罚大师的敌人，在血与水中净化自己。她承办撒旦的舞会。她不念旧恶，了结老账。她回答大师的疑问，修复他的文稿。然后，深红色的满月从森林边缘升起迎接他们，所有的幻觉消失，有魔法的、可变幻的衣服掉入沼泽，淹没在浓雾中(p.321，32 章)。

《大师与玛格丽塔》、《没有特质的人》和《小王子》，这三部陪伴我们这

---

① 取自电影 *Phantom of the Opera*(《剧院魅影》)。——译者注

趟旅程，但从未同时提及的名著，它们的共同点是什么？要是有可能，放在落日下，它们三者都是关于超越、关于脱离物质世界的故事。这本书也是关于超越世界，超越可见的、永不能被完全理解的现实的。它说的是寻找真理比真理本身更有价值，是关于刚踏上最后一趟旅程的哥伦布的书。

巨大的、模糊的轮廓从空气和天幕中露出微笑，
远方的波涛上无数船只在航行，
有新人咏唱的赞美诗在迎接我。①

① Walt Whitman, *Prayer of Columbus*（《哥伦布的祈祷》）。——作者注

索　　引①

① 由于1)原文索引包括一些只出现一次的且不重要的词,2)有些词在不同语境中汉译不同,3)中文反映不出原文词性的差别等,本中文索引只是部分节选。——译者注